环境污染与健康研究丛书·第二辑

名誉主编○魏复盛　丛书主编○周宜开

POLLUTION

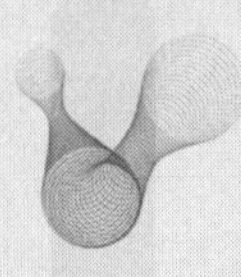

物理性环境有害因素健康损害及风险评估

主编○张青碧　曹　毅

长江出版传媒　湖北科学技术出版社

图书在版编目(CIP)数据

物理性环境有害因素健康损害及风险评估 / 张青碧,曹毅主编. —武汉:湖北科学技术出版社,2021.9

(环境污染与健康研究丛书/周宜开主编.第二辑)

ISBN 978-7-5706-1521-6

Ⅰ.①物… Ⅱ.①张… ②曹… Ⅲ.①环境污染—影响—健康—研究 Ⅳ.①X503.1

中国版本图书馆 CIP 数据核字(2021)第 099932 号

策　　划:冯友仁

责任编辑:程玉珊　李　青　徐　丹　　　　封面设计:胡　博

出版发行:湖北科学技术出版社　　　　电话:027—87679485

地　　址:武汉市雄楚大街 268 号　　　　邮编:430070

(湖北出版文化城 B 座 13—14 层)

网　　址:http://www.hbstp.com.cn

印　　刷:湖北恒泰印务有限公司　　　　邮编:430223

889×1194　　1/16　　13 印张　　340 千字

2021 年 9 月第 1 版　　2021 年 9 月第 1 次印刷

定价:98.00 元

《物理性环境有害因素健康损害及风险评估》

编　委　会

主　编　张青碧　曹　毅

副主编　蒋守芳　孙文均　李　蓉

编　委　（按姓氏拼音排序）

柏　珺　西南医科大学
曹　毅　苏州大学
崔凤梅　苏州大学
陈承志　重庆医科大学
董光辉　中山大学
高绪芳　成都市疾病预防控制中心
顾永清　军事医学研究院
韩知峡　西南医科大学
胡立文　中山大学
黄　波　南华大学
黄瑞雪　中南大学
蒋守芳　华北理工大学
李　蓉　陆军军医大学
李艳博　首都医科大学
孙文均　浙江大学
佟俊旺　华北理工大学
王　强　中国疾病预防控制中心
邬春华　复旦大学
魏雪涛　北京大学
谢和辉　上海交通大学
杨　磊　华中科技大学
张青碧　西南医科大学

学术秘书　李尚春　西南医科大学

序

像保护眼睛一样保护生态环境，像对待生命一样对待生态环境。人因自然而生，人不能脱离自然而存在，人与自然的辩证关系，构成了人类发展的永恒主题。

生态文明建设功在当代、利在千秋，是关系中华民族永续发展的根本大计。党的十八大以来，我国污染治理力度之大、制度出台频度之密、监管执法尺度之严、环境质量改善速度之快前所未有，无疑是我国生态文明建设力度最大、举措最实、推进最快、成效最好的时期。

在这样的时代背景下，我国的环境医学科学研究工作也得到了极大的支持与发展，科学家们满怀责任与使命，兢兢业业，投入到我国的环境医学科学研究事业中来，并做出了许多卓有成效的工作，这些工作是历史性的。良好的生态环境是最公平的公共产品，是最普惠的民生福祉，天蓝、地绿、水净的绿色财富将造福所有人。

本套丛书将关注重点落实到具体的、重点的污染物上，选取了与人民生活息息相关的重点环境问题进行论述，如空气颗粒物、蓝藻、饮用水消毒副产物等，理论性强，兼具实践指导作用，既充分展示了我国环境医学科学近些年来的研究成果，也可为现在正在进行的研究、决策工作提供参考与指导，更为将来的工作提供许多好的思路。

加强生态环境保护、打好污染防治攻坚战，建设生态文明、建设美丽中国是我们前进的方向，不断满足人民群众日益增长的对优美生态环境需要，是每一位环境人的宗旨所在、使命所在、责任所在。本套丛书的出版符合国家、人民的需要，乐为推荐！

中国工程院院士　魏复盛

前　言

工业的发展在给人类带来巨大经济利益的同时，造成了严重的环境污染与健康损害。环境污染因素根据其理化特性分为物理性、化学性和生物性。物理性环境有害因素主要有噪声、光污染、热污染、电离和电磁辐射等。物理性因素本身就存在于人类生活环境中，而且仅以能量的形式存在，不具有人们可以感知的物质形态，因此其健康影响容易被人们忽视。认识物理性环境因素的特性，研究其健康损害及其机制，控制污染水平，对于保护人类健康、促进社会持续稳定发展具有重要意义。

在国家“十三五”重点规划项目的支持下，我们组织华中科技大学、北京大学、复旦大学、浙江大学、苏州大学、西南医科大学等单位的专家学者编写了《物理性环境有害因素健康损害及风险评估》一书。

本书系统阐述了噪声、光污染、热污染、电离辐射、电磁辐射的物理特性、来源、生物学效应及机制、健康损害、风险评估和防护。本书内容较为完整，知识点新颖，反映了物理性环境因素健康损害研究的最新进展。

本书的出版发行对从事环境医学、预防医学、毒理学、环境保护、劳动保护等领域的专业人员的工作将有所帮助。本书也可以作为高等院校预防医学与公共卫生专业和环境保护专业的教材或参考书使用。

本书的编写得到了湖北科学技术出版社和编者单位的大力支持。由于各个章节内容繁简不同，难免有疏漏之处，敬请广大读者不吝赐教和指正。

目 录

第一章　绪　　论

健康是人类追求的永恒主题。提高全民的健康水平，是民族昌盛和国家富强的重要标志，是社会经济发展的基础条件，也是人类社会文明进步和广大人民群众的共同追求。健康是机体和环境因素交互作用的结果，人类几万年的发展历史就是一个适应自然、利用自然和改造自然的漫长过程。近年来，随着现代科学技术的发展，现代化、工业化的进程加速，环境中的有害因素越来越多地进入人们的生产和生活中，影响着人类健康。识别环境有害因素的种类和特点，研究环境因素对人类健康影响的发生、发展规律，控制环境有害因素的暴露，对维护人类健康至关重要。

环境有害因素按其属性可分为物理性环境有害因素、化学性环境有害因素和生物性环境有害因素三类。

化学性环境有害因素主要包括人类生产和生活活动排入大气、水和土壤中的各种有机和无机化学物质，这些污染物数量多，危害面大，其健康损害已经受到人们的重视。

生物性环境有害有害因素主要指环境中的细菌、真菌、病毒、寄生虫和变应原（如花粉、尘螨和动物皮屑等）。重症急性呼吸综合征（severe acute respiratory syndrome，SARS）、中东呼吸综合征（middle east respiratory syndrome，MERS）和新型冠状病毒肺炎（novel coronavirus pneumonia，COVID-19）的暴发使人们充分认识到生物性环境有害因素的危害。

物理性环境有害因素包括气温、气压、噪声、光污染、电离辐射和电磁辐射等。在自然状态下，这些物理性因素暴露强度低，一般对人体无害。随着科技进步和工业发展，物理性环境有害因素的种类和强度不断增加，其健康影响也越来越明显。与化学性和生物性因素相比，由于电磁辐射、电离辐射等物理性因素具有人体难以直接感知、代价和利益共存等特点，其健康影响受到的重视程度远远不够。因此研究物理性环境有害因素的来源、生物效应及机制、健康损害及其影响因素、危险分析和危害防控措施，对保护公众健康、保护环境和促进社会持续稳定发展具有重要意义。

本书主要阐述噪声、光污染、高温热浪（含热污染）、电离辐射和电磁辐射五种主要物理性环境有害因素的基本概念、污染来源、生物效应及机制、健康损害及其影响因素、健康风险分析及其防治措施。

第一节　物理性环境有害因素概况

物理性环境有害因素（physical hazards）是存在于生产和生活环境中的能够直接或间接影响人类健康的物理性因素，包括力、热、光、电、磁、电磁辐射、电离辐射等。物理性因素不同于化学性和生物性因素，通常没有实质性物质存在，在一定的空间或介质中以场或者辐射的形式扩散能量，可以在有或无直接接触的情况下引起危害。

一、物理性环境有害因素的研究对象和任务

目前对物理性环境有害因素尚无统一的定义和范围，一般认为物理性因素包括力、热、光、电、磁、电磁辐射和电离辐射等。本书主要涉及噪声、光污染、高温热浪（含热污染）、电离辐射和电磁辐

射五种常见的物理性环境有害因素。

物理性环境有害因素健康损害及风险评估是研究物理性环境有害因素对人类健康的影响及其损害，提出改善环境条件、保护人类健康、预防环境危害的方法，针对性开展物理性环境有害因素的识别评价，预防和控制其危害。物理性环境有害因素健康损害及风险评估的研究对象和任务，包括以下几个方面：

(1) 研究人类因受物理性环境有害因素的影响而发生的机体调节和适应变化，研究物理性环境因素的合理性，以提高人类的生活水平和工作效率，预防疲劳的发生。

(2) 研究物理性环境有害因素对人类健康可能产生的不良影响和危害，为改善生活和工作环境，防止疾病的发生，提出预防措施和卫生要求。

(3) 研究物理性环境有害因素对劳动者所致疾病的病因、发病机制、临床表现、诊断、治疗及预防等问题。

(4) 研究物理性环境有害因素的监测技术与方法，为制定卫生标准及相应的法规条例提供科学依据。

(5) 研究物理性环境有害因素的防治措施，限制或消除物理性环境有害因素的危害作用。

物理性环境有害因素的研究涉及多个学科，如基础医学、临床医学、物理学、生物物理学及职业卫生与职业医学等学科的理论技术和方法，此外还涉及环境保护、劳动保护、安全卫生、工业卫生及工程技术等防护措施。

二、环境中的物理性因素

环境中的物理性因素包括天然物理性因素和人工物理性因素。天然物理性因素是指在人类出现以前，地球上已存在的众多自然因素，如阳光、温度、气候、地磁、岩石等。这些自然因素之间无时无刻不在发生着相互作用，导致地震、火山爆发、太阳黑子、刮风、下雨、雷电等自然现象。其中，地震、火山爆发、台风、雷电等会产生噪声和振动，在局部区域形成自然声和振动；太阳黑子、雷电等现象产生严重的电磁干扰；天然放射性核素产生电离辐射；太阳光直射和天空扩散光形成天然光环境；太阳辐射产生天然热源，大气与地表面之间产生热交换等。这些自然声环境、振动、电磁、辐射、光因素和热因素构成了天然物理环境。人类在亿万年的进化过程中，已经适应了自然界本身就存在的天然物理性因素，故天然物理性因素一般不会产生明显的健康损害。除了一些突发的高温热浪等极端事件、电离辐射本底值高的地区外，天然物理性因素暴露不需要过多的人工干预。

环境中的人工物理性因素是指由于人类的活动额外增加的物理性因素，如人工噪声、光因素、热因素、电离辐射和电磁辐射等。

1. 人工噪声

人工噪声，即人类生产活动产生的不需要的声音，会干扰人们工作、学习和休息。城市噪声形成人工噪声环境。噪声源主要包括交通噪声、工业噪声、建筑施工噪声、社会生活噪声等。近年来，城市噪声对居民的干扰与危害日益严重，已经成为城市环境的公害。合理的城市规划和城市噪声管理对创造一个安静的声环境很重要。至于音乐厅、剧院等地方，不但要求安静而且要有良好的音质。

2. 光因素

白炽灯的发明，创造了现代人工光环境。一个世纪以来，电光源的迅速发展和普及，使人工光环境较天然光环境更容易控制，不仅能够满足人们的各种需要，而且稳定可靠。人对光的适应能力很强，人眼的瞳孔可以随环境的明暗进行调节。但是，长期在弱光下看东西，视力会受到损伤；长期在强光下看东西会导致眼睛受到永久性伤害。

3. 热因素

适合于人类生活的温度范围是很窄的。对于人体不适应的剧烈寒暑变化，人类创造了房屋、火炉及空调系统等设施，以减少外界气候变化的影响，获得生存所必需的人工热环境。人处在任何环境中，都要不停地与环境进行热交换。人体内部产生的热量和向环境散失的热量要保持平衡。人体调节体温恒定的能力有一定限度，如果机体产热和接受外界附加之热超过了机体的散热能力和空气的冷却力时，即造成体内蓄热或过热，出现不同程度的体温升高，引起一系列的健康损害。

4. 电离辐射

在地球形成之初，放射性物质及其产生的电离辐射就已存在于地球上了，只是因其看不见、摸不着，人们对电离辐射的认识要比对其他自然科学现象及其规律的认识晚得多。地球上每一个人都受到各种天然辐射和人工辐射的照射。天然辐射来源于宇宙辐射和陆地辐射等。1895 年伦琴发现 X 射线标志着人工辐射技术应用的开始。1942 年，美国建立了世界上第一座核反应堆，开创了原子能时代。此后，由于核工业的发展和核武器试验，人们对由此引起的环境放射性危害给予了极大的关注。

5. 电磁辐射

电磁场和电磁辐射对于通信、广播、电视和雷达等是必需的，但是不需要的电磁辐射会干扰电子设备的正常工作并危害人体。由于无线电广播、电视及微波技术的发展，射频设备的功率不断增大，数量不断增加，给环境带来电磁污染和危害。人工电磁污染源有脉冲放电、工频交变电磁场、射频电磁辐射等。鉴于电磁辐射有可能直接影响人体健康，一些国家从 20 世纪 50 年代开始，就规定了电磁辐射的安全卫生标准，以限制电磁辐射污染。

三、物理性环境有害因素的特点

物理性环境因素如电离辐射、电磁辐射、噪声、光、热等，本身在自然环境中就一直存在，本底水平的物理性环境因素暴露一般不会对人体产生危害，只有在环境中的水平过高或过低时，才会影响人类健康。与化学性因素和生物性因素相比，物理性环境因素有以下几个特点：

(1) 除激光是人工生产外，其他物理性因素在自然界均存在，天然本底水平一般不会影响人类健康。

(2) 许多情况下，物理性因素对人体的损害效应与物理参数不呈直线相关关系，而是常表现为在某一强度范围内对人体无害，高于或低于这一范围，才对人体产生不良影响。如正常的气温、适度的光线和声音是我们生命所必需的，只有当超过一定的剂量或强度时，才会危害健康。

(3) 每一种物理性因素都有特定的物理参数，如噪声的强度、振动的频率和速度、气温的温度等，物理性因素对人体的损害程度与这些参数密切相关。

(4) 物理性因素的强度一般不是均匀分布的，多以装置为中心，向四周传播，如果没有阻挡，一般随距离的增加呈指数衰减。噪声、微波等物理性因素可有连续性和脉冲性，性质不同对人体危害的程度不同。

(5) 物理性环境因素，主要是波、能、电、热等因素，具有较大的传导速度及作用强度，对机体作用快。

(6) 物理性环境因素侵入机体的途径主要是皮肤、眼睛、耳朵等感觉器官，其次是呼吸道。局部作用明显，全身作用较弱，一般潜伏期很短或无潜伏期。

(7) 物理性因素一般都有明确的来源。当产生物理性因素的装置处于工作状态时，这种因素会出现并可能造成健康损害。一旦装置停止工作，相应的物理性因素则消失，在环境中不会有残留物质存在。物理性因素所致的损害和疾病的治疗，主要是针对组织的受损病变，给予相应治疗。

第二节　我国物理性环境因素的研究历史

我国物理性环境因素卫生学发展大概可以分为三个阶段：20 世纪 80 年代以前是物理性环境因素卫生学研究的起步阶段；20 世纪 80 年代是平稳发展阶段；20 世纪 90 年代以后是深入研究和快速发展阶段。

一、20 世纪 50—80 年代

我国各级卫生部门在物理性环境有害因素的卫生防治方面做了大量的工作，取得的一些基本数据和资料，为我国物理性环境有害因素卫生防治工作的开展积累了宝贵经验。20 世纪 50 年代，我国曾对万余名高温作业工人进行了职业流行病学调查，为制定我国工业企业车间工作地点气温卫生标准提供了依据，促进了此后防暑降温等工作的开展。20 世纪 70 年代以后，对全国各省 1 000 多个工厂，11 000 名接触噪声的作业人员，进行了噪声危害状况调查和体检，为制定我国工业企业噪声卫生标准提供了依据。在这一阶段，我国先后在全国范围内开展了相当规模的高温、噪声、振动、射频辐射和微波等危害的调查，取得了丰硕成果。不仅基本查清了危害情况，也为制定卫生标准、疾病诊断标准奠定了基础。相继研究、制定并发布了高温、低温和冷水作业分级，工业噪声、激光辐射、超高频辐射、微波辐射、高温等作业容许持续接触时间限值，职工听力保护规范，高温作业环境气象条件测定方法，高温作业卫生标准，作业地点紫外线辐射卫生标准等。国家标准的发布实施，促进了我国物理性环境有害因素卫生防治工作的规范化和标准化，开创了我国物理性环境因素危害评价、控制、研究工作的新局面。

二、20 世纪 80 年代

20 世纪 80 年代，随着我国经济的快速增长，物理性环境有害因素卫生防治工作有了较快的发展，促进了物理性环境有害因素卫生防治新兴学科的形成和发展。在这一阶段，我国对微波作业进行了大量的人群调查和实验研究，其资料为制定我国的超短波微波卫生标准提供了科学依据。1985 年 4 月，原山西医学院和北京市劳动卫生与职业病研究所倡导召开了华北地区首届物理性因素学术会议，针对噪声、高频微波、激光等物理性因素的卫生学问题进行了学术交流和讨论。1987 年 5 月在长沙召开了全国第一次物理性因素职业危害、劳动生理及功效学学术会议，研讨了噪声、振动、射频辐射、高低气温、人类功效及生理等方面的内容。此后，“全国物理性因素职业危害、劳动生理功效学学术会议”举办多次，会议论文的数量和质量都有很大进步，展示了物理性因素研究的专业队伍和研究水平，推动了我国物理性有害因素卫生的科研和实际工作。1985 年 8 月，卫生部（现国家卫生健康委员会）委托原山西医学院举办第一期全国物理性因素进修班。随后不少省、市、高校也举办不同层次与规模的物理性因素学习班，对提高我国物理性因素卫生防治工作水平具有重要意义。在这一阶段有关物理性因素卫生学的专著也相继出版，如 1985 年姜槐和叶国钦教授主编的《微波、高频对健康的影响与生物学效应》一书，对电磁辐射的作用机制、影响及预防进行了全面的总结和阐述。1989 年张国亮教授主编的《高温生理与卫生》一书，总结了我国高温生理与卫生及防暑降温等方面的成就和进展，反映了我国在高温生理卫生这一领域的学术水平。系列书籍的出版标志着我国物理性因素卫生学研究有了一定的深度，较为科学化和系统化了。

三、20 世纪 90 年代以后

自 20 世纪 90 年代以后，对物理性有害因素的研究更加深入，有了新的进展。在对作业人群调查的

同时，开展了动物实验研究和细胞研究，从机体、细胞和分子水平系统研究物理性因素的生物效应及机制。1995 年《物理因素职业卫生》一书出版，该书全面系统总结了我国物理性因素职业卫生方面的最新研究成果，对指导我国物理性因素职业卫生的研究及预防工作具有重要的参考价值。此后又相继出版了有关振动、微波、激光、射频、噪声等物理性因素卫生学方面的专著，反映了该领域的最新成就和进展。2006 年华中科技大学彭开良、杨磊教授主编的《物理性因素危害与控制》，系统介绍了物理性因素对人体健康影响及防护控制技术，主要论述物理性因素对人体健康的影响、职业危害、临床表现、治疗、防护措施及其监测技术方法、规范、卫生标准、仪器设备等，反映了我国物理性因素职业危害与防护领域的基本理论、基本知识、基本方法及最新理论和科学技术成果。系列专著的出版对促进我国物理性因素职业卫生工作的开展，指导物理性因素卫生学教学和科研等方面均具有重要价值。

历年来，我国制定了许多物理性因素的卫生标准，对改善作业环境、保护劳动者的健康、体现以人为本的思想、落实可持续发展的战略目标起到了极其重要的作用。近些年来，《职业病防治法》及其配套法规的颁布实施，更从根本上保障和推动了物理性因素职业危害的防治研究工作。

多年来，我国坚持科研与生产实际相结合，不仅对单一物理性因素的影响进行研究，还对多物理性因素的联合作用进行了探讨。在生产环境中常存在多种物理性因素的联合作用，其健康影响是协同还是拮抗作用，不少学者对此进行了研究，取得了不少有价值的成果，如噪声与振动的联合作用、噪声与多种化学物质的联合作用、有机溶剂与噪声对机体生理功能的联合作用、电离辐射和非电离辐射的联合作用等。

近 20 年来，我国对物理性环境因素危害等状况进行了许多调查研究，取得了许多经验和成果，对促进我国物理性环境因素卫生工作的发展起了重要作用，但还远远满足不了当前经济建设发展的需要。科学技术发展日新月异，物理性环境因素的危害也日益广泛，不仅影响到职业人群，也危及一般人群。科技工作者对物理性环境因素职业危害的认识和研究，已从整体水平深入到细胞水平或分子水平。随着专业技术的发展和知识的更新，物理性环境因素卫生学和医学研究的广度和深度将进一步发展。

第三节　物理性环境有害因素的来源、危害及防治

一、噪声

噪声的确定有一定的主观性，凡是对人们造成干扰的或使人们感觉不舒服的声音都可定义为噪声。物理学则将振动规律不规则的声源所产生的声音称之为噪声。环境保护领域则把主客观的影响因素相结合，认为对人们正常生活、休息及工作具有一定影响的声音，以及人们在其所处环境中所“不需要的声音”均为噪声。环境噪声主要来源于工业生产、交通运输、建筑施工和社会生活。随着我国城市化迅速发展，从居住区的环境噪声，到交通噪声，再到工业噪声，污染越来越严重，噪声污染与水污染、大气污染被看成是世界范围内三个主要的环境问题。

听觉损伤是噪声的主要健康损害。人短期处于噪声环境时，会造成耳朵短期的听力下降，但当回到安静环境时，经过较短的时间即可以恢复，这种现象叫听觉适应（auditory adaptation）。如果长年无防护地在较强的噪声环境中工作，在离开噪声环境后听觉敏感性的恢复就会延长，经数小时或十几小时，听力可以恢复，这种可以恢复的听力损失称为听觉疲劳（auditory fatigue）。随着听觉疲劳的加重会造成听觉功能恢复不全，引起噪声性耳聋（noise-induced deafness，简称噪声聋）。

环境噪声对人体的危害是全身性的，不仅可引起听力损伤，也可对神经系统、心血管系统、生殖系统、内分泌系统、消化系统、免疫系统等多个系统产生不良影响。生活环境中噪声影响居民的工作、

生活和学习。建设噪音、装修噪音、广场舞噪音、空调外机噪音，以及居民区附近的烧烤摊、麻将室、酒吧、KTV、舞厅等带来的夜间噪音影响居民正常休息，影响人们的身体健康和心理健康。噪声对生态环境的影响也逐渐得到重视。在交通繁忙或噪声强度较大的路段，大量鸟类的种群密度呈递减趋势，鸟类的择偶、繁殖行为及筑巢选址也受到道路交通噪声的影响。

控制环境噪声水平最根本的办法是控制声源，如合理进行城市防噪声布局，以减小企业和商业区噪声对居民区的影响，采用隔声板和隔离带减小道路噪声对邻近居民区的影响。当由于技术或经济的原因，直接治理声源难度大时，可以采用吸声、消声、隔声、阻尼与隔振等技术来控制噪声的传播。此外个体防护也是预防和减轻噪声健康损害的重要方式。

二、光污染

光污染是指因过量的可见光、红外线和紫外线等光辐射，对人类生活、生产环境及健康产生了各种不良影响。光污染在国际上主要分为三类：白亮污染、人工白昼及彩光污染。目前发展中国家的光污染程度明显轻于发达国家，但对光污染的重视程度不够。世界各国都制定了光污染防治的法律法规。

干扰睡眠是光污染的一种主要健康损害。正常情况下，机体具有主动适应夜间环境变化的睡眠能力，依靠神经递质、神经肽、激素、体温等许多内源性生理节律的时相活动维系正常睡眠，光污染能够影响人体昼夜节律，干扰睡眠。人眼接受的光学辐射包括紫外光（100～400 nm）、可见光（400～750 nm）和红外光（750～10 000 nm）。可见光中又以高能量、视网膜敏感性高、能穿透组织的蓝光最为重要，研究证实蓝光能对视网膜造成损伤。视网膜光损伤有两种类型：一种是在长期低水平光暴露条件下发生，称为第一类光化学损伤或蓝-绿毒性；一种是在短时间高强度的光暴露下发生的急性视网膜光损伤，被称为紫外线-蓝光视网膜毒性。夜晚人造光可能影响健康，包括乳腺癌、睡眠障碍等。光照后小胶质细胞也由静止型转变为过度活化型，其活化在调节光感受器凋亡过程中起重要作用，引起中枢神经系统病理改变。紫外线的生物学效应包括红斑效应、色素沉着、皮肤光老化等。过度紫外线暴露可引起人体皮肤、眼部和免疫等受到损害。

可见光的防护，主要是营造绿色光环境，采用绿色建筑材料，减少光污染。具体措施包括合理规划城市建设，科学规划建筑物装饰，合理布置光源，加强城市灯光控制，减少城市玻璃幕墙，等等。减少日光紫外线暴露，加强皮肤防护可以减少日光紫外线的皮肤损伤。避免直视太阳和人工紫外线装置可以预防紫外线的眼损伤。对红外线辐射的防护，重点是保护眼睛，严禁裸眼观看强光源。

三、高温热浪和热污染

通常情况下气温高、湿度大且持续时间较长，使人体感觉不舒服，并可能威胁公众健康和生命安全、增加能源消耗、影响社会生产活动的天气过程，称为高温热浪（heat wave）。世界气象组织（World Meteorological Organization，WMO）建议日最高气温达到或超过 32℃，且持续 3 d 以上的天气过程为高温热浪。我国一般将日最高气温≥35℃称为高温天气，连续 3 d 以上的高温天气过程称为高温热浪。

造成高温热浪的重要原因之一是热污染。热污染指自然界和人类工农业生产、生活产生的废热对环境造成的污染，通过增温作用污染大气和水体，带来一系列生态环境问题，对人类健康造成直接或间接的危害。人类使用的全部能源最终将转化为一定的热量进入大气，逸向宇宙空间，使大气升温。热污染影响着全球气候变化，最为突出的表现为全球气候变暖，对人类和其他生物的正常生存和发展构成直接或间接的威胁。

人体通过与周围环境之间的热平衡过程，与大气环境紧密相关。正常情况下，人体具有完善的体

温调节系统，使机体的产热和散热保持动态平衡状态。为了应对环境温度的变化对功能的影响，人体各组织器官将产生一系列的应激反应，包括体温调节、水盐代谢和心血管系统调节等，以达到维持内环境和谐稳定的目的。高温热浪影响生理功能，破坏热平衡，产生不良的生理心理反应，其中最主要的是人体深部体温升高。当深部体温升高到 38℃时，人便会感觉不适，体温调节、水盐代谢、循环、呼吸等生理功能会出现紊乱，对缺氧和超重的忍耐力下降。严重时还会出现抽搐、中暑等症状。高温还可引起食欲减退，消化不良，胃肠道疾病的患病率升高。高温对神经内分泌系统的影响，可表现为中枢神经抑制，导致注意力、工作能力降低，易发生工伤事故。高温时，由于机体大量水分经汗腺排出，如不及时补充，可出现肾功能不全、蛋白尿等。如果体温再继续升高，就会引起虚脱、肢体强直、晕厥、丧失意识，甚至死亡。高温导致的中暑常分为热射病、热痉挛、热衰竭三种类型，其中热射病是中暑最严重的一种，死亡率非常高。此外，高温可作为诱发因素，会使本身患有某些严重器质性疾病的患者因疾病加重而死亡。

对高温热浪的预防，要进行热污染的控制，具体措施包括：使用清洁能源，改进生产过程中余热的循环利用，运用生态学原理改善城市热岛效应，完善热污染控制相关法规及标准，可以有效减少向环境的热排放。做好个人防护可以有效减轻热辐射的健康损害。

四、电离辐射

随着我国科学技术和社会经济的高速发展，核技术在工业、农业、国防、医疗等领域得到了越来越广泛的应用，核电站为社会经济和人民生活提供了经济、清洁的能源，铀（钍）矿和伴生放射性矿被不断开发利用，放射性同位素和辐射技术的应用给人们生活带来了前所未有的利益。核与辐射技术的应用在给人类带来巨大利益的同时，也给社会安全带来了潜在的危险，辐射环境污染日益凸显，威胁人类的健康和安全。特别是近年来放射源丢失、失控等辐射事故时有发生，辐射的环境和健康风险受到公众的广泛关注。

根据来源，电离辐射可分为天然辐射和人工辐射两种。天然辐射源主要包括宇宙射线（初级宇宙射线和次级宇宙射线）和原生放射性核素。天然辐射源的照射每时每刻都存在，对人既产生外照射，又产生内照射，是人类所受照射的主要来源。人类就是在天然辐射环境中进化而来的，对天然辐射已经具有了一定的适应能力。地球上有少数地方的空气吸收剂量率明显偏高（可高达几百 nGy/h，甚至更高），称之为高本底地区，如我国的阳江地区。人为活动可能引起天然辐射源照射的增加，如化石燃料及其他放射性伴生矿的开发利用、乘坐飞机等。人工辐射是指人为活动引起的照射，其来源主要包括核武器的试验和生产、核能生产、核技术应用和核事故等。核武器的生产、试验及使用，产生了严重的环境辐射污染和人员损伤。切尔诺贝利和福岛核事故向环境中释放了大量的放射性核素。电离辐射在医学诊断与治疗中的应用产生的医疗照射，是人类接受的最大的人工辐射源照射。

自 1895 年伦琴发现 X 射线以来，电离辐射研究不断深入，其健康风险也逐步被人们认识和重视。辐射对人体的危害是与照射剂量相关的，大剂量照射会引起死亡、急性放射病等健康损害，而多数人受到的天然辐射和人工照射剂量一般不超过 100 mGy，属于低剂量照射，危险很小，甚至还会出现有益的健康效应。

辐射将能量传递给机体，引起细胞的死亡或者基因突变，从而引起机体的损伤。人体对辐射损伤具有一定的适应能力和修复能力，当照射剂量过大时，辐射引起的损伤超过人体的修复能力，就会引起健康损害。辐射健康效应按照发生的个体可以分为躯体效应和遗传效应。发生在受照者个体身上的效应称为躯体效应，发生在受照者后代身上的效应称为遗传效应。按照发生的可能性，辐射健康效应又可以分为随机效应和确定性效应。随机效应的发生不存在阈值，发生的概率和照射剂量成正比，辐

射致癌和遗传效应属于随机效应。确定性效应的发生存在剂量阈值，效应的严重程度与剂量有关。

辐射防护目前已经发展成为相对完善的科学体系，具有完善的法律法规体系、科学的防护技术和方法。辐射防护三项基本原则是辐射防护体系的核心，即辐射实践的正当性、辐射防护的最优化、剂量限值和剂量约束体系。外照射防护措施包括尽量减少照射时间、增加与辐射源之间的距离、在人和辐射源之间增加适当屏蔽措施等。内照射防护主要是减少放射性核素的体内摄入和吸收，促进体内放射性核素的排出。

五、电磁辐射

1864 年，英国著名物理学家詹姆斯·克拉克·麦克斯韦（Jame Clerk Maxwell，1831－1879）创造性地建立了关于电磁场的方程组，首次从理论上提出了电磁波的存在。电磁场（波）跨越的频率范围十分宽广，从静磁场、工频至微波段，跨越了 10^9 的频率范围，波长范围从 $10^{-10}\mu m$ 的宇宙射线到波长达几千米的无线电波。对我们生活环境有影响的电磁辐射可分为天然电磁辐射和人工电磁辐射两种。天然电磁辐射主要来源于光、雷电及地磁场等自然电磁现象。人工电磁辐射主要来自电力生产、输送和使用过程中产生的工频电磁场及移动通信、雷达、无线广播等领域的射频电磁场。公共卫生领域关注的电磁场和电磁辐射主要包括静电场、静磁场、工频电场、工频磁场和射频电磁辐射。

电磁辐射的生物效应主要分为“热效应”和“非热效应”两种。生物体中分子、离子等不均匀电解质在变化的电磁场中，随电场的变化而不断振动，相互摩擦产生热，引起机体温度上升，从而引起机体生理和生化功能的改变，这种由电磁辐射对生物组织或系统加热而产生的效应称为“热效应”。热效应的产生一般需要较高强度的电磁辐射。

人体在长时间受到强度不大的电磁辐射时，虽然人体温度没有明显升高，但也会引起细胞和机体的一些改变，如神经信号传导的改变、睡眠干扰、细胞膜共振、细胞膜电位改变等，这类效应称为“非热效应”。非热效应主要发生在细胞和分子水平上，基因、细胞因子、信号传导通路等发生改变，引起相应的组织器官和整体的损伤效应。非热效应已成为电磁辐射生物医学研究领域中最受关注的热点之一。

《电磁环境控制限值》（GB 8702—2014）是我国控制环境电磁辐射水平的主要法律依据。做好个人防护，减少电磁辐射暴露，可以有效预防和减轻电磁辐射健康损害。电磁辐射防护主要采用三种基本方法：①距离防护。这是防止环境电磁污染的最简便、最有效的方法。离辐射源越远，辐射水平越低，对公众的影响越小。②规划防护。将空域电磁波的发展规划纳入城市建设总体规划中，做好各类发射台专用发射场地的合理布局，防止对居民区的污染。③个人防护。工作人员加强个人防护与健康检查，配备适当的防护用品，尽量减短作业时间。公众合理使用手机、电磁炉等电子电气设备，以减小电磁辐射暴露。

第四节　物理性环境因素健康损害的研究方法和健康风险评估

一、物理性环境因素健康损害的研究方法

为阐明物理性环境因素对人类的健康影响，在运用现代科学技术了解各种物理性因素的性质和特征的同时，还需要认识物理性环境因素作用于机体时引发的各种生理、生化和病理学反应。在环境健康学领域主要采用环境流行病学和环境毒理学的研究方法来探讨物理性环境因素与健康的关系。在环

境管理和环境卫生学领域，需要加强物理性环境因素检测和评价，完善相关法律法规，控制物理性环境因素的暴露。

环境流行病学是应用流行病学方法，结合环境与人群关系的特点，研究环境与人群健康的宏观关系。开展人群流行病学调查，摸清物理性因素暴露与疾病发生的因果关系，研究暴露效应关系和暴露反应关系。利用先进技术方法寻找敏感和客观的暴露指标和效应指标，不仅对环境流行病学的研究至关重要，对诊断疾病和控制危害也非常重要。许多物理性环境有害因素健康影响可能存在延迟作用，如致突变、致畸变、致癌变等均需要从长期的研究观察中才能得以验证，因此，研究物理性环境因素的危害应对人群进行远期观察，建立相对长效的研究机制。

环境毒理学是研究环境有害因素对生物有机体，尤其是对人体的影响及作用机制的科学。环境因素致机体健康损害的效应指标主要有四类：一是细胞和生物化学指标；二是呼吸、神经、心血管和高级神经活动等器官和系统的生理指标变化情况；三是急性病理现象的多少及严重程度；四是慢性病变的情况及恶变发生率。环境中存在多种因素的联合暴露，联合作用的研究有助于阐明多因素之间的相互作用，探讨其作用机制及危害。

制定环境物理危害因素的卫生标准或相关疾病诊断标准，是防治工作的一项重要内容，也是加强劳动保护的一项重要措施。尽管我国已先后制定和修订了一些物理性环境因素的卫生标准（接触限值）和测试规范，但是还不能满足环境物理危害因素防治的实际需求，需要进一步提高卫生标准的可操作性及可应用性，建立适合我国环境物理危害因素卫生防治工作实际需要的卫生标准体系。

二、物理性环境有害因素的健康风险评估

为预防和控制物理性环境有害因素的健康风险，需要对物理性环境有害因素进行监测，以及对监测结果进行评价。不同物理性因素的监测方法各不相同，对监测结果进行的评价即健康风险评估（health risk assessment，HRA），可以是定性评价，也可以是定量评价。健康风险评估是利用现有的毒理学和流行病学研究成果，按一定准则，对环境有害因素作用于特定人群的有害健康效应（伤、残、病、出生缺陷及死亡等）进行综合定性或定量评价，从而判断环境有害因素与人群健康损害之间的关系及危害程度。环境因素健康风险评估能够预计可能产生的健康效应类型、特征及影响范围，估计健康效应发生的概率（风险度），估计区域产生健康效应的人数，明确暴露原因、人群暴露程度及人群健康损害风险大小等。HRA 能够为相关部门制定环境污染防治政策提供理论依据。

健康风险评估包括四个基本步骤。

1. 危害识别

危害识别（hazard identification）是通过实验室、临床、职业病、流行病学调查的结果，分析主要危害因子及其危害类别，确定评价终点。危害识别是根据危害因子的特性、毒性资料，判定某种特定危害因子是否会产生健康损害，以进一步确定其危害后果。危害识别的主要任务是确定危害因子及其对人类健康损害的种类。

2. 暴露评估

暴露评估（exposure assessment）的目的是估测一定区域内人群接触某种有害因子的程度，从而确定人群对有害因子的暴露量，是风险评估的定量依据。环境因素暴露量测定需要确定有害因子在环境介质中的分布及人群的暴露水平。

3. 剂量-效应关系评估

剂量-效应关系评估（dose-response assessment）是指定量评价环境有害因素的毒性，建立暴露剂量和暴露人群不良健康效应发生率之间的关系。剂量-效应关系是判断某种环境因素暴露与机体出现的

危害作用存在因果关系的重要依据，也是健康风险评估的定量依据。

4. 危险度估计

环境因素对人体的损害作用及其剂量-反应（效应）关系、人类实际暴露量和暴露范围确定后，就可以根据上述各种参数，对环境因素的危险度，即环境因素对人群健康损害的程度做出估计。危险度估计应包括对暴露人群总体的危险度和个体危险度。

三、结语

21 世纪是高新技术快速发展与应用的时代，特别是电子信息技术、生物技术、航天技术、能源技术、大数据和人工智能等方面发展迅速。科技的发展为物理性环境因素健康损害研究带来挑战和机遇。

科技和社会的高速发展，在满足人类精神和物质生活需求的同时，不仅使传统物理性环境因素（如电磁辐射、噪声和光照等）暴露的广度和强度大大增加，而且出现了大量新的课题与研究内容，如宇宙空间物理性因素健康影响问题等。日益突出的物理性环境因素污染和人民群众不断提高的健康需求，既是环境健康研究的挑战，也是科学研究发展的动力。

现代生物学和信息学技术的发展为物理性环境因素健康损害研究提供了新的技术和方法。如分子生物学技术有助于发现新的环境因素暴露的分子标志物，基因组学、蛋白质组学技术有助于进一步阐明环境因素生物效应的机制，单核苷酸多态性（single nucleotide polymorphism，SNP）分析和全基因组关联研究（genome-wide association studies，GWAS）分析有利于发现环境因素暴露的敏感人群，大数据和人工智能技术方便进行环境有害物理性因素的监测和评价。

挑战和机遇并存，物理性因素环境健康学研究需要与时俱进，深入认识环境因素暴露与健康的关系，充分了解敏感人群的特点，提供高质量的环境健康服务，保证人类的健康和生活质量。

（张青碧　曹　毅　李　蓉　崔凤梅　杨　磊）

第二章　环境噪声健康损害与影响评价

第一节　概　　述

按照《中华人民共和国环境噪声污染防治法》（2018）的界定，环境噪声（environmental noise）是指在工业生产、建筑施工、交通运输和社会生活中所产生的干扰周围生活环境的声音；环境噪声污染（environmental noise pollution）是指所产生的环境噪声超过国家规定的环境噪声排放标准，并干扰他人正常生活、工作和学习的现象。

随着工业生产、交通运输、城市建设的迅速发展及全球城市化进程的加快，环境噪声污染逐步加剧。城市规模的急剧膨胀和建设的不断发展，城市的交通运输和物流日益繁忙，工商业生产规模日益扩大，生活空间日渐拥挤，由此产生的城市环境噪声问题也日趋严重。城市环境噪声主要包括交通噪声、工业噪声、施工噪声和社会活动噪声。城市噪声污染不仅给人们的生产和生活带来了越来越大的干扰与危害，并在一定程度上影响了城市居民的身心健康和生活质量。

噪声污染之所以需要更加深入地了解和研究，是因为它存在一定的特殊性。首先，噪声是看不见摸不到的一段声波，无法产生实体污染物，虽然它造成的危害后果是实际存在的，但噪声污染不会产生有毒有害物质，也不会遗留下任何痕迹；其次，噪声依靠空气介质进行传播，不易掌握和控制。

噪声污染对机体健康的损害性是一个至今仍未得到完善解决方法的复杂问题。噪声暴露对人体造成的危害是全身性的，除了对听觉系统的正常功能造成损伤外，对神经系统、心血管系统、消化系统、内分泌系统、生殖系统、免疫系统、精神心理等都可产生一定程度的不利影响。因此，噪声污染也被称为“致命的隐形杀手”。如何有效地对城市环境噪声进行测量、评价和预测，以便更好地对其进行监测和防控，减少噪声污染的健康损害，已成为各国政府部门、学者和工程技术人员广为关注的一个热点问题。

一、噪声及其声学基础

（一）声音及噪声

声音是由物质振动产生的，振动物体被称为声源。声源可以是固体、液体或气体。振动在弹性介质，如空气、水、固体中以波的形式进行传播，称为声波。一定频率的振动作用于人耳鼓膜而产生的感觉称为声音。人类生活离不开各种声音，它可以向人们提供各种听觉信息，让人们相互交流思想，也能够为操作工人提供机器运转是否正常的依据等。然而，在生产生活中总有一些声音会令人感到烦躁不安，影响人们的正常工作和身体健康，这种声音就是噪声。

生理学和心理学角度认为，凡是令人不愉快的、使人讨厌和烦恼的、过响的，干扰人们生活、工作、学习、休息的及对人体健康造成影响或危害的声音都是噪声，因此主观因素往往起着决定性的作用，同一个人对同一种声音，在不同的时间、地点和条件下，会产生不同的主观判断。而从物理学角度来看，噪声是各种不同声强与频率的声波无规则组成的声音，如汽车的轰鸣声、工厂里机器的嘈杂声，它们的波形图是无规律的非周期的曲线。

（二）噪声的声学基础

噪声的本质也是声音，因此具有声波的一切特性。

1. 声波的产生与传播

声波的产生有两个必要条件：一是产生声音的波源，二是能够传播声音的介质。声源发声后必须通过弹性介质才能向外传播。空气是人们最熟悉的传声媒介。例如，人们可以在空气中听到声音，而在真空中却听不到。声波正是依靠介质的分子振动向外传播声能，所以声音是一种波动。介质分子的振动传到人耳时，引起骨膜的振动，通过听觉机构的“翻译”，并发出信号，刺激听觉神经而产生声音。

当声源在介质中振动时，必须依靠介质的弹性和惯性才能将这种振动传播出去。因此，介质的弹性和惯性是传播声音的必要条件。声波不仅能够在空气中传播，在液体和固体等弹性介质中也可以传播。声波在上述介质中传播，相应地被称为空气声、液体声和固体声。声音在介质中的传播，只是介质振动的传播过程，介质本身并没有向前移动，它只是在平衡位置来回振动，传播出去的是物质的运动形式，这种形式称为波动。声音是振动的传播，这种传播过程是一种机械性质的波动，故声音也称为声波。空间中存在声波的区域称为声场。在声波的传播过程中，如果质点振动方向与波传播方向一致时为纵波，而当质点振动方向与波传播方向垂直时则为横波，如绳子上下振动而形成的波即为横波。声波在固体介质中既可以横波形式传播，也能以横波与纵波两种并存的形式传播；而在液体和气体中声波只能以纵波形式传播。

2. 声波传播的一般规律

（1）点声源的指向性。理想点声源是指在均匀介质中辐射声波的声压、声强等量在各个方向上都是相同的，声源不具有指向性。一般声源实际上可以看作是许多声源的叠加，该声源辐射声波在各个方向上可能是不同的，这种声源被称为指向性声源，它们的波阵面不是以声源为圆心的球面，而是复杂的曲面。

声源的指向性对声波的传播特性有影响，缺乏声源指向性数据就无法准确预测声波实际传播情况。声源的指向性与声源的大小、形状及发声机制有关，需要通过实际测试才能明确。声源的指向性还与声波的频率有关，频率越高，指向性越强。

声源的指向性常用指向性因数和指向性指数来表示。声源的指向性因数是指声场中某点的声强，与同一声功率声源在相同距离同心球辐射面上的平均声强之比，记为 Q，由定义可知指向性因数与声强、声压的关系如下：

$$Q=\frac{I_{\alpha}}{I}=\frac{P_{\alpha}^{2}}{P^{2}} \tag{2-1}$$

式中，I_a，P_a——分别表示 α 方向上距离声源 r（m）处的声强（W/m^2）和声压（N/m^2）；

I，P——分别表示半径为 r 的同心球面上的平均声强（W/m^2）和平均声压（N/m^2）。

指向性指数 DI 与指向性因数 Q 的关系如下：

$$\mathrm{DI}=10\ \lg Q=10\ \lg\frac{I_{\alpha}}{I}=10\ \lg\frac{P_{\alpha}^{2}}{P^{2}} \tag{2-2}$$

不难看出，对于无指向性声源，$Q=1$，$\mathrm{DI}=0$。

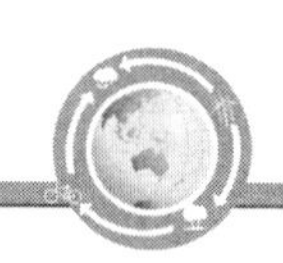

指向性因数与点声源放在室内的位置有关，若点声源放置在房间中心，将均匀地向空间辐射声能，$Q=1$；如果声源放在地面或是墙面中间，声能量只辐射入半个球面空间，同样距离的点，声能增加一倍，$Q=2$；声源放在两个墙面或墙面与地面的交线上，只能向1/4空间辐射声能，$Q=4$；而声源若在三面的交点（即墙角），只能向1/8空间辐射声能，这时$Q=8$。

（2）声波的反射、折射和投射。声波在传播途中会遇到障碍物，一部分声波会在界面上反射，一部分声波则透射到第二种介质中去（可能发生折射），从而改变声波的传播方向。即使在空气中传播，随着离地面高度不同而存在的气温变化，也会改变声波的传播方向。白天近地面的气温较高，声速较大，声速随离地面高度的增加而减小，导致声波传播方向向上弯曲；夜晚地面温度较低，声速随离地面高度的增加而增加，声波的传播方向向下弯曲，这也是在夜晚声波传播较远的原因。

此外，空气中各处风速的不同也会改变声波的传播方向，声波顺风传播时方向向下弯曲；逆风传播时方向向上弯曲，并产生声影区。在实际情况下，很难严格区分温度与风的影响，因为它们往往同时存在，且二者的组合情况千变万化，还会受到其他因素的影响。

在设计工业厂房时，若已知该厂房有明显的干扰噪声，且厂址又选在居住区附近，就需要考虑常年主导风向对声传播的影响；在制定新的城市郊区和城镇规划时，更应强调这方面的要求。建造露天剧场时，可以利用在白天因温度差导致的声波传播方向向上弯曲的特点，以加强后部座位所接受的来自舞台的声音；采用成排的台阶式座席，使台阶的升起坡度与声波向上折射的角度大致吻合，就可以达到预期效果。

（3）声波的衍射。声波在传播过程中，遇到障碍物（或孔洞）时，若声波波长比障碍物或孔洞尺寸大得多，则能够绕过障碍物（或孔洞）的边缘前进，并引起声波传播方向的改变，这种现象称为声波的衍射。

房屋的墙或隔声屏障上有孔隙等，会导致声波的衍射现象，使其隔声能力变差。例如，当声波通过障碍物的洞口时会发生衍射现象，此时洞口好像一个新的点声源；当声波的波长比洞口尺寸大很多时，经过洞口后的声波从洞口向各个方向传播。而频率较高的声波具有较强的方向性，从洞口向前方传播。因此，当室内有一声源时，声源将会遇到墙壁、家具等物体，产生反射、衍射等现象，而且声波还会通过门、窗的缝隙处传到室外。

声波的衍射与声波的频率、波长和障碍物大小有关。若声波频率低，即波长较长，而障碍物（或孔洞）尺寸比波长小很多，这时声波能绕过障碍物（或透过孔洞）继续传播。若声波频率较高，即波长较短，而障碍物或孔洞的几何尺寸又比波长大很多，形成的衍射不明显，在障碍物后或空洞的外侧形成声影区。

研究声波的衍射现象在噪声控制中十分有用，如在需要隔声的机器和工作人员之间放置一道用金属板或胶合板制成的声屏障，就可以减弱高频噪声。屏障的高度越高、面积越大，效果越好；如果在屏障上再覆盖一层吸声材料，则效果更好，而低频声波的绕射能力较高频声强，隔声能力会变差。

3. 声波在传播中的衰减

一般情况下，人们都会感觉到：离噪声源近时噪声大，而离噪声源远时噪声小。这是因为噪声在传播过程中不仅能产生反射、折射、衍射等现象，还会引起衰减。这些衰减通常包括声波随距离的扩散传播引起的衰减、空气吸收引起的衰减、地面吸收引起的衰减、屏障引起的衰减和气象条件引起的衰减等，总衰减量一般可等于各衰减量之和。下面介绍主要的声波衰减及规律。

（1）声波的扩散衰减。声源发出的噪声在介质中传播时，其声压或声强将随着传播距离的增加而逐渐衰减。在传播过程中，声波的波阵面要扩张，波阵面的面积随着声源距离的增加而不断扩大，这样通过单位面积的能量就相应减少。由于波阵面引起的声强随距离而减弱的现象称为扩散衰减（也称发散衰减）。

（2）空气吸收引起的衰减。空气吸收能引起声波的衰减与温度、湿度和声波频率等因素有关，其原因主要有以下 3 个方面：①声波在空气中传播，由于相邻质点运动速度不同，分子间的黏滞力使一部分声能转变为热能；②声波在空气中传播时，空气产生周期性的压缩和膨胀的疏密变化，相应出现空气温度的升高和降低，温度梯度的出现导致热交换，使一部分声能转变为热能；③空气中的主要成分氧和氮在一定状态下，其分子的平均能、转动能和振动能处于一种平衡状态。当有声波振动时，这三种能量发生转化，打破原来的平衡，需要一定时间来建立新的平衡，这种由原来平衡到建立新平衡的变化过程将使声能耗散。上述 3 个原因使得声波在空气中传播时出现吸收衰减。

（3）地面构筑物引起的衰减。声波在传播途径中遇到屏障和建筑物发生反射，而使噪声降低。当声源与接收点之间存在密实材料形成的障碍物时会产生显著的附加衰减，这样的障碍物一般称为声屏障。声屏障可以是专门建造的墙或板，也可以是道路两旁的建筑物或低凹路面两侧的路堤等。声波遇到屏障时会产生反射、透射和衍射三种传播现象。屏障的作用就是阻止直达声的传播，隔绝透射声，并使衍射声有足够的衰减。声屏障的附加衰减与声源、接收点相对屏障的位置、屏障高度及结构，以及声波频率密切相关。一般而言，屏障越高，声源及接收点离屏障越近，声波频率越高，声屏障的附加衰减越大。

树木和草坪能够使传播的声波产生衰减，树干对高频率的声波起散射作用，树叶周长接近或大于声波波长，有较大的吸收作用。绿化带的降噪效果与林带宽度、高度、位置、配置及树木种类等有密切关系。结构良好的林带有明显的降噪效果。例如，日本近年的调查结果表明，40 m 宽且结构良好的林带可以降低噪声 10～15 dB（A）。绿化带如果不是很宽，衰减声波的作用不明显，但对人的心理有重要影响，能给人以宁静的感觉。

二、环境噪声的量度

（一）环境噪声的客观量度

1. 声压和声压级

声压（sound pressure）是衡量声音大小的尺寸，其单位为 N/m^2 或 Pa。人耳对 1 000 Hz 的听阈声压为 $2\times10^{-5}N/m^2$，痛阈声压为 20 N/m^2。从听阈到痛阈，声压的绝对值相差 10^6 倍。显然，用声压的绝对值表示声音的大小并不方便。因此，人们根据人耳对声音强弱变化响应的特征，引出一个无量纲量来表示声音的大小，即声压级（sound-pressure level）。所谓声压级就是声压的平方与一个基准的声压平方比值的对数值，以公式（2-3）表示：

$$L_p = 10\lg\frac{P^2}{{P_c}^2} = 20\lg\frac{P}{P_0} \tag{2-3}$$

式中，L_p——对应声压 P 的声压级，dB；

P——声压，N/m^2；

P_0——基准声压，等于 2×10^{-5} N/m^2，它是 1 000 Hz 的听阈声音。

正常人耳听到的声音声压级在 0～120 dB。表 2-1 所示为典型声源或环境的声压及声压级。

表 2-1　典型声源或环境的声压及声压级

典型环境	声压（N/m^2）	声压级（dB）
喷气式飞机的喷气口附近	630	150
喷气式飞机附近	200	140
锻锤、铆钉操作位置	63	130
大型球磨机旁	20	120
8-18 型鼓风机附近	6.3	110
纺织车间	0.2	100
4-72 型风机附近	0.063	90
公共汽车内	0.2	80
繁华街道上	0.006 3	70
普通说话	0.02	60
微电机附近	0.006 3	50
安静房间	0.002	40
轻声耳语	0.000 63	30
树叶落下的沙沙声	0.000 2	20
农村静夜	0.000 063	10
人耳刚能听到	0.000 02	0

2. 声功率和声功率级

声功率（sound power）是声源在单位时间内向空间辐射声的总能量，公式如下：

$$W=\frac{E}{\Delta t} \tag{2-4}$$

仍以 10^{-12} W 为基准，则声功率级（sound-power level）定义为：

$$L_W=10\lg\frac{W}{W_0} \tag{2-5}$$

式中，L_W——对应声功率 W 的声功率级，dB；

W——声功率，W；

W_0——基准声功率，等于 10^{-12} W。

根据公式（2-5）可以通过声功率 W 计算声功率级 L_W。例如，声功率为 0.1 W 的小汽笛声功率级为 110 dB。根据这一瞬时现象，应当注意到，一个非常小的 0.1 W 声功率的声源，对于人耳来说已是一个非常高的声源。一些典型声源的声功率和声功率级如表 2-2 所示。

表 2-2　一些典型声源的声功率和声功率级

声源	声功率（W）	声功率级（dB）
轻声耳语	10^{-9}	30
台钟	3×10^{-8}	43

续表

声源	声功率（W）	声功率级（dB）
钢琴	2×10^{-2}	93
织布机	10^{-1}	110
气锤	1	120
鼓风机	10^{2}	140
声源	声功率/W	声功率级/dB
喷气式飞机	10^{4}	160
火箭	4×10^{7}	196

3. 声强和声强级

声强（sound intensity），即单位面积上的声功率，公式如下：

$$I=\frac{W}{\Delta s} \tag{2-6}$$

式中，I——声强，W/m^2；

W——声功率，W；

Δs——声音通过面积，m^2。

如以人的听阈声强值 10^{-12} W/m^2 为基准，则声强级（sound-intensity level）计算公式为：

$$L_I=10\lg\frac{I}{I_0} \tag{2-7}$$

式中，L_I——对应声强 I 的声强级，dB；

I——声强，W/m^2；

I_0——基准声强，等于 10^{-12} W/m^2。

声压级和声强级都是描述空间某处声音强弱的物理量。在自由声场中，声压级与声强级的数值近似相等。

4. 声压、声强和声功率的关系

上述声压与声压级、声强与声强级、声功率与声功率级之间，可以由图 2-1 的关系互相换算。

例如，声压为 20 N/m^2、2 N/m^2、2×10^{-2} N/m^2、2×10^{-5} N/m^2 所对应的声压级为 120 dB、100 dB、60 dB 和 0 dB；声强为 1 W/m^2、10^{-2} W/m^2、10^{-6} W/m^2 和 10^{-12} W/m^2 对应的声强级为 120 dB、100 dB、60 dB 和 0 dB；声功率为 1 W、10^{-2} W、10^{-6} W 和 10^{-12} W，对应的声功率级为 120 dB、100 dB、60 dB 和 0 dB。

（二）环境噪声的主观量度

1. 响度级和等响曲线

人耳对声音的感受不仅与声压有关，也和频率有关。不同频率的声音，即使声压级相同，人耳听到的响亮度也很可能不同。例如，空压机与电锯，同是 100 dB 声压级的噪声，电锯声听起来明显响很多；再如，大型离心式压缩机的噪声和小汽车车内的噪声，声压级都是 90 dB，由于前者是高频，后者是低频，所以前者听起来比后者响很多。

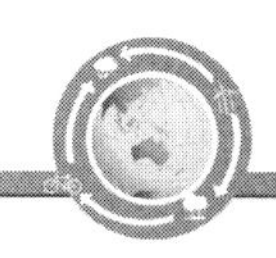

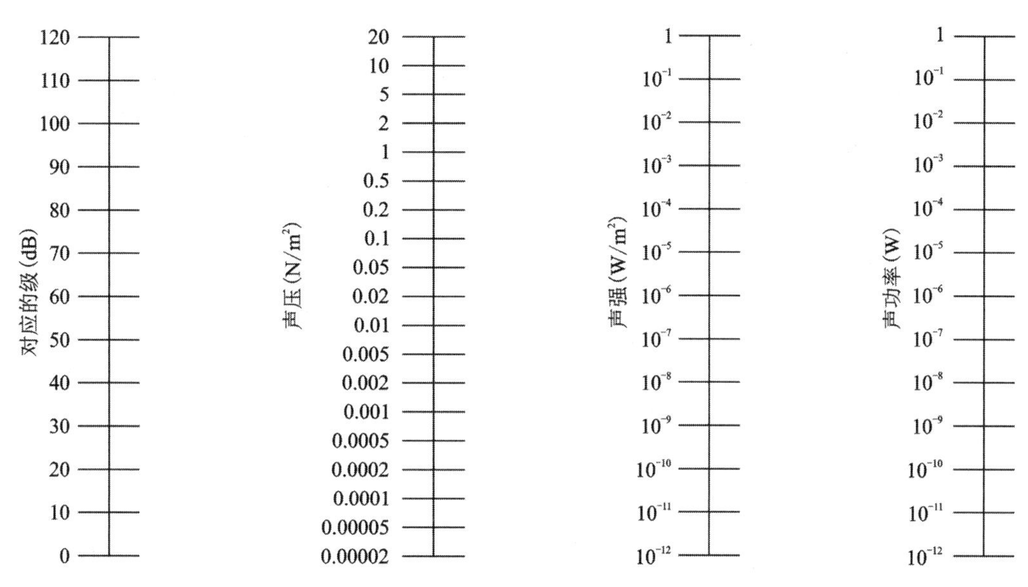

图 2-1 声压、声强和声功率的关系

声音对人体产生的影响，主要取决于频率和声压级。对频率相同、声压级变化的声音，人耳的主观反应存在差异，如变化 1 dB，感觉不明显；变化 3 dB，感觉有变化；变化 5 dB，感觉有明显变化；变化 10 dB，感觉响度提高了一倍或减少了一半；变化 20 dB，感觉很吵或很静。声压级相同时，对不同频率的声音，人耳的主观反应也不一样，对高频敏感，刺耳难忍；对低频则不敏感，容易忍受。例如，频率分别为 100 Hz 与 1 000 Hz 的声音，声压级都是 60 dB，1 000 Hz 的声音比 100 Hz 的声音响得多；如果要使 100 Hz 的声音听起来与 1 000 Hz 的声音等响，则必须将 100 Hz 的声压级提高至 68 dB。

为解决听觉对噪声主观评价的问题，根据人耳特性，人们仿照声压级概念，提出一个与频率有关的响度级（loudness level）概念，将声压级和频率统一起来，响度级的单位是“方”（phon）。噪声的响度级等于与 1 000 Hz 纯音听起来响度相等的声音的声压级。例如，某噪声听起来与声压级 80 dB（A）、频率为 1 000 Hz 的基准声音一样响，则该噪声的响度级等于 80 phon。

利用与 1 000 Hz 基准声音相比较的方法，即得到可听范围的纯音响度级。通过大量试验与统计，即可制得如图 2-2 所示的等响曲线（equal-loudness curve）。

等响曲线簇中，每一条曲线相当于声压级和频率不同而响度相同的声音，相当于一定响度级的声音。例如，声压级为 95 dB、频率为 45 Hz 的纯音、声压级为 75 dB、频率为 400 Hz 的纯音，声压级为 70 dB、频率为 3 800 Hz 的纯音，它们与声压级为 80 dB、频率为 1 000 Hz 的纯音听起来一样响，都在同一条等响曲线上。图中最下面的曲线为听阈曲线，最上面的一条曲线为痛阈曲线。

根据各条等响曲线的性状可以看出：①在声压级较低时，低频率变化引起的响度变化比中高频大，中高频显得比低频更响些；②在声压级较高时，曲线较平缓，反映了声压级相同的各频率的声音差不多一样响，即与频率的关系不大；③从图 2-2 中可以看出，人耳对 4 000 Hz 的声音最敏感，也最容易受损伤，所以在噪声治理中需要着重研究消除中高频率的声音。

响度级是一个相对量，不能直接定量比较声音大小。例如，响度级变化 2 倍，并不意味着人耳听该声音的响度程度变化也为 2 倍。为了消除这一缺陷，定量地对声音进行比较，声学工作者引入了响度的概念。

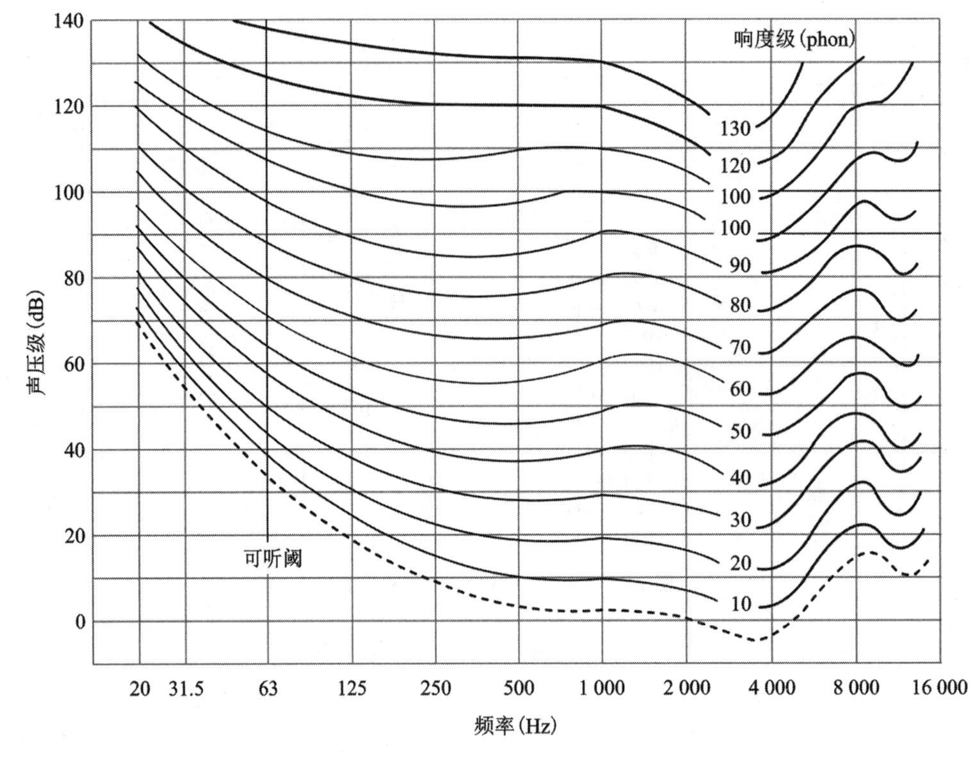

图 2-2 等响曲线

声音响的程度称为响度，它表示感觉的绝对量，单位为“宋”(sone)，通常以 40 phon 为 1 sone、50 phon 为 2 sone、60 phon 为 4 sone、70 phon 为 8 sone 等。由此可见，响度级每增加 10 phon，响度即加倍。

根据上述经验，响度和响度级之间的关系可用公式（2-8）表达：

$$L=2^{\frac{L_l-40}{10}} \tag{2-8}$$

式中，L——响度，sone；

L_l——响度级，phon。

响度级不能直接加减，只能定性地比较两个声音的大小；而两个不同响度的声音可叠加，可定量地比较两个声音，这在声学计算上较为方便。同时，用响度表示噪声的大小也比较直观，可直接算出声音增加或减少的百分比。

2. A 声级、等效连续 A 声级和昼夜等效声级

（1）A 声级（A-weighted sound level)。为了模拟人耳对声音的反应，在噪声测量仪器中常安装一个滤波器，这个滤波器通常称为计权网络。当声音进入网络时，中低频率的声音就按比例衰减通过，而 1 000 Hz 以上的高频声音则无衰减地通过。计权网络是把可听声频按 A、B、C、D 等种类特定频率进行计权的，因此把被 A 网络计权的声压级称为 A 声级；被 B 网络计权的称为 B 声级，以下则为 C 声级、D 声级等，单位分别记为 dB（A)、dB（B)、dB（C）和 dB（D)。

D 声级主要用于航空噪声评价中。A、B、C 计权网络是分别效仿倍频程等响曲线中的 40 phon、70 phon和 100 phon 曲线而设计的。声级计上常用的计权网络是 A 计权和 C 计权，已经基本不再使用 B 计权。A 计权网络具有较好的模仿人耳对低频率（500 Hz 以下）不敏感而对 1 000～5 000 Hz 频段敏感

的特点，而且 A 声级是单一的数值，容易直接测量，是噪声所有频率成分的综合反映，因此 A 声级是噪声测量中应用最广的评价量，作为评价噪声的标准。

（2）等效连续 A 声级（equivalent continuous A sound level）。A 声级适于评价一个连续的稳态噪声，但如果在某一受声点观测到的 A 声级是随时间变化的，如交通噪声随车流量和种类变化，又如一台间歇工作的机器，即某段时间内 A 声级有时高有时低，在这种情况下，用某一瞬时的 A 声级去评价一段时间内的 A 声级是不准确的。因此，声学工作者便引入了等效连续 A 声级作为评价量，用于评定间断的、脉冲的或者随时间变化的非稳态噪声的大小。等效连续 A 声级可用公式（2-9）表示：

$$L_{eq}=10\lg\left(\frac{1}{t_2-t_1}\int_{t1}^{t2}10^{0.1L_t}\,dt\right) \tag{2-9}$$

式中，L_{eq}——在 t_2-t_1 段时间内的等效连续 A 声级，dB（A）；

L_t——t 时刻的瞬时 A 声级，dB（A）；

t_2-t_1——连续取样的总时间。

如果 A 声级的测量是采取等间隔取样的，则等效连续 A 声级又可按公式（2-10）表示：

$$L_{eq}=10\lg\left(\frac{1}{N}\sum_{i=1}^{N}10^{0.1L_i}\right) \tag{2-10}$$

式中，L_i——第 i 次读取的 A 声级，dB（A）；

N——取样总数。

如果 A 声级的测量是断续或分段稳定噪声，则等效连续 A 声级又可按公式（2-11）表示：

$$L_{eq}=10\lg\left(\frac{1}{T}\sum_{i=1}^{n}10^{0.1L_i}\cdot\tau_i\right) \tag{2-11}$$

式中，L_i——第 i 段测量的 A 声级，dB（A）；

τ_i——第 i 段测量的时间；

T——规定的测量总时间，为各分段测量时间的总和。

例如，对车间进行 8 h 噪声监测，有 4 h 为 82 dB（A），3 h 为 75 dB（A），1 h 为 90 dB（A），则该工作日内等效连续 A 声级为：

$$\begin{aligned}L_{eq}&=10\lg\left(\frac{1}{T}\sum_{i=1}^{n}10^{0.1L_i}\cdot\tau_i\right)\\&=10\lg\left[\frac{1}{8}\times(10^{0.1\times82}\times4+10^{0.1\times75}\times3+10^{0.1\times90}\times1)\right]\\&=92.4\ \mathrm{dB(A)}\end{aligned}$$

等效连续 A 声级的应用领域较广，常用于评价工业噪声、公路噪声、铁路噪声、港口与航道噪声及施工噪声等。

（3）昼夜等效声级（day-night equivalent sound level）。昼夜等效声级是考虑噪声在夜间对人的影响更严重，将夜间噪声进行增加 10 dB（A）加权处理后，用能量平均的方法得出 24 h A 声级的平均值（L_{dn}），单位为 dB（A），可用公式（2-12）计算：

$$L_{dn}=10\lg\left\{\frac{1}{24}\left[\sum_{i=1}^{16}10^{0.1L_d}+\sum_{j=1}^{8}10^{0.1(L_n+10)}\right]\right\} \tag{2-12}$$

式中，L_d——昼间 16h（6：00—22：00）中第 i 小时的等效声级。

L_n——夜间 8h（22：00—6：00）中第 j 小时的等效声级。

3. 累积百分声级

累积百分声级（percentile sound level）是指某点噪声级有较大波动时，用于评价测量时间段内噪声强度时间统计分布特征的指标，指占测量时间段一定比例的累积时间内 A 声级的最小值，用 L_N 表示，单位为 dB（A）。常用 L_{10}、L_{50}、L_{90} 表示，其含义如下：

L_{10}——在测量时间内有 10%的时间 A 声级超过的值，相当于噪声的平均峰值。

L_{50}——在测量时间内有 50%的时间 A 声级超过的值，相当于噪声的平均中值。

L_{90}——在测量时间内有 90%的时间 A 声级超过的值，相当于噪声的平均本底值。

如果数据采集是按等间隔时间进行，则 L_N 也表示有 N%的数据超过的噪声级。其计算方法是：将测得的 100 个或 200 个数据按大小顺序排列，总数为 100 个的第 10 个数据或总数为 200 个的第 20 个数据即为 L_{10}，总数为 100 个的第 50 个数据或总数为 200 个的第 100 个数据即为 L_{50}。同理，第 90 个数据或 180 个数据即为 L_{90}。

4. 噪声污染级

噪声污染级（noise pollution level，L_{NP}）的公式：

$$L_{NP}=L_{eq}+k\sigma \tag{2-13}$$

式中，L_{eq}——等效连续 A 声级，dB（A）；

k——常数，取 2.56 认为最适合反映人们对噪声的主观评价；

σ——总共 n 次测量所得 A_i 声级 L_{pA}；的平均值$\overline{L_{pA}}$的标准偏差［dB（A）］；

L_{NP}——一般用来评价航空或交通噪声［dB（A）］。

5. 交通噪声指数

交通噪声指数（traffic noise index，TNI）常用于评价交通噪声，考虑本底噪声的基础上，加大噪声涨落权重。

$$\mathrm{TNI}=4\ (L_{10}-L_{90})\ +L_{90}-30 \tag{2-14}$$

式中 L_{10}、L_{90}是在 24 h A 计权声级测量的基础上，统计得到的累积百分数。

6. 语言干扰级

语言干扰级（speech-interference level，SIL）是衡量噪声对语言通话干扰程度的参量，记作 SIL，单位 dB。由于语言的频率范围处于噪声的中频区，所以语言干扰级是指噪声在中心频率为 500 Hz、1 000 Hz、2 000 Hz三个频率声压级的算术平均值，即：

$$\mathrm{SIL}=\frac{1}{3}\ (L_{p500}+L_{p1000}+L_{p2000}) \tag{2-15}$$

式中 L_{p500}，L_{p1000}，L_{p2000}分别为 500 Hz、1 000 Hz 和 2 000 Hz 三个频率的声压级。

三、环境噪声的主要来源

（一）工业生产噪声

工业生产噪声是指在工业生产活动中，使用固定设备时产生的干扰周围生活环境的声音。工业生产离不开各种机械和动力装置，这些设备在运转过程中一部分能量被消耗后，以声能的形式散发出来而形成噪声。工业噪声中有因空气振动产生的空气动力学噪声，如通风机、鼓风机、空气压缩机、锅炉排气等产生的噪声；有因电磁力作用产生的电磁性噪声，如发动机、变压器产生的噪声等。工业噪声一般声级高，连续时间长，有的甚至长年运转、昼夜不停，对周围环境影响较大。工业生产噪声是造成职业性耳聋的主要原因。某些常见机械噪声源强度见表 2-3。

表 2-3　某些机械噪声源强度

机械名称	噪声级［dB（A）］
风铲、风铆	130
凿岩机	125
大型球磨机、有齿锯切割钢材	120
振捣机	115
电锯、无齿锯、落砂机	110
织布机、电刨、破碎机、气锤	105
丝织机	100
织带机、细纱机、轮转印刷机	95
轧钢机	90
机床、凹印机、铅印、平台印刷机、制砖机	85
挤塑机、漆包线机、织袜机、平印连动机	80
印刷上胶机、过板机、玉器抛光机、小球磨机	75
电子刻板机、电线成盘机	<75

（二）交通运输噪声

交通运输噪声是指机动车辆、铁路机车、机动船舶、航空器等交通运输工具在运行时所产生的干扰周围生活环境的声音。各种交通运输工具（如小轿车、载重汽车、电车、火车、拖拉机、摩托车、轮船、飞机等），在行驶过程中会发出喇叭声、汽笛声、刹车声、排气声等各种噪声，行驶速度越快噪声越大。此类噪声具有流动性，因此影响范围广，受害人数多。近年来，随着城市机动车辆剧增，交通运输噪声已成为城市的主要噪声源。

（三）建筑施工噪声

建筑施工噪声是指在建筑施工过程中产生的干扰周围生活环境的声音。建筑工地常用的打桩机、推土机和挖掘机产生的噪声常在 80 dB（A）以上，对邻近居民正常生活扰乱很大。随着城市化进程加快，中国城市建设日新月异，大中城市建筑施工场地增多，因此建筑施工噪声的影响愈发严重。一般建筑施工的噪声如表 2-4、表 2-5 所示。

表 2-4　建筑施工机械设备噪声级　［dB（A）］

机械名称	距离声源 10 m		距离声源 30 m	
	范围	平均	范围	平均
打桩机	93～112	105	84～103	91
地螺钻	68～82	75	57～70	63
铆枪	85～98	91	74～98	86
压缩机	82～98	88	78～80	78
破路机	80～92	85	74～80	76

表 2-5 建筑施工场地噪声级 [dB（A）]

场地类型	居民建筑	办公楼	道路工程
场地清理	84	84	84
挖土方	88	89	89
地基	81	78	88
安装	82	85	79
修整	88	89	84

（四）社会生活噪声

社会生活噪声是指营业性文化娱乐场所和商业经营活动中产生的干扰周围生活环境的声音。由于商业经营活动、儿童在户外的嬉戏、各类家用电器的使用（尤其是各种音响设备）及家庭舞会等，使城市居住区内部的噪声源种类和噪声的强度均有所增加。社会生活噪声在城市噪声构成中约占 50%，且有逐渐上升的趋势。部分家庭常用设备的噪声级参见表 2-6。

表 2-6 家庭常用设备噪声

家庭常用设备	噪声级范围［dB（A）］
洗衣机、缝纫机	50～80
电视机、除尘器及抽水马桶	60～84
钢琴	62～96
通风机、吹风机	50～75
电冰箱	30～58
风扇	30～68
食物搅拌器	65～80

第二节 环境噪声的生物学效应

一、环境噪声对氧化应激水平的影响

研究显示，环境噪声暴露可以导致氧化应激水平升高。环境噪声暴露可破坏耳蜗的氧化和抗氧化体系，导致耳蜗钙结合蛋白水平下降，热休克蛋白表达增高，细胞抗氧化能力降低，可刺激耳蜗产生了大量活性氧（reactive oxygen species，ROS）。组织内堆积的 ROS 可直接攻击生物膜，引发脂质过氧化，进而影响细胞内生理生化反应，对耳蜗组织造成损伤。例如，有国外学者采用 90 dB（A）和 105 dB（A）噪声暴露毛丝鼠 10 d 后发现，谷胱甘肽还原酶、γ-谷氨酰半胱氨酸合成酶、过氧化氢酶 3 种抗氧化酶的活性均显著下降，并呈现一定的剂量-效应关系。而且，在予以抗氧化剂 N-乙酰-L-半胱氨酸清除 ROS 后，噪声所致的大鼠听觉阈值位移可显著改善。相似的效应在国内报道中也得到印证。如成良等以昆明小鼠为受试对象，给予中等强度 80 dB（A）噪声暴露 3 d 后发现，小鼠海马区脂质过氧化产物丙二醛（malonaldehyde，MDA）含量明显升高，超氧化物歧化酶（superoxide dismutase，SOD）与 MDA 的比值明显减小；暴露 1 周后，下丘脑 MDA 含量也显著升高；当噪声暴露持续 3 周和 6 周

后，小鼠的海马、听皮层和下丘脑部位 MDA 含量均明显升高，并伴随着小鼠学习记忆功能下降，提示氧化应激反应在脑内的作用范围可随暴露时间的延长逐步扩大，损害程度逐渐加深，且与脑功能障碍紧密相关。

在噪声职业接触人群中，研究者们发现尽管高强度噪声作业工人血清中总 SOD 活力和总抗氧化能力水平并无显著改变，但其 MDA 的水平会出现明显增加，提示长期接触高强度噪声可能对劳动者的抗氧化系统产生潜在影响。而且，强噪声短期刺激还可促使机体副交感神经功能状态受到抑制，引起胃窦黏膜 Mn-SOD 活力急剧上升，血清中 Mn-SOD 水平显著下降，诱发胃黏膜产生大量 ROS，从而引起循环系统中 SOD 大量消耗。重要的是，环境噪声暴露诱发的氧化应激效应可长时间持续存在，从而对机体产生不可估量的损害效应。

二、环境噪声对细胞凋亡水平的影响

毛细胞凋亡是噪声暴露后耳蜗毛细胞死亡的主要方式。噪声暴露不但可以刺激耳蜗凋亡相关蛋白 Caspase-9 和 Caspase-3 的表达增高，还促进了耳蜗基底膜凋亡诱导因子过表达，诱发 DNA 损伤和核酸内切酶 G 释放，激活 Bcl-2/Bax、JNK 等凋亡相关信号通路，从而启动程序性细胞凋亡。值得注意的是，有学者认为在噪声暴露的早期，毛细胞能量代谢系统轻度损伤，毛细胞主要以凋亡性死亡为主，随着噪声暴露时间的延长、细胞内三磷酸腺苷含量严重降低时，细胞则发生坏死。也有观点认为，噪声的强大流体可在内耳发生涡流冲击蜗管，造成前庭膜破裂，引发离子成分改变及螺旋器细胞的损害，继而导致血管萎缩，神经纤维变性。而且，当基底膜受强烈震动后，网状层可产生微孔，使内淋巴进一步渗入，引起毛细胞内钾离子水平过高，致使毛细胞坏死变性。此外，噪声暴露还可以导致听觉中枢系统神经细胞的正常电生理活动改变，甚至直接诱发听觉皮层神经元死亡，进而导致语言辨别能力和对声音信号的整合能力降低。比如，苏玉婷等采用机场录制 100 dB（A）噪声刺激昆明小鼠 5 d 后发现，噪声可导致小鼠听觉皮层神经元形态异常，表现为颗粒层、外锥体细胞层和分子层的神经元体积变小、分布不均、胞浆不清、核固缩等，并发现 Bcl-2/Bax 信号通路激活及 Caspase-3 活性增加是噪声诱发听觉皮层神经元凋亡的主要机制。王方园等以豚鼠为研究对象，模拟风洞噪声暴露，结果发现噪声暴露引起豚鼠双耳听性脑干反应阈值增高，并导致内耳螺旋神经节细胞和毛细胞中 Caspase-3 表达明显升高。

三、环境噪声对代谢功能的影响

众所周知，毛细胞上含有钙、钾、钠等多种离子的通道，这些离子通道的稳态对于维持毛细胞功能起着至关重要的作用。在环境噪声暴露条件下，毛细胞发生去极化，胞内钙离子水平急剧升高，游离钙离子水平的增多不仅引发钙超载，还改变了外毛细胞的运动特性，导致机-电转换过程受阻，耳蜗的微音电位幅度降低。研究者们发现，经 125 dB（A）噪声暴露后，豚鼠内耳组织中葡萄糖和丙酮酸含量急剧升高，听功能耳郭反射阈衰减值较暴露前显著降低，但可在噪声暴露后 7 d 逐渐恢复。据此，他们认为此条件下听功能的损害可能与代谢能量不足直接相关，而直接的机械性损伤是次要的。进一步研究显示，噪声暴露还能诱发细胞无氧代谢，蛋白质、脂类和糖原无法正常分解和合成，组织出现缺血坏死。持续的噪声暴露不仅导致耳蜗毛细胞对三磷酸腺苷需求量增加，毛细胞和支持细胞的耗氧量、耗能量增加，还可促使细胞产生大量的 ROS，钙离子内流加剧处于严重超载状态。这些病理生理改变能够诱发细胞结构、DNA、蛋白质的表达发生异常，最终导致毛细胞坏死或凋亡。

近年来研究也相继表明，噪声暴露引发的代谢紊乱主要对两种结构产生破坏，一是影响静纤毛的结构，进而对耳蜗的微机械结构产生损害；二是直接破坏毛细胞的结构，促使其释放大量兴奋性神经

递质，影响听神经的传导功能。此外，噪声刺激还可以导致内耳血管收缩，引发供血不足，进而损伤听觉功能。高强度噪声暴露能够导致耳蜗血管痉挛收缩、血流速度趋缓、局部血流灌注量减少、血管内皮肿胀、血液黏滞度增加、血小板和红细胞聚集等一系列改变，进一步加剧耳蜗血流微循环障碍和内外淋巴液氧张力降低，导致耳蜗内环境代谢、能量储备、酶系统等功能障碍，诱发耳蜗形态结构的损伤和声-电转换功能障碍等。

四、环境噪声对神经递质水平的影响

噪声暴露可导致不同神经递质水平发生变化，从而引起相应的神经功能改变。如 Manikandan 等研究表明，模拟工业环境 100 dB（A）噪声持续强声暴露 30 d 可直接导致 Wistar 大鼠的工作和参考记忆损害，引起海马和前额皮质内乙酰胆碱酯酶活性显著增加。Tsai 等的报道显示，110 dB（A）噪声暴露 20 min 后，可引起 Sprague-Dawley 大鼠纹状体和背侧核内肾上腺素分别升高 42%和 39%，随后又降回到基准值。噪声刺激还导致了纹状体和皮质组织 3，4-二羟基苯乙酸浓度分别降低了 99%和 53%，并在噪声暴露停止后其含量仍处于被抑制水平。然而，该研究中噪声暴露对各个脑区内去甲肾上腺素、多巴胺、5-羟色胺等其他神经递质的水平均未见显著影响。Ravindran 等将 Albino 大鼠暴露于 100 dB（A）噪声中 15 d 后发现，大鼠皮质、小脑、下丘脑、海马、纹状体、脑桥中去甲肾上腺素、肾上腺素、多巴胺和 5-羟色胺的水平均发生不同程度的改变。Chen 等的报道显示，80 dB（A）或 100 dB（A）噪声持续暴露 30 d 可导致 Sprague-Dawley 大鼠海马组织中多巴胺、去甲肾上腺素和 5-羟色胺的水平显著下降，并诱发空间学习记忆功能的障碍。有趣的是，该研究发现一旦脱离噪声暴露环境，上述神经递质的含量和学习记忆功能可出现不同程度的恢复。徐雅倩等以 ICR 小鼠作为受试对象，将高速公路、高速铁路噪声编排调整为昼夜等效声级为 70 dB（A）的混合交通噪声，作为实验暴露声源处理 52 d 之后，发现小鼠行为和血浆单胺类神经递质含量并未出现显著改变。由此可见，环境噪声能否直接引发神经递质水平改变，不但与噪声暴露条件密切相关，还与生物机体自身反应机制有关，其作用的脑区部位是否存在特异性及相应的生物学效应机制仍需要深入探索。

已有研究证实，谷氨酸是耳蜗内毛细胞的主要神经递质，在耳蜗神经传导中扮演重要角色。噪声暴露可以促进耳蜗毛细胞谷氨酸的大量释放，诱导产生兴奋性神经毒性，致使耳蜗损害，表现为耳蜗内毛细胞下传神经树突末梢的肿胀、空泡样等病理性改变。噪声暴露对中枢听觉通路的影响可能与抑制性神经递质 γ-氨基丁酸（γ-aminobutyric acid，GABA）的改变紧密相关。GABA 是中枢神经系统中重要的一种氨基酸类神经递质，约有 30%的中枢神经突触部位以 GABA 为递质，发挥神经传导功能。GABA 能神经元广泛分布于耳蜗核、下丘中央核等区域。当耳蜗受到噪声损伤时，听觉中枢 GABA 能神经元的分布及数量均可发生改变，表现为 GABA 合成减少，神经元抑制效应减弱，导致听觉功能的重组性结构改变。噪声暴露可促使 GABA 能神经元突触的活动性降低，引发听性诱发电位振幅的超射和调谐曲线尾端增宽等一系列反应。深入的研究结果显示，噪声对 GABA 含量的影响主要通过对其合成限速酶谷氨酸脱羧酶（glutamic acid decarboxylase，GAD）的抑制作用。例如，Milbrandt 等的研究发现，在 106 dB（A）噪声持续暴露 10 h 之后，大鼠下丘脑胞质和膜成分匀浆中的 GAD 水平分别降低 75%和 55%。Abbott 等利用 100 dB（A）噪声处理 9 h 后也发现，GAD 表达虽然在短时间内有一定上升，但在长期上看仍处于低表达水平。由此可见，噪声暴露很可能通过下调 GAD 的表达，减少 GABA 的合成，导致听觉中枢兴奋/抑制平衡紊乱，继而诱发听觉功能损伤。

五、环境噪声对炎症反应的影响

炎症是常见的病理过程，可发生于机体各部位器官，也包括脑组织。颅内炎症也是导致各类神经

系统疾病的重要病因之一。环境噪声由于其特有的物理性质，目前对于其诱发神经系统炎症的报道较少。有研究者以健康雄性 Wistar 大鼠为研究对象，100 dB（A）噪声连续暴露 28 d 后发现海马组织中阿尔茨海默病病理标志物 β-淀粉样蛋白及其前体 APP 的表达均显著升高。蛋白芯片扫描结果发现，噪声暴露组肿瘤坏死因子-α 等炎症相关因子呈现高表达，且小胶质细胞活化效应显著。Kröller-Schön 的研究报道也发现，模拟机场噪声（最大声级为 85 dB（A））暴露引发 C57BL/6 J 小鼠血浆白细胞介素-6 水平的升高，并促进了脑组织内炎症相关指标诱导型一氧化氮合酶、CD68 和白细胞介素-6 的 mRNA 表达显著增加。这些研究结果说明，环境噪声暴露可能诱发了脑内神经炎症的产生，并导致了神经退行性病变等病理过程的迁延与进展。

六、环境噪声对神经细胞及即早基因表达的影响

在细胞研究层面，研究显示噪声暴露可激活 Fas 死亡受体信号通路，引发 Caspase-3 活化，启动听皮质或海马神经元凋亡程序，诱发神经细胞死亡。环境噪声刺激还可以减少突触数量，改变突触形态结构，引起突触间隙模糊、突触小泡不清晰等病理改变，促进习得性长时程突触增强。Cui 等的报道发现，慢性噪声暴露减少了肠道微生物的多样性，并通过微生物-肠-脑轴影响神经化学和炎症指标变化，促进了小鼠神经退行性改变。

在分子生物学层面，早期研究发现噪声可以引起动物中枢神经系统内即早基因的表达变化，如 c-fos和 c-jun 等与边缘系统内学习记忆关系密切的基因的改变。Cho 等在动物暴露噪声后，利用芯片技术筛选，发现即早基因（主要包括转录因子 c-fos、Egr1、Nur77/TR3 和细胞因子 PC3/Btg2、LIF 和 IP10）显著改变。Saljo 等研究发现，雌性 Wistar 大鼠高强脉冲噪声暴露后，c-jun 在颞侧皮层、扣带回、梨状回及海马齿状回颗粒细胞、CA1、CA2 和 CA3 区锥体细胞内均保持高表达，且 c-jun 的持续高表达在诱导神经元凋亡的起始阶段发挥至关重要的作用。该报道还显示，神经元和星形胶质细胞内 c-myc 表达在噪声暴露后 18 h 达到峰值，并于暴露后第 7 天降至对照水平，这些免疫活性反应特点与阿尔茨海默病标志物 APP 蛋白的表达极为相似。上述结果在一定程度上说明，即早基因的表达变化可能是噪声暴露所致认知功能障碍的分子机制之一。

研究结果还提示，从噪声影响神经功能的机制入手，可以更有针对性地研究预防措施。例如，有研究根据噪声诱发中枢神经元损伤的分子机制，采用阻滞 c-jun 激活和转录活动的方法以保护神经细胞。CEP-1347 是吲哚咔唑 K252a 的一种小分子衍生物，它可以选择性阻滞 JNK 的激活进而延缓神经退行性病变。体外和体内实验研究均已证实，CEP-1347 可以选择性抑制 JNK 信号转导通路，从而保护神经细胞。McDonald 等研究发现，5-HT 2A 受体参与了慢性噪声应激效应的调节，采用 5-HT 2A 受体拮抗剂则能够改善噪声对认知功能的损伤效应。

七、环境噪声对激素和消化酶类水平的影响

研究显示，环境噪声暴露可通过影响下丘脑-垂体-肾上腺轴，增加促肾上腺皮质激素释放激素、促肾上腺皮质激素、肾上腺皮质激素、促甲状腺激素、性腺激素等的分泌量，引起内分泌功能紊乱。环境噪声作为一种外源性应激原，作用于机体后可通过下丘脑-腺垂体-肾上腺皮质轴、交感-肾上腺髓质系统及脑桥蓝斑-去甲肾上腺素系统引起应激反应，导致血浆皮质酮、升压素、促肾上腺素皮质激素等应激激素水平迅速升高，进而增加罹患心脑血管疾病和神经系统疾患的风险。环境噪声引起的体内长期高水平应激激素，可直接作用于与学习记忆等高级脑功能活动密切相关的边缘系统，对学习记忆、认知功能造成严重损害。

噪声刺激还可直接破坏下丘脑-垂体-肾上腺轴的结构。如 Pellegrini 等发现，100 dB（A）噪声暴露能导致球状带发生线粒体膜破裂、胞浆稀释等病理改变；Oliveira 等揭示噪声暴露可引起束状带体积变小和网状带体积增大。流行病学调查显示，噪声接触工作者尿中尿香草扁桃酸含量明显升高，提示噪声刺激可导致交感神经内分泌敏感性增加，不稳定性增高。但在不同工龄组间，尿香草扁桃酸水平并无显著差别，提示长期噪声刺激有可能促使交感神经产生耐受，导致交感神经-肾上腺系统的调节敏感性下降。

交通噪声环境暴露可使肾上腺素、环腺苷酸、胆固醇含量增加，血管紧张肽原酶活性降低。噪声接触不但会改变血管升压素、促肾上腺皮质激素、催产素的激素水平，还可通过影响内分泌功能，诱发心理和生理的双重损伤效应。穆振斌等以 Sprague-Dawley 大鼠为受试对象，予以不同强度噪声刺激，结果发现血浆生长抑素、P 物质、血管活性肠肽的浓度均出现不同程度升高；随着噪声强度的增强，胃肠对固体、液体物质的传输功能发生了明显的变化。Zhang 等同样也观察到，在 120 dB（A）脉冲噪声的刺激条件下，大鼠胃内残留率、小肠推进比、血浆皮质醇、降钙素基因相关肽和胃动素含量亦出现显著改变。上述结果表明，噪声暴露可能主要通过对激素或消化酶水平的影响，导致胃肠功能紊乱。

八、环境噪声对体液免疫、细胞免疫和非特性免疫功能的影响

研究发现，噪声暴露可以对体液免疫、细胞免疫和非特异性免疫功能产生持续性的损害效应。研究者在短时间噪声刺激大鼠后发现，动物体内淋巴细胞抗体形成、增殖能力和自然杀伤细胞活性均明显增强。如 Zheng 等采用慢性噪声暴露的方式处理 BALB/c 小鼠后，结果显示噪声暴露组血清 IgM 含量增加，IgG 水平明显降低。急性和慢性噪声刺激对体液免疫功能的影响可呈现截然不同的效应，即短期噪声暴露促使体液免疫功能增强，长期噪声暴露导致体液免疫功能抑制。这种现象同样存在于细胞免疫功能的指标。Zheng 等深入研究揭示，3 d 噪声暴露引起脾脏 T 淋巴细胞大量增殖，而 4 W 噪声处理则导致脾脏 $CD4^+$ T 细胞水平下降。而在非特异性免疫功能方面，Wazieres 等研究显示，110 dB（A）噪声暴露 3 d，小鼠肺泡和腹腔巨噬细胞中白细胞介素-1α 和肿瘤坏死因子-α 显著降低。Raaij 等报道发现，85 dB（A）白噪声处理后 24 h 和 7 d 暴露激活自然杀伤细胞的活性，而 3 W 则自然杀伤细胞活性降低。也有研究报道，噪声能够抑制脾脏中 $CD4^+$ T 细胞、$CD8^+$ T 细胞和血清中白细胞介素-2、干扰素-γ 的水平表现出免疫抑制效应。而且，噪声对免疫功能的影响还可持续至子代，如 Sobrian 等将孕期的雌鼠暴露于 85～95 dB（A）噪声环境中，结果发现幼鼠出生后胸腺明显减小，血清 IgG 水平下降，且免疫应答功能受损。

九、环境噪声所致听觉损伤的遗传多态性

报道显示，噪声引发的听觉损害可因遗传背景的差异具有不同的敏感性。例如，Kozel 等研究发现，噪声暴露更容易导致胞膜钙-ATP 酶异构体 2（plasma membrane Ca^{2+}-ATPase isoform 2，PMCA2）基因突变的纯合子小鼠产生听觉损伤。在 113 dB（A）噪声持续刺激 15 d 之后，PMCA2 基因突变的小鼠出现更明显的听觉永久性阈移。Ohlemiller 等通过构建 Cu/Zn SOD（SOD1）敲除的转基因小鼠模型，发现 SOD1 缺失小鼠的听阈值略高于野生型小鼠（0～7 dB），在予以 110 dB（A）噪声暴露后，SOD1 缺失小鼠产生的听觉永久性阈移相比对照小鼠显著提高约 10 dB（A）。人群调查研究同样发现，携带谷胱甘肽 S-转移酶中 GSTM1 基因的工人较其缺失者而言有更高频率的畸变产物耳声发射，进而表现出对噪声损害的显著保护效应，相反 GSTT1 基因则未观察到该有益作用。此外，噪声引起的

听觉损失可能还与年龄密切有关，如中等水平噪声不论是对老龄动物还是其他年龄段的动物，都产生类似的损害效应，但对于高强度的噪声，老龄动物的易感性相对高一些。这可能由于中等水平的噪声刺激诱导的听觉丧失与年龄诱导的听觉丧失之间仅是简单的附加关系，而对于高强度噪声刺激，这种关系可能更为复杂。

第三节　环境噪声的健康损害

环境噪声来源广，种类多，对人类的生产和生活环境都可产生极为广泛的影响。长期接触噪声，尤其是接触强噪声，早期主要产生生理性适应，随着暴露时间的延长，当机体无法适应性代偿时则会导致组织器官发生病理性改变，引发多种健康损害效应。环境噪声对人体的危害是多方面的，不仅可以引起听力损伤，也可对神经系统、心血管系统等全身多系统产生不良影响，还会对人体精神、心理方面产生影响，从而带来工作生活中的困扰。同时，环境噪声对环境生物、建筑物等也带来不利影响。

一、环境噪声对听觉系统的影响

声音的接收器官是听觉器官，噪声对听觉器官的影响研究一直为人们所关注。40～60 dB（A）的声音对于室内交谈比较合适，人耳也较为舒适。但长期接触超过 80 dB（A）的噪声，就会影响健康。噪声按频段分为低频（＜500 Hz）、中频（500～2 000 Hz）和高频（＞2 000 Hz）。直至目前，对噪声危害的评价及噪声标准的制定主要还是以听觉器官功能障碍为依据。

噪声对听力的影响表现为听阈位移，即听力范围的缩小，也称听力损失。不同噪声环境对听力的影响不同，听力损失出现的早晚、程度也会不同，但均为感音性听力损失。噪声强度越大、频率越高、接触时间越长，对人体危害越大。据 WHO 估计，世界上有 10％的人口暴露于噪声环境，可能会产生噪声所引起的听力损失，其中约一半的人遭受的听力损失可以归因于强噪声暴露。噪声引起听力的损失也是渐进性的，包括暂时性听阈位移（temporary threshold shift，TTS）和永久性听阈位移（permanent threshold shift，PTS）。

暂时性听阈位移是指人接触噪声后引起听阈水平变化，脱离噪声环境后一段时间，听力可以恢复到原来水平，包括听觉适应和听觉疲劳。短时间暴露于强烈噪声，听觉器官的敏感性下降，听阈可上升 10～15 dB（A），脱离噪声环境数分钟后即可恢复正常，这称之为听觉适应。较长时间暴露于强噪声，听力可出现明显下降，听阈上升超过 15～30 dB（A），脱离噪声环境后需要数小时甚至数十小时才可恢复正常，这称之为听觉疲劳。随着接触时间延长，会出现前一次噪声引起的听力改变还未恢复便再次接触噪声，听觉疲劳会逐渐加重，内耳器官将会发生器质性病变，听力不能恢复正常而演变成为永久性听阈位移。

永久性听阈位移可分为听力损伤和噪声聋，成为一种不可逆的病理性改变。噪声所致听力损失多出现在 2 000 Hz 以上的高频听力下降，早期多表现为听力曲线在 3 000～6 000 Hz 受累，其发生原因可能有：①内耳耳蜗基底部有解剖结构上的生理缺陷，此处有一主要感受高频段声波的狭窄区，血液循环较差，同时受淋巴液振动波的冲击力较大，若强而频繁的声负荷作用于此处，可使基底部产生病变，如导致毛细胞肿胀、变性、萎缩或消失，代偿功能变差等。②外耳道对 3 000～4 000 Hz 频率声波可产生共鸣作用，而中耳更易于传导高频声。在噪声作用下听力损害进一步累积，随着接触噪声时间延长，高频段听力进一步下降，同时语言频段（500～2 000 Hz）听力也会受到影响，甚至出现噪声聋。

噪声聋是指在工作过程中，长期接触噪声而发生的一种进行性感音性听觉损伤，是我国法定职业

病中的一种。根据我国《职业性噪声聋诊断标准》（GBZ49－2014）规定，符合双耳高频（3 000 Hz，4 000 Hz，6 000 Hz)平均听阈≥40 dB（HL）者，较好耳的语频（500 Hz、1 000 Hz、2 000 Hz）和高频（4 000 Hz）听阈加权值在 26～40 dB（A）（HL）的称为轻度噪声聋，在 41～55 dB（A）（HL）的为中度噪声聋，≥56 dB（A）（HL）的为重度噪声聋。长期处于 90 dB（A）以上的环境中，耳聋发病率明显增加。极强噪声能使人的听觉器官发生急性损伤，包括耳膜破裂出血、双耳变聋、神志不清、脑震荡、语言紊乱、休克，甚至死亡。

然而，当前 TTS 的形成机制尚未明确。有观点认为，TTS 的形成可能是由于耳蜗外毛细胞胞浆中的钙离子过度聚集，引起钠、钾离子的通透性降低和内毛细胞的外周树突神经元突触传递效率降低，继而导致 TTS。另外一种机制则可能是由于内毛细胞释放过量谷氨酸盐，促使树突突触后膜通透性改变，钙离子和氯离子等大量流入细胞，引发细胞水肿和胞膜破裂。如果噪声仅是短时间内低强度刺激，这类损害效应可以在一定时间内恢复，一旦噪声刺激长时间或高强度存在，那么毛细胞尖端的纤毛动力学机制便会发生改变，引起调谐曲线变化，内毛细胞持续丢失，TTS 就会逐步演变成 PTS。

环境噪声对听觉系统的影响是从生理移行至病理的过程，其所造成病理性听力损伤必须达到一定的强度和接触时间。值得注意的是，环境噪声对听觉系统损伤可能是物理（机械力学)、生理、生化、代谢等多因素共同作用的结果。从解剖学上分析，听觉系统可分为外周部分和中枢部分。其中，外周部分包括外耳、中耳和内耳，主要位于颞骨内；中枢部分包含听觉各级传导通路，位于颅内的前脑、中脑和后脑。环境噪声对听觉系统的影响主要从上述解剖学部位发挥作用。

凡是噪声都会对人体产生危害。虽然低频噪声对生理的直接影响没有高频噪声那么明显，但低频噪声更会对人体健康产生长远影响。低频噪声递减较慢，声波较长，能轻易穿越障碍物，长距离传播，以及穿墙透壁直入人耳，而且低频噪声在波幅中的振幅最强，健康损害最重。但是这种低频噪声产生的危害并未得到人们的足够重视。有调查显示低频噪声已成为居住区中影响最大的噪声源，主要来源有五大类：电梯、变压器、高楼中的水泵、中央空调（包括冷却塔）及交通噪声等。目前，城市住宅小区居民对环境噪声中低频噪声的投诉越来越多，各级环保部门也注意到了低频噪声的危害。

二、环境噪声对神经系统的影响

环境噪声对神经系统的影响与接触噪声的性质、强度和暴露时间等因素密切相关。不同的噪声类型对神经功能的影响也不尽相同。研究显示，长时间环境噪声的接触刺激，一旦超过人体生理的承受能力，便会对中枢神经系统造成不可逆的损害，表现为条件反射的异常，脑血管功能紊乱，脑电位改变，学习记忆功能、思考力、认知能力和阅读能力降低，噪声性神经衰弱综合征等一系列神经功能损害效应。一般组织受损后，可以通过再生进行修复，而神经组织的再生能力非常有限，因此环境噪声引发的神经组织损伤大多具有不可逆性。也有研究者认为神经系统是噪声影响人体健康较早且较敏感的部位。在高噪声的工作环境下，大脑皮层的兴奋与抑制平衡失调，导致条件反射，损害脑血管张力和改变脑电位图，严重的还可以引起渗出性出血灶。噪声所导致的生理变化在短时间（24 h）内可以恢复，但如果长时间反复地在高噪声的环境下工作，就会形成牢固性的兴奋灶，表现为情绪和意志的改变，产生头痛、头昏、耳鸣、多梦、失眠、心慌等神经衰弱综合征，降低神经行为能力和全身疲乏无力等临床症状；同时也会出现恐惧、易怒、自卑、记忆减退，甚至精神错乱等症状，从而引发事故率升高等现象。在日本，曾有过因为受不了火车噪声的刺激而精神错乱，最后自杀的例子。神经系统损害的客观表现为脑电波改变，α节律减少和慢波成分增加。研究已证实长期接触噪声可引起作业人员神经行为功能改变，但这些改变是由于机体的生理代偿还是病理代偿，目前尚不清楚。噪声对神经行为功能影响的机制也较为复杂，归结起来，即听觉系统感受噪声后，声音引起的神经冲动经听神经传入

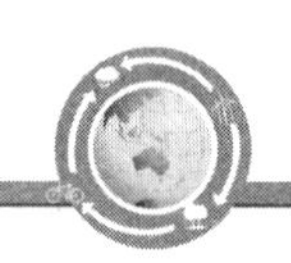

大脑，在传入的过程中发生泛化，投射到大脑皮质的有关部位，并作用于丘脑下部自主神经中枢，引起系列的神经系统反应。

三、环境噪声对心血管系统的影响

噪声对心血管系统的损害常见于长期噪声暴露，是心血管疾病的危险因子。一般认为，噪声对心血管系统的影响程度与其强度、性质、参数及暴露时间息息相关。

通过对动物和人类的实验研究表明，长期暴露于噪声环境对心血管系统疾病（包括高血压、缺血性心脏疾病、卒中）有明显的生物学作用。有研究结果支持长期噪声暴露是高血压患病的危险因素之一，也有研究证明噪声是引起高血压的一个独立因素，但存在个体差异性。噪声能够使交感神经紧张、加速心跳、心律不齐、血管痉挛、血压升高、增加心肌梗死发病率。调查发现，长期生活在 70 dB（A）噪声环境如高速公路旁中的居民，心肌梗死发病率增加 30%左右，若是在夜间发病率会更高。长时间低强度噪声暴露打乱了生物的体内平衡，从而影响代谢和心血管系统，增加了心血管疾病的危险因素，如血压、血脂浓度、血黏度和血糖浓度。这些变化增加了高血压、动脉硬化的风险，并且会导致更严重的疾病如心肌梗死和卒中。有研究发现，暴露在 85 dB（A）环境中的接噪作业人员其高血压检出率（27.9%）明显高于对照组的非噪声工人（16.2%）。

在噪声刺激作用下，心电图常见的异常表现为电轴偏转、ST 段或 T 波出现缺血性改变、传导阻滞等。有研究报道，噪声车间作业工人窦性心动过缓、心律不齐的检出率明显较对照人群增加。但是，通过年龄、工龄校正后发现，接触噪声早期心电图异常率可显著升高，但随着暴露时间的延长，异常率反而降低。当接触时间超过 20 年，心电图异常率又呈现明显增高趋势，提示噪声暴露早期人体心血管系统反应相对敏感，之后机体逐步代偿性适应，随着时间推移，当噪声暴露时间超过身体代偿能力且机体逐步衰老，心电图异常率便又重新上升。研究发现，在等效连续噪声级相同情况下，非稳态噪声接触者心电图的表现为 ST 段压低、T 波低平，而稳态噪声暴露组仅表现 T 波低平，提示非稳态噪声对心脏的损伤效应可能更严重。

噪声对心血管系统的影响机制目前尚不完全清楚，有以下几种被众多学者认可的假说：①机体反应性去甲肾上腺素分泌增加，可直接作用于心血管壁，使血管收缩反应增加引起高血压，同时伴肾上腺素分泌增多，引起心率加快；②在噪声作用下释放出的儿茶酚胺，可使细胞膜通透性改变、血清镁含量增高、红细胞镁含量减少和钙增加，从而导致心肌受损。

四、环境噪声对视觉系统的影响

噪声对视觉系统的影响已被众多研究所证实。环境噪声暴露可对视觉器官造成不良影响，常表现为眼痛、视力减退、眼花等症状。噪声刺激条件下，中枢神经系统的抑制作用还可能引起眼睛对运动物体的对称平衡反应迟钝。一般来说，噪声强度越大，视力清晰度、稳定性越差。有试验表明，当噪声在 85 dB（A）时，视力清晰度下降，1 h 后逐步恢复稳定；当噪声强度达到 90 dB（A）时，人视网膜的视杆细胞对光亮度的敏感性显著降低，识别弱光反应时间延长；噪声达到 95 dB（A）时，约 40%的接触者会出现瞳孔放大，产生视疲劳、眼痛、流泪、视物不清的症状；噪声达到 115 dB（A）时，多数人的眼球对光亮度的适应有不同程度的减弱。所以，长时间处于噪声环境中的人很容易发生眼疲劳、眼痛、眼花和视物流泪等眼损伤现象。噪声暴露还可诱发色觉、视野异常、对颜色辨别视野显著缩小。有研究调查了 80 名接触噪声的工人，发现 80%的工人患上红、蓝、白视野短小症。当噪声强度达到并超过 120 dB（A）时，不少人对眼前运动物体的反应或出现“短暂失灵”现象，所以驾驶员应避免立体场音响的噪声干扰，否则易造成行车事故。当前，噪声暴露引发视觉器官损伤的机制尚未明确且研究较少。有学者认为，眼底动脉功能性收缩异常、视网膜神经节细胞刺激响应异常均是噪声诱发视功能损害的潜在原因。

五、环境噪声对消化和内分泌系统的影响

环境噪声可减弱肠胃功能，减慢胃肠排空速度，引起蛋白质、碳水化合物、维生素、无机盐等代谢过程异常，使胃酸分泌异常和其他胃肠功能紊乱，引起消化不良、食欲不振，具体表现为上腹痛、腹胀、泛酸、嗳气、大便不规则、反酸烧灼感、肝脾肿大及消化道溃疡患病率增高。余慧珠等研究发现，70 dB（A）的噪声会导致胃酸分泌过多，造成胃溃疡和十二指肠溃疡。也有研究发现，暴露在强噪声环境中的豚鼠会出现排便次数增多、消化系统无法正常进行消化作用、不思饮食、体重减轻等情况。陈望军等以 Wistar 大鼠作为研究对象，发现噪声刺激使大鼠血液中去甲肾上腺素水平增加，多巴胺含量降低。随着噪声刺激强度增加，动物体内激素水平和含量出现明显波动，从而影响内分泌系统的正常功能。

六、环境噪声对生殖系统的影响

环境噪声暴露可对女性生殖功能产生影响，还可严重影响妊娠结局，对子代的健康造成危害。调查结果显示，噪声对女性月经功能的影响通常表现为月经周期紊乱、经血量异常和痛经等。当噪声强度为 97～105 dB 时，噪声作业女工腹痛和烦躁发生率明显增加，部分工龄超过 10 年的女工，甚至可出现呕吐、腰痛、先兆流产或死产等不良结局。噪声暴露还可以增加孕妇早产、先天畸形、低体重儿、胎儿生长不良等危害事件的发生率，部分疾病风险值可多达 2.2～3.9。根据调查，在噪声作业环境下工作的女工往往会出现经期不规律的现象，这主要是黄体生成素（luteinizing hormone，LH）分泌紊乱造成，当 LH 分泌相对不足时，引起月经周期缩短；LH 持续分泌时会导致黄体萎缩不全，引起月经期延长。由于噪声可以使神经系统的兴奋和抑制功能失调，导致全身周围血管收缩，引发妊娠高血压。Meta 分析结果显示，职业性噪声接触与作业女工妊娠高血压、妊娠贫血、先兆流产、自然流产、死胎死产、早产和子代的低出生体重、先天畸形的发生均具有关联性。在损害机制方面，较为公认的观点是噪声暴露对母体所造成的生理功能异常或子代发育不良结局，主要通过下丘脑-垂体-肾上腺通路。当机体受到噪声刺激后，信号首先传至听觉丘脑，继而引起下丘脑异常兴奋，过度分泌促肾上腺皮质激素、催产素、垂体血管升压素等激素，诱发各种生殖功能紊乱，甚至发生免疫功能抑制、系统性炎症反应等诸多病理生理反应。

已有不少研究提示，噪声暴露可显著影响男性生殖功能。例如，Sheiner 等利用病例-对照研究发现噪声是男性不育的高危风险因素，风险比可高达 3.84。有研究者应用计算机辅助精子分析、精子染色质结构分析、精子单细胞凝胶电泳分析等进行精子测定后发现，噪声暴露可降低精子密度，增加 C 级、D 级精子率，Ⅰ级彗星率和平均移动角度。在啮齿类动物模型中，噪声刺激也可导致生精小管直径和表面上皮层厚度降低，小管间结缔组织变厚并呈现纤维化病变，促使外周血皮质醇、促肾上腺素增高，并抑制睾酮水平。

七、环境噪声对精神、心理的影响

环境噪声侵害属于“感觉公害”，无影无形，有学者将其称为“无形暴力”。它不仅损害各器官、系统的生理功能，同时对精神、心理健康也产生很大危害。当前我国仍有超过 1/4 的居民长期遭受环境噪声侵害，造成了长期精神焦虑，甚至精神痛苦。主要表现为使人烦恼、激动、易怒，甚至丧失理智。噪声作为一种紧张源，对接触对象心理有巨大压力，并可引起强烈的自我防御反应，而表现出对

立情绪。噪声对作业工人情绪有明显干扰作用，可以引起情感紊乱、睡眠障碍、体重下降、躯体不适等抑郁综合征。有文献报道，噪声可以引起作业工人的家庭及职业环境中人际冲突增加；而且由于噪声的掩蔽效应，会使作业工人察觉不到危险信号，导致工伤事故发生。

当前我国环境噪声侵害现象越来越频繁，其对人体造成的精神损害也越来越受到关注。但基于精神损害非财产性、主观性、无形性等特征，受害人对环境噪声造成的精神损害行为的举证与测量存在技术性困难，加之限于当前医学、心理学的发展，精神损害在医学、司法等鉴定方面仍无统一的标准，使得环境噪声侵害的精神损害赔偿救济更加难以进行。这一现象也值得医学界和司法界持续关注。

八、环境噪声对日常生活、工作、睡眠的影响

噪声对人群正常生活的危害主要为使人烦恼和影响正常的休息和睡眠。烦恼是人们暴露在环境噪声中最普遍的反应。噪声对于日常生活的干扰，可干扰人与人之间的交谈（包括面对面交谈和通信），也影响人的感情、思想、睡眠、休息，并可能伴有消极的反应，如愤怒、不满、疲惫，以及与压力相关的症状。在严重情况下，因为受影响人数较多，烦恼对于环境噪声所引起的疾病有很大的促进作用。在噪声干扰下，除让人感到烦躁外，还容易掩盖交谈或者危险警报信号，分散人的注意力，影响工作效率，降低工作质量，严重的还会导致意外事故的发生。它甚至可能影响人们的幸福和健康。

噪声会影响人的睡眠质量和时间。噪声级在 30～40 dB（A）是比较安静正常的环境；超过 50 dB（A）就会影响睡眠和休息；70 dB（A）以上干扰谈话，造成心烦意乱，精神不集中；长期工作或生活在 90 dB（A）以上的噪声环境，会严重影响听力和导致心血管功能紊乱，促进相关疾病的发生。睡眠障碍被认为是噪声对非听觉系统最有害的影响，因为睡眠是人类消除疲劳、恢复体力、维持健康的一个重要条件。俄国生理学家巴甫洛夫曾说过："睡眠是消除一切心理紧张的良药。"时间和质量都足够的睡眠能保证人们白天从事各种活动，也能提高生活质量和健康。人类有近 1/3 的时间是在睡眠中度过的，而人类在睡眠中也会对环境噪声做出反应。环境噪声会使人不能安眠或被惊醒，在这方面，老人和患者对噪声干扰更为敏感。研究结果表明，连续噪声可以加快熟睡到浅睡的回转，使人多梦，并使熟睡时间缩短；突然的噪声可以使人惊醒。一般来说，40 dB（A）的连续噪声可使 10%的人受到影响；70 dB（A）的噪声可影响 50%的人；而突发噪声在 40 dB（A）时，可使 10%的人惊醒，噪声在 60 dB（A）时，可使 70%的人惊醒。如果长期睡眠不足，大脑得不到充分休息，就会使人感到焦急忧虑，免疫力降低，由此会导致各种疾病发生，如神经衰弱、感冒、胃肠疾病等，在高噪声环境里，这些疾病的发病率可达 50%～60%。瑞典医学研究人员发现，睡眠不足还会引起血中胆固醇含量增高，使心脏病发生的机会增加。澳大利亚的一个研究学会提出，人体的细胞分裂多在睡眠中进行，睡眠不足或睡眠紊乱，会影响细胞的正常分裂，由此有可能产生细胞突变而致癌症发生。

九、环境噪声对胎儿和儿童的健康损害

环境噪声的危害不仅体现在对成年人的健康影响，而且对胎儿和儿童也产生较多影响。噪声对妊娠期妇女会产生危害，势必会影响到妊娠结局。噪声主要会造成胎儿畸形，尤其在孕早期。有调查发现，自述在妊娠前 3 个月接触噪声的孕妇，其妊娠结局发现与染色体异常及其他类型的先天性异常有关。婴幼儿处于生长发育阶段，各器官系统尚未发育完善，虽在出生后 1 个月就具备较完善的听觉，但其鼓膜、中耳、内耳和听觉细胞娇嫩脆弱，对噪声特别敏感，若遭遇强噪声则危害性也较大。如果婴幼儿长期生活在 90 dB（A）以上的噪声环境下，可使耳蜗发育不良而致婴幼儿听力受损；若不加控制，会导致听觉器官发生器质性病理改变，诱发更严重的听力损伤。噪声对婴幼儿学习能力和智力发育也有影响。有研究者对处于正常环境和嘈杂环境下的婴幼儿行为、学习理解能力进行了比较，发现

处在嘈杂环境下的 7 月龄婴儿模仿大人姿势的能力明显低于正常环境中的同龄婴儿，18 个月大的幼儿对大小、距离、空间的理解能力明显低于同龄幼儿，22 个月大的幼儿语言学习能力也低于同龄幼儿。

学龄期儿童正处于身心迅速发育阶段，对外界有害因素如噪声的反应较为敏感。在噪声环境下，儿童听不清讲课，不能集中思想听课，影响了学习兴趣和注意力，同时对阅读和思维也有明显影响。Charlotte Clark 等通过一项为期 5 年的飞机噪声对儿童健康和认知的纵向研究，跟踪调查了 461 名 15～16岁儿童，结果表明飞机噪声会损害儿童的阅读理解能力并提高烦恼度，但并不影响儿童的心理健康。Bridget M. Shield 等对 7～11 岁儿童展开了一项关于教室室内与室外环境噪声对小学生学术素养水平影响的研究，结果表明儿童的学术素养水平随着室外环境噪声与教室内部的背景噪声的提高而下降。噪声主要干扰瞬时和短时记忆，对长时记忆影响不大。进一步研究证实，噪声影响学习的机制是通过网状激动系统，使皮层过度兴奋，整合功能受到障碍。据报道，噪声可使学生发生神经行为改变，表现在短时记忆、手工操作敏捷度、心理运动稳定度等方面明显降低。学龄儿童在 65～75 dB（A）噪声中，阅读能力明显下降，错误率上升，快速记忆力下降，通过测验发现儿童阅读能力与噪声水平存在剂量-效应关系。

十、环境噪声对其他生物的影响

除了对人类的健康影响，环境噪声对其他生物的影响也逐渐得到重视。20 世纪 60 年代初，美国一新型飞机试验基地附近，一个农场的万只鸡由于长期处于高噪声环境，出现羽毛脱落，停止下蛋，有超过一半的鸡体内出血，最后死亡。国外学者研究发现，道路噪声对鸟类的影响是非常普遍的，在交通繁忙或噪声强度较大的路段，大量鸟类的种群密度呈递减趋势，鸟类的择偶、繁殖行为及筑巢选址也不同程度地受到道路交通的影响。

在大力发展风电的过程中，对环境影响较为突出的问题便是风机运转带来的噪声污染。近距离内，风机噪声会妨碍正常通信和交谈，干扰居民休息、机关办公及学校上课。研究表明，距离风机机位较近的地区不适宜居住，特别是机组重叠区域内不宜建造房屋等生活场所。海上风电场的建设期和退役期对海洋生物的影响只有短短几个月的时间，而在长达数十年的运营期中，风机噪声对海洋生物的影响会是长期和累积性的。风机运行噪声会对鱼类产生一定的影响，使鱼类远离风电场。在风机运行过程中，斑海豹有明显的小幅逃离声源的行为，且风电场建设过程中的打桩噪声对其影响较大；部分底栖生物对噪声和振动较为敏感，且低频噪声可能引起虾类心跳减速、生长繁殖率减少、进食量减少等。由此可见，噪声会扰乱海洋生物的通信系统，迫使他们改变迁徙路线和放弃繁殖后代的场所，改变栖息地。

噪声的干扰对实验动物的听觉器官、视觉器官、内脏器官和中枢神经系统都会造成严重的影响，会导致动物失去控制能力，出现焦虑不安、反常表现等异常现象，甚至死亡。如高频稳态噪声可引起雌性大鼠大脑、肝脏、脾脏、心脏组织不同程度的病理损伤。噪声干扰使大鼠不能正常的轻松休息，分散了集中力，扰乱了大鼠昼伏夜动的习性，体内组织器官额外能量消耗增加，久之影响体重增长和正常生长发育。噪声过强或持续不断会引起豚鼠流产，诱使母鼠咬死幼仔或吃掉幼仔。豚鼠在 150 dB（A)左右的强噪声场中，体温升高，心电图和脑电图明显异常，严重者会出现死亡。

第四节　环境噪声的监测与评价

环境噪声监测的目的是评价不同声环境功能区昼间、夜间的声环境质量，了解功能区环境噪声时空分布特征，及时、准确地掌握城市噪声现状，分析其变化趋势和规律，了解各类噪声源的污染程度

和范围，为城市噪声管理、治理和科学研究提供系统的监测资料。

一、声环境功能区分类

按区域的使用功能特点和环境质量要求，声环境功能区分为以下五种类型。

0类：指康复疗养区等特别需要安静的区域。

1类：指以居民住宅、医疗卫生、文化教育、科研设计、行政办公为主要功能，需要保持安静的区域。

2类：指以商业金融、集市贸易为主要功能，或者居住、商业、工业混杂，需要维护住宅安静的区域。

3类：指以工业生产、仓储物流为主要功能，需要防止工业噪声对周围环境产生严重影响的区域。

4类：指交通干线两侧一定距离之内，需要防止交通噪声对周围环境产生严重影响的区域，包括4a类和4b类两种。4a类为高速公路、一级公路、二级公路、城市快速路、城市主干路、城市次干路、城市轨道交通（地面段）、内河航道两侧区域；4b类为铁路干线两侧区域。

二、环境噪声监测要求

（一）测量仪器

测量仪器精度为2型及2型以上的积分平均声级计或环境噪声自动监测仪器，其性能需符合《电声学声级计》（GB/T 3785—2010）的规定，并定期校验。测量前后使用声校准器校准测量仪器的示值偏差不得大于0.5 dB，否则测量无效。声校准器应满足《电声学 声校准器》（GB/T 15173—2010）对1级或2级声校准器的要求。测量时传声器应加防风罩。

（二）测点选择

根据监测对象和目的，可选择以下三种测点条件（指传声器所置位置）进行环境噪声的测量：

（1）一般户外。距离任何反射物（地面除外）至少3.5 m外测量，距地面高度1.2 m以上。必要时可置于高层建筑上，以扩大监测受声范围。使用监测车辆测量，传声器应固定在车顶部1.2 m高度处。

（2）噪声敏感建筑物户外。在噪声敏感建筑物外，距墙壁或窗户1 m处，距地面高度1.2 m以上。

（3）噪声敏感建筑物室内。距离墙面和其他反射面至少1 m，距窗约1.5 m处，距地面1.2～1.5 m高。

（三）气象条件

测量应在无雨雪、无雷电天气，风速5 m/s以下时进行。

（四）监测类型

根据监测对象和目的，环境噪声监测分为声环境功能区监测和噪声敏感建筑物监测两种类型。

（五）测量记录

测量记录应包括以下事项：

（1）日期、时间、地点及测定人员。

（2）使用仪器型号、编号及其校准记录。

（3）测定时间内的气象条件（风向、风速、雨雪等天气状况）。

（4）测量项目及测定结果。

（5）测量依据的标准。

(6) 测点示意图。

(7) 声源及运行工况说明（如交通噪声测量的交通流量等）。

(8) 其他应记录的事项。

三、环境噪声监测方法

(一) 声环境功能区监测方法

评价不同声环境功能区昼间、夜间的声环境质量，了解功能区环境噪声时空分布特征。

1. 定点监测法

(1) 监测要求。选择能反映各类功能区声环境质量特征的监测点1至若干个，进行长期定点监测，每次测量的位置、高度应保持不变。

对于0、1、2、3类声环境功能区，该监测点应为户外长期稳定、距地面高度为声场空间垂直分布的可能最大值处，其位置应能避开反射面和附近的固定噪声源；4类声环境功能区监测点设于4类区内第一排噪声敏感建筑物户外交通噪声空间垂直分布的可能最大值处。

声环境功能区监测每次至少进行一昼夜24 h的连续监测，得出每小时及昼间、夜间的等效声级 L_{eq}、L_d、L_n 和最大声级 L_{max}。用于噪声分析目的，可适当增加监测项目，如累积百分声级 L_{10}、L_{50}、L_{90} 等。监测应避开节假日和非正常工作日。

(2) 监测结果评价。各监测点位测量结果独立评价，以昼间等效声级 L_d 和夜间等效声级 L_n 作为评价各监测点位声环境质量是否达标的基本依据。一个功能区设有多个测点的，应按点次分别统计昼间、夜间的达标率。

(3) 环境噪声自动监测系统。全国重点环保城市及其他有条件的城市和地区宜设置环境噪声自动监测系统，进行不同声环境功能区监测点的连续自动监测。环境噪声自动监测系统主要由自动监测子站和中心站及通信系统组成，其中自动监测子站由全天候户外传声器、智能噪声自动监测仪器、数据传输设备等构成。

2. 普查监测法

1) 0～3类声环境功能区普查监测。

(1) 监测要求。①将要普查监测的某一声环境功能区划分成多个等大的正方格，网格要完全覆盖住被普查的区域，且有效网格总数应多于100个；②测点应设在每一个网格的中心，测点条件为一般户外条件；③监测分别在昼间工作时间和夜间22：00—24：00（时间不足可顺延）进行；④在前述测量时间内，每次每个测点测量10 min的等效声级 L_{eq}，同时记录噪声主要来源；⑤监测应避开节假日和非正常工作日。

(2) 监测结果评价。①将全部网格中心测点测得的10 min的等效声级 L_{eq} 做算术平均运算，所得到的平均值代表某一声环境功能区的总体环境噪声水平，并计算标准偏差；②根据每个网格中心的噪声值及对应的网格面积，统计不同噪声影响水平下的面积百分比，以及昼间、夜间的达标面积比例；有条件者可估算受影响人口。

2) 4类声环境功能区普查监测。

(1) 监测要求。①以自然路段、站场、河段等为基础，考虑交通运行特征和两侧噪声敏感建筑物分布情况，划分典型路段（包括河段）；②在每个典型路段对应的4类区边界上（指4类区内无噪声敏感建筑物存在时）或第一排噪声敏感建筑物户外（指4类区内有噪声敏感建筑物存在时）选择1个测点进行噪声监测；③这些测点应与站、场、码头、岔路口、河流汇入口等相隔一定的距离，避开这些地

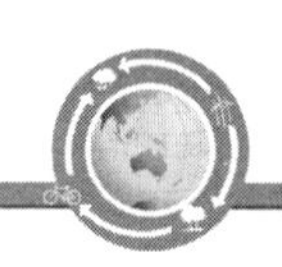

点的噪声干扰；④监测分昼、夜两个时段进行；⑤分别测量如下规定时间内的等效声级 L_{eq} 和交通流量，对铁路、城市轨道交通线路（地面段），应同时测量最大声级 L_{max}；对道路交通噪声应，同时测量累积百分声级 L_{10}、L_{50}、L_{90}。⑥根据交通类型的差异，规定的测量时间为：铁路、城市轨道交通（地面段）、内河航道两侧，昼、夜各测量不低于平均运行密度的 1 h 值，若城市轨道交通（地面段）的运行车次密集，测量时间可缩短至 20 min；高速公路、一级公路、二级公路、城市快速路、城市主干路、城市次干路两侧，昼、夜各测量不低于平均运行密度的 20 min 值。⑦监测应避开节假日和非正常工作日。

（2）监测结果评价。将某条交通干线各典型路段测得的噪声值，按路段长度进行加权算术平均，以此得出某条交通干线两侧 4 类声环境功能区的环境噪声平均值。也可对某一区域内的所有铁路、确定为交通干线的道路、城市轨道交通（地面段）、内河航道按前述方法进行长度加权统计，得出针对某一区域某一交通类型的环境噪声平均值。根据每个典型路段的噪声值及对应的路段长度，统计不同噪声影响水平下的路段百分比，以及昼间、夜间的达标路段比例。有条件者可估算受影响人口。对某条交通干线或某一区域某一交通类型采取抽样测量的，应统计抽样路段比例。

（二）噪声敏感建筑物监测方法

了解噪声敏感建筑物户外（或室内）的环境噪声水平，评价是否符合所处声环境功能区的环境质量要求。

（1）监测要求。监测点一般设于噪声敏感建筑物户外。不得不在噪声敏感建筑物室内监测时，应在门窗全打开状况下进行室内噪声测量，并采用比该噪声敏感建筑物所在声环境功能区对应环境噪声限值低 10 dB（A）的值作为评价依据。

对敏感建筑物的环境噪声监测，应在周围环境噪声源正常工作条件下测量，视噪声源的运行工况，分昼、夜两个时段连续进行。根据环境噪声源的特征，可优化测量时间。①固定噪声源的噪声：稳态噪声测量 1 min 的等效声级 L_{eq}，非稳态噪声测量整个正常工作时间（或代表性时段）的等效声级 L_{eq}。②交通噪声源的噪声：对于铁路、城市轨道交通（地面段）、内河航道，昼、夜各测量不低于平均运行密度的 1 h 等效声级 L_{eq}，若城市轨道交通（地面段）的运行车次密集，测量时间可缩短至 20 min；对于道路交通，昼、夜各测量不低于平均运行密度的 20 min 等效声级 L_{eq}。③突发噪声：以上监测对象夜间存在突发噪声的，应同时监测测量时段内的最大声级 L_{max}。

（2）监测结果评价。以昼间、夜间环境噪声源正常工作时段的 L_{eq} 和夜间突发噪声 L_{max} 作为评价噪声敏感建筑物户外（或室内）环境噪声水平，是否符合所处声环境功能区的环境质量要求的依据。

四、噪声标准

为了保护人们的听力和身体健康，保护人们的休息、学习和工作，应当对噪声进行控制。把噪声控制在什么水平，这就需要根据不同的目的提出不同的标准。噪声标准的制定不是从最佳而是从“可以容忍”的条件下制定的，它根据不同的情况提出所允许的最高噪声级。噪声标准是对噪声进行行政管理和对噪声进行控制的依据。

（一）声环境质量标准

我国在 2008 年颁布了《声环境质量标准》（GB 3096－2008），此标准规定了城市 5 类区域的环境噪声限值，如表 2-7 所示。各类声环境功能区夜间突发噪声，其最大声级超过环境噪声限值的幅度不得高于 15 dB（A）。

表 2-7 各类声环境功能区环境噪声限值 [dB (A)]

声环境功能区类别		时段	
		昼间	夜间
0 类		50	40
1 类		55	45
2 类		60	50
3 类		65	55
4 类	4a 类	70	55
	4b 类	70	60

注：表 2-7 中 4b 类声环境功能区环境噪声限值，适用于 2011 年 1 月 1 日起环境影响评价文件通过审批的新建铁路（含新开廊道的增建铁路）干线建设项目两侧区域；在下列情况下，铁路干线两侧区域不通过列车时的环境背景噪声限值，按昼间 70 dB（A）、夜间 55 dB（A)执行：①穿越城区的既有铁路干线；②对穿越城区的既有铁路干线进行改建、扩建的铁路建设项目。既有铁路是指 2010 年 12 月 31 日前已建成运营的铁路或环境影响评价文件已通过审批的铁路建设项目。

（二）噪声排放标准

1. 工业企业厂界环境噪声排放标准

《工业企业厂界环境噪声排放标准》（GB 12348－2008）对工业企业和固定设备对噪声敏感区域的噪声排放制定了限值，如表 2-8 所示。对于夜间偶发和频发噪声也进行了明确规定。夜间频发噪声的最大声级超过表中限值的幅度不得高于 10 dB（A)，夜间偶发噪声的最大声级超过限值的幅度不得高于 15 dB（A)。当固定设备排放的噪声，通过建筑物结构传播至噪声敏感建筑室内时，噪声敏感建筑物室内等效声级不得超过表 2-9 和表 2-10 中规定的限值。

表 2-8 工业企业厂界环境噪声排放限值 [dB (A)]

厂界外声环境功能区类别	时段	
	昼间	夜间
0 类	50	40
1 类	55	45
2 类	60	50
3 类	65	55
4 类	70	55

表 2-9 结构传播固定设备室内噪声排放限值 [等效声级，dB (A)]

噪声敏感建筑物所处声环境功能区类别	A 类房间		B 类房间	
	昼间	夜间	昼间	夜间
0 类	40	30	40	30
1 类	40	30	45	35
2 类，3 类，4 类	45	35	50	40

说明：A 类房间是指以睡眠为主要目的，需要保证夜间安静的房间，包括住宅卧室、医院病房、宾馆客房等；B 类房间是指主要在昼间使用，需要保证思考与精神集中、正常讲话不被干扰的房间，包括学校教室、会议室、办公室、住宅中卧室以外的其他房间等。

表 2-10　结构传播固定设备室内噪声排放限值　[倍频带声压级，dB（A）]

噪声敏感建筑物所处声环境功能区类别	时段	房间类型	室内噪声倍频带声压级限值				
			31.5	63	125	250	500
0类	昼间	A、B类房间	76	59	48	39	34
	夜间	A、B类房间	69	51	39	30	24
1类	昼间	A类房间	76	59	48	39	34
		B类房间	79	63	52	44	38
	夜间	A类房间	69	51	39	30	24
		B类房间	72	55	43	35	29
2类，3类，4类	昼间	A类房间	79	63	52	44	38
		B类房间	82	67	56	49	43
	夜间	A类房间	72	55	43	35	29
		B类房间	76	59	48	39	34

2. 建筑施工场界环境噪声排放标准

《建筑施工场界环境噪声排放标准》(GB12523—2011) 对建筑施工场界环境噪声排放限值做出了规定，如表 2-11 所示。夜间噪声最大声级超过限值的幅度不得高于 15 dB（A）。当场界距噪声敏感建筑物较近，其室外不满足测量条件时，可在噪声敏感建筑物室内测量，并将表 2-11 中相应的限值降低 10 dB（A）作为评价依据。如有几个施工阶段同时进行，以高噪声阶段的限值为准。

表 2-11　建筑施工场界环境噪声排放限值　[dB（A）]

昼间	夜间
70	55

3. 社会生活环境噪声排放标准

《社会生活环境噪声排放标准》(GB22337—2008) 规定了营业性文化娱乐场所和商业经营活动中可能产生环境噪声污染的设备、设施边界噪声排放限值。本标准适用于对营业性文化娱乐场所、商业经营活动中使用的向环境排放噪声的设备、设施的管理、评价与控制。

社会生活噪声排放源边界噪声不得超过表 2-12 规定的排放限值。在社会生活噪声排放源边界处无法进行噪声测量或测量的结果不能如实反映其对噪声敏感建筑物的影响程度的情况下，噪声测量应在可能受影响的敏感建筑物窗外 1 m 处进行。当社会生活噪声排放源边界与噪声敏感建筑物距离小于 1 m 时，应在噪声敏感建筑物的室内测量，并将表 2-12 中相应的限值减10 dB（A）作为评价依据。

表 2-12　社会生活噪声排放源边界噪声排放限值　[dB（A）]

边界外声环境功能区类别	时段	
	昼间	夜间
0类	50	40
1类	55	45

续表

边界外声环境功能区类别	时段	
	昼间	夜间
2类	60	50
3类	65	55
4类	70	55

在社会生活噪声排放源位于噪声敏感建筑物内情况下，噪声通过建筑物结构传播至噪声敏感建筑物室内时，噪声敏感建筑物室内等效声级不得超过表2-9和表2-10规定的限值。对于在噪声测量期间发生非稳态噪声（如电梯噪声等）的情况，最大声级超过限值的幅度不得高于10 dB（A）。

4. 机动车辆噪声排放标准 机动车辆噪声排放标准是控制城市交通噪声的重要基础依据。它不仅为各种车辆的研究、设计和制造提供了噪声控制的指标，也是城市车辆噪声管理监测的依据。我国在1997年1月1日实施《汽车定置噪声限值》（GB 16170—1996），其主要内容如表2-13所示。此标准适用于城市道路允许行驶的在用汽车。

表2-13 我国汽车定置噪声限值 ［dB（A）］

车辆类型	燃料类型 \ 车辆出厂日期		1988年1月1日前	1988年1月1日后
轿车		汽油	87	85
微型客车、货车		汽油	90	88
轻型货车、货车、越野车	汽油	($n_r \leqslant 4\ 300$ r/min)	94	92
		($n_r > 4\ 300$ r/min)	97	95
		柴油	100	98
中型客车、货车、大型客车		汽油	97	95
		柴油	103	101
重型货车		$N \leqslant 147$ kW	101	99
		$N > 147$ kW	105	103

（三）噪声卫生标准

1. 职业性噪声暴露和听力保护标准

1971年，国际标准化组织公布了《职业性噪声暴露和听力保护标准》（ISO R1999）。该标准规定：每天工作8 h容许连续噪声的噪声级为85～90 dB（A）；工作时间减半，容许噪声级允许提高3 dB（A）。为保护听力，还规定在任何情况下均不应超过115 dB（A），见表2-14。

表2-14 职业性噪声暴露和听力保护标准

连续噪声暴露时间（h）	8	4	2	1	1/2	1/4	1/3	最高限
允许A声级［dB（A）］	85～90	88～93	91～96	94～99	97～102	100～105	103～108	115

2. 工业企业噪声卫生标准

《工业企业噪声卫生标准》（试行草案）中规定：工业企业的生产车间和作业场所的工作地点的噪声标准为 85 dB（A），现有工业企业经过努力暂时达不到标准时，可适当放宽，但不超过 90 dB（A）。目前，大多数国家的听力保护标准都定为 90 dB（A），也有一些国家定为 85 dB（A）。

3. 工业企业设计卫生标准

我国 2010 年颁布的《工业企业设计卫生标准》（GBZ1—2010）中，对生产性噪声进行了明确分类：声级波动小于 3 dB（A）的噪声为稳态噪声，声级波动大于等于 3 dB（A）的噪声为非稳态噪声；持续时间小于等于 0.5 s，间隔时间大于 1 s，声压有效值变化大于等于 40 dB（A）的噪声为脉冲噪声。该标准中对非噪声工作点的噪声声级提出了要求，如表 2-15 所示。

表 2-15　非噪声工作地点噪声声级设计要求

地点名称	噪声声级 [dB（A）]	功效限值 [dB（A）]
噪声车间观察（值班）室	≤75	
非噪声车间办公室、会议室	≤60	55
主控室、精密加工室	≤70	

4. 工作场所有害因素职业接触限值

《工作场所有害因素职业接触限值》（GBZ2.2—2007）对工作场所操作人员接触生产性噪声的卫生限值进行了明确规定，具体如下：每周工作 5 d，每天工作 8 h，稳态噪声限值为 85 dB（A），非稳态噪声等效声级的限值为 85 dB（A）。若每周工作 5 d，每天工作不是 8 h，将一天实际工作时间内接触的噪声强度等效为工作 8 h 的等效声级；每周工作日不是 5 d，等效为每周工作 40 h 的等效声级，限值为 85 dB（A），见表 2-16。对于脉冲噪声的工作场所，噪声声压级峰值和脉冲次数不应超过表 2-17 中的规定。

表 2-16　工作场所噪声职业接触限值

接触时间	接触限值 [dB（A）]	备注
5 d/w，=8 h/d	85	非稳态噪声计算 8 h 等效声级
5 d/w，≠8 h/d	85	计算 8 h 等效声级
≠5 d/w	85	计算 40 h 等效声级

表 2-17　工作场所脉冲噪声职业接触限值

工作日接触脉冲次数（*n* 次）	声压级峰值 [dB（A）]
$n \leqslant 100$	140
$100 < n \leqslant 1\,000$	130
$1\,000 < n \leqslant 10\,000$	120

五、环境噪声影响评价

绝大部分技术项目都会在建设及运行阶段不同程度地产生噪声，影响周围人群学习、工作和正常生活、休息。环境噪声影响评价是评价建设项目实施引起的声环境质量的变化和外界噪声对需要安静建设项目的影响程度；提出合理可行的防治措施，把噪声污染降低到允许水平；从声环境影响角度评价建设项目实施的可行性；为建设项目优化选址、选线、合理布局及城市规划提供科学依据。

（一）评价工作程序

《环境影响评价技术导则　声环境》（HJ 2.4—2009）规定的声环境影响评价工作程序见图 2-3。噪声影响的主要对象是人群，但是，在邻近野生动物栖息地（包括飞禽和水生生物），应考虑噪声对野生动物生长繁殖及候鸟迁徙的影响。环境噪声影响评价，第一阶段是开展现场踏勘，了解环境法规和标准的规定，确定评价级别与评价范围，编制环境噪声评价工作大纲；第二阶段是开展工程分析，收集资料，现场监测调查噪声的基线水平、噪声源的数量、各声源噪声级与发声持续时间、声源空间位置等；第三阶段是预测噪声对敏感点人群的影响，对影响的意义和重大性做出评价，并提出削减影响的相应对策；第四阶段是编写环境噪声影响的主题报告。

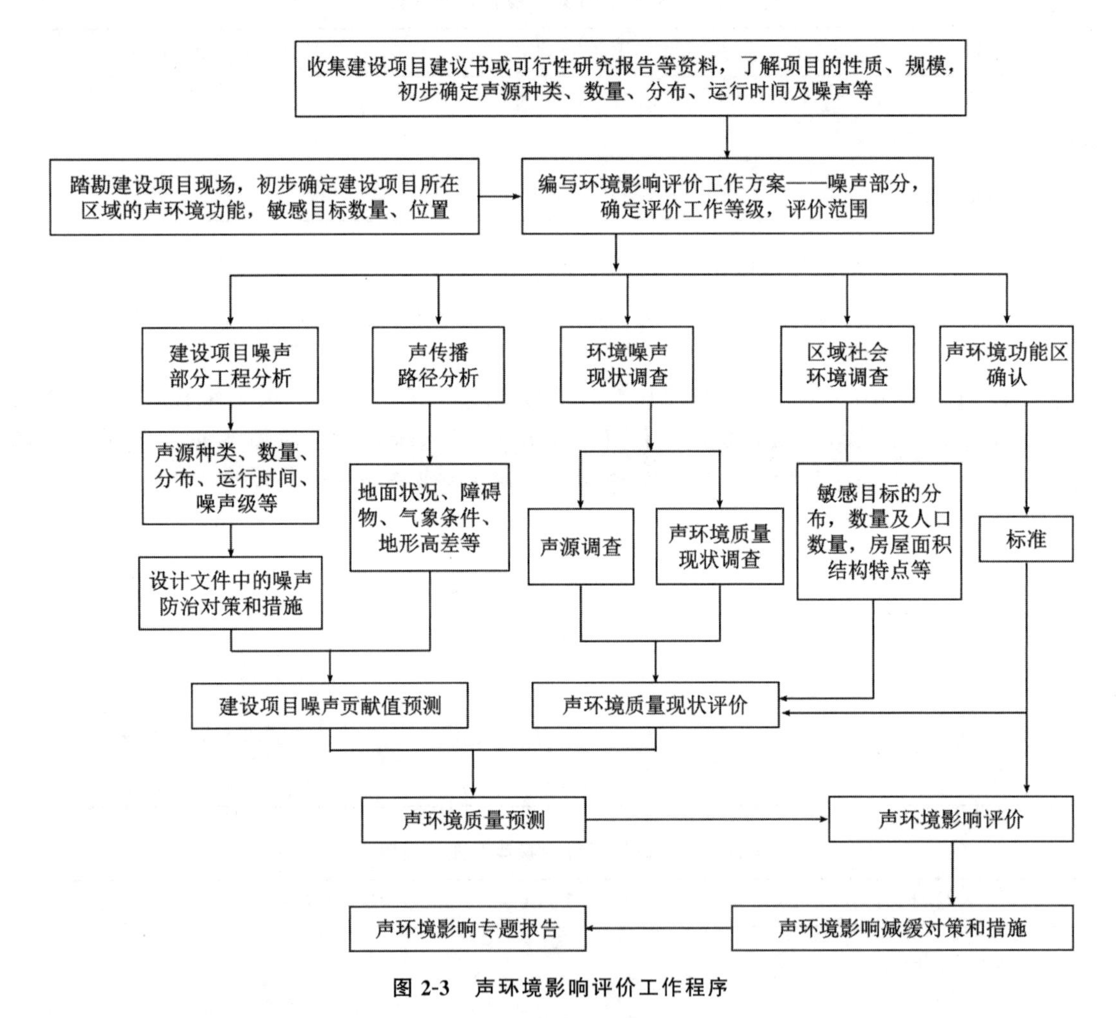

图 2-3　声环境影响评价工作程序

（二）评价工作等级划分

根据建设项目规模，噪声源种类及数量，项目建设前后噪声级的变化程度，建设项目噪声有影响范围内的环境保护目标、环境噪声标准和人口分布，通常将环境噪声评价工作划分为三级。

1. 一级评价

对于大中型建设项目，属于规划区内的建设工程，或受噪声影响范围内有适用于 GB3096—2008 规

定的 0 类标准及以上特别安静的地区，以及对噪声有限制的保护区等噪声敏感目标；项目建设前后噪声级显著增高（噪声级增高量达 5～10 dB 以上）或受影响人口显著增多的情况，按一级评价进行工作。

2. 二级评价

新建、改建、扩建大中型建设项目，若其所在功能区属于适用于 GB3096－2008 规定的 1 类、2 类标准的地区，或项目建设前后噪声级有较明显增加（噪声级增高量达 3～5 dB）或受噪声影响人口增加较多的情况，应按二级评价进行工作。

3. 三级评价

对处在适用于 GB3096－2008 规定的 3 类标准及以上的地区［指允许的噪声标准值为 65 dB（A）及以上的区域］的中型建设项目及处在 GB3096－2008 规定的 1、2 类标准地区的小型建设项目，或者大中型建设项目建设前后噪声级增加很小（噪声级增高量在 3 dB 以内）且受影响人口变化不大者，应按三级评价进行工作。

对于处在非敏感区的小型建设项目，噪声评价只填写“环境影响报告表”中相关的内容。

（三）评价工作范围

声环境影响的评价范围一般根据评价工作等级确定。

（1）对建设项目包含多个呈现点声源性质的情况（如工厂、港口、施工工地、铁路的站场等）。该项目边界向外 200 m 的评价范围一般能满足一级评价的要求，相应的二级、三级评价范围可根据实际情况适当缩小。若建设项目周围较为空旷而较远处有敏感区域时，则评价范围应适当放宽到敏感区附近。

（2）对建设项目呈线状声源性质情况（如铁路线路、公路和轨道交通等），线状声源两侧各 200 m 的评价范围一般可满足一级评价要求，二级、三级评价范围可根据实际情况适当缩小。若建设项目周围较为空旷而较远处有敏感区域时，则评价范围应适当放宽到敏感区附近。

（3）对建设项目是机场的情况，主要航迹下离跑道两端各 15 km、侧向 2 km 内的评价范围一般能满足一级评价要求；相应的二级、三级评价范围可根据实际情况适当缩小。

（四）评价工作基本要求

1. 一级评价工作基本要求

（1）环境噪声现状应全部实测。

（2）噪声预测要覆盖全部敏感目标，绘出等声级线图并给出预测噪声级的误差范围。

（3）给出项目建成后各噪声级范围内受影响人口的分布、噪声超标的范围和程度。

（4）对噪声级变化的几个阶段的情况（如建设期，投产后的近期、中期、远期）应分别给出其噪声级。

（5）项目可能引起的非项目本身的环境噪声增高（如城市通往机场的道路噪声可能因机场的建设而增高）也应给予分析。

（6）对评价中提出的不同选址方案、建设方案等对策所引起的声环境变化应进行定量分析。

（7）必须针对工程特点提出噪声防治对策，并通过经济、技术可行性分析，给出最终降噪效果。

2. 二级评价工作基本要求

（1）环境噪声现状以实测为主，可适当利用当地已有的环境噪声监测资料。

（2）噪声预测要给出等声级线图，并给出预测噪声级的误差范围。

（3）描述项目建成后各噪声级范围内受影响人口的分布、噪声超标的范围和程度。

（4）对噪声级变化可能出现的几个阶段，选择噪声级最高的阶段进行详细预测，适当分析其他阶

段的噪声级。

(5) 必须针对工程特点提出噪声防治措施并给出最终降噪效果。

3. 三级评价工作基本要求

(1) 噪声现状调查可着重调查清楚现有噪声源种类和数量，其声级数据可参照已有资料。

(2) 预测以现有资料为主，对项目建成后噪声级分布做出分析并给出受影响范围和程度。

(3) 要针对工程特点提出噪声防治措施并给出效果分析。

(五) 环境噪声现状调查与评价

1. 环境噪声现状调查与测量

(1) 调查目的。使评价工作者掌握评价范围内的噪声现状；向决策管理部门提供评价范围内的噪声现状，以便与项目建设后的噪声影响程度进行比较；调查出噪声敏感目标和保护目标、人口分布；为噪声预测和评价提供资料。

(2) 调查内容。评价范围内现有噪声源种类、数量及相应的噪声级；评价范围内现有噪声敏感目标、噪声功能区划分情况；评价范围内各噪声功能区的环境噪声现状、各功能区环境噪声超标情况、边界噪声超标状况及受噪声影响人口分布。

(3) 调查方法。环境噪声现状调查的基本方法有收集资料法、现场调查法和测量法。在评价过程中，应根据噪声评价工作等级相应的要求确定是采用收集资料法还是现场调查和测量法，或是两种方法相结合。

(4) 环境噪声现状测量要求。噪声源噪声的测量，应按相应的国家标准进行。环境噪声现状测量点布设原则如下：①现状测点布置一般要覆盖整个评价范围，但重点要布置在现有噪声源对敏感区有影响的那些点上；②对于建设项目包含多个呈现点声源性质（声源波长比声源尺寸大得多的情况下，可以认为是点声源）的情况，环境噪声现状测量点应布置在声源周围，靠近声源处测量点密度应高于距声源较远处的测点密度；③对于建设项目呈现线状声源性质（许多点声源连续地分布在一条直线上，如繁忙道路上的车辆流，可以认为是线声源），应根据噪声敏感区域分布状况和工程特点确定若干噪声测量断面，在各个断面上距声源不同距离处，布置一组测量点（如 15 m，30 m，60 m，120 m，240 m）；④对于新建工程，当评价范围内没有明显的噪声源（如没有工业噪声、道路交通噪声、飞机噪声和铁路噪声）且声级较低（<50 dB）时，噪声现状测量点可以大幅度减少或不设测量点；⑤对于改、扩建工程，若要绘制噪声现状等声级图，也可以采用网格法布置测点。例如，对于改扩建机场工程，为了绘制噪声现状 WECPNL 等值图，可在主要飞行航迹下离跑道两端不超过 15 km、侧向不超过 2 km 范围内用网格法布设测点，跑道方向网格可取 1～2 km，侧向取 0.5 km。

环境噪声现状测量为 A 声级和等效连续 A 声级；高声级的突发性噪声测量量为最大 A 声级及噪声持续时间；机场飞机噪声的测量量为计权等效连续感觉噪声级（WECPNL）。

噪声源的测量量有倍频带声压级、总声压级、线性声级或声功率级、A 声功率级等。对较为特殊的噪声源（如排气放空等）应同时测量声级的频率特性和 A 声级。

2. 环境噪声现状评价

环境噪声现状评价的主要内容：①评价范围内现有噪声敏感区、保护目标的分布情况、噪声功能区的划分情况等。②环境噪声现状的调查和测量方法包括测量仪器、参照或参考的测量方法、测量标准、测量时段、读数方法等。③评价范围内现有噪声源种类、数量及相应的噪声源、噪声特性、主要噪声源分析等。④评价范围内环境噪声现状，包括各功能区噪声级、超标状况及主要噪声源，边界噪声级、超标状况及主要噪声源等。⑤受噪声影响的人口分布。

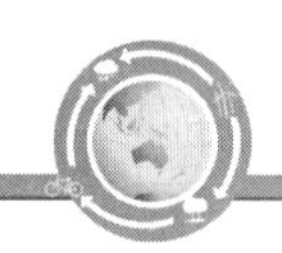

（六）声环境影响预测

1. 预测的基础资料

建设项目噪声预测应掌握的基础资料包括建设项目的声源资料和建筑布局、室外声波传播条件、气象参数及有关资料等。

（1）建设项目的声源资料。指声源种类（包括设备型号）与数量、各声源的噪声级与发声持续时间、声源的空间位置、声源的作用时间段。

（2）影响声波传播的各种参量。包括当地常年平均气温和平均湿度；预测范围内声波传播的遮挡物（如建筑物、围墙等，若声源位于室内还包括门或窗）的位置（坐标）及长、宽、高数据；树林、灌木等分布情况、地面覆盖情况（如草地等）；风向、风速等。

2. 预测范围和预测点布设原则

（1）预测范围。噪声预测范围一般与所确定的噪声评价等级所规定的范围相同，也可稍大于评价范围。

（2）预测点布置原则。所有的环境噪声现状测量点都应作为预测点；为了便于绘制等声级图，可以用网格法确定预测点；评价范围内需要特别考虑的预测点。

3. 预测点噪声级计算和等声级图

1）预测点噪声级的计算。

（1）选择坐标系，确定出各噪声源位置和预测点位置的坐标；并根据预测点与声源之间的距离把噪声源简化为点声源或线状声源。

（2）根据已获得的噪声源声级数据和声波从各声源到预测点 j 的传播条件，计算出噪声从各声源传播到预测点的声衰减量，算出各声源单独作用时在预测点 j 产生的 A 声级 L_{ij}。

（3）确定计算的时段 T，并确定各声源发声持续时间 t_i。

（4）计算预测点 j 在 T 时段内的等效连续声级，公式如下：

$$L_{eq}=10\lg\left[\frac{\sum_{i=1}^{n}t_i 10^{0.1L_{ij}}}{T}\right] \tag{2-16}$$

在噪声环境影响评价中，由于声源较多，预测点数量也大，故应运用计算机完成预测。现在国内外已有不少成熟、定型的预测模型软件可资应用。

2）绘制等声级图。

计算出各网格点上的噪声级（如 L_{eq}、WECPNL[1]）后，采用数学方法（如双三次拟合法、按距离加权平均法、按距离加权最小二乘法）计算并绘制出等声级线。

等声级线的间隔不大于 5 dB。对于 L_{eq}，最低可画到 35 dB、最高可画到 75 dB 的等声级线；对于 WECPNL，一般应有 70 dB、75 dB、80 dB、85 dB、90 dB 的等值线。

等声级图直观地表明了项目的噪声级分布，对分析功能区噪声超标状况提供了方便，同时为城市规划、城市环境噪声管理提供依据。

4. 噪声环境影响评价

评价应着重说明下列问题：①按厂区周围敏感目标所处的声环境功能区类别，评价噪声影响的范围和程度，说明受影响人口分布情况；②分析主要影响的噪声源，说明厂界和界外声环境功能区超标原因；③评价厂区总图布置和控制噪声措施方案的合理性与可行性，提出必要的替代方案；④明确必须增加的噪声控制措施及其降噪效果。

第五节　环境噪声的控制

一、声环境规划

（一）定义

声环境规划是指对一个城市、地区、工业厂区、住宅小区或建筑道路周边等区域位置的噪声环境进行现状调查和评价，预测其可能因发展所带来的变化，从而调整土地的使用状况和规划布局，提出和制定噪声污染的防控措施，改善和塑造良好声环境的战略布局。

（二）目的与意义

从广义上看，声环境规划包括一切和城市发展、居民生活紧密相关的声状况的设计、研究和改善。从狭义上说，声环境规划主要针对城市建筑外立面围合而成的道路、公共空间等户外环境的声状况进行评估和规划，主要包括建筑声环境规划和环境噪声控制两个方面的内容。声环境规划是城市环境规划中一项重要组成部分，它的主要目的是做好城市中各项功能区域的科学规划，合理进行城市防噪布局。良好的声环境规划一方面可以解决工业发展和保护声环境之间的矛盾；另一方面，它也能预防噪声污染，避免纠纷，确保国民经济的可持续发展。

（三）内容与要点

声环境规划一般包括以下几个步骤：①现场声环境的调研，了解和掌握声环境质量现状，包括噪声类型及分布状况。②根据现行国家标准中相应功能区的噪声标准限值进行评价，找出声环境存在的主要问题。③根据现行声环境质量标准、声环境现状监测和评价的结果，结合区域环境噪声污染的特点和噪声管理要求及城市规划，综合分析并划定声环境功能区类型。声环境功能分区需要依据是否有效控制噪声污染的程度和范围，提高声环境质量；是否以城市规划为指导，按区域规划用地的主导功能为基础；是否便于城市噪声管理和治理；是否有利于城市规划实施和改造；宜粗不宜细，宜大不宜小等原则。④明确声环境规划的近期、远期目标和指标，如交通干线噪声平均声级达标率不低于70%，噪声平均值不超过70 dB等。⑤进行噪声污染源、区域环境噪声的预测。⑥制定噪声污染控制规划方案，包括完善区域内交通道路系统，并通过改造扩宽主干道道路路面，改善路面结构及质量，加强道路绿化建设，设置医院、学校、政府机关等噪声敏感区禁鸣指示牌，限制通过区域内车辆车速和车速，合理规划区域布局，避免不同功能区之间相互干扰等方式。⑦利用环境质量标准可达性分析、环保投资分析、环境管理和技术水平分析等方法分别对社会影响、经济效益和城市发展进行全面评估。

根据规划内容、范围和深度的不同，声环境规划还可分为战略声环境规划、区域声环境规划、道路声环境规划和项目声环境规划。

1. 战略声环境规划

战略声环境规划是战略环境规划的一个重要环节，它是声环境规划的原则和方法在战略层次上的应用，是对一项政策、计划或规划及其替代方案的声环境影响进行正式的、系统的、综合的规划过程。战略声环境规划的目的是降低和消除因战略决策的缺陷或失误导致未来的不良声环境，是从源头上消除或控制噪声污染问题的主要措施。战略声环境规划的筛选需要经过确定是否进行和确定规划工作等级两个步骤，必须严格遵循必要性、可行性和时效性三个原则。

2. 区域声环境规划

区域声环境规划是指在某一特定的独立区域或功能区内，对声环境进行评估、整治和保护，进而

改善声环境总体质量的部署。区域声环境规划的实施需遵循两个原则。一是，区域声环境规划要与道路交通规划相结合，在道路交通规划的前提下同时制定区域声环境规划，确保道路网络的合理布局；二是，区域声环境规划需提前进行声环境经济预测，找出发展过程中的声环境问题，以提高规划的针对性和合理性。此外，区域声环境规划不仅必须在技术上可行，还需要进行经济效益分析，在数种备选方案中择优选择，并将近期和远期规划相结合，积极治理现有噪声污染和预防新污染的产生。

区域声环境规划的内容主要包括以下三个方面：第一，了解并掌握对区域内声环境的特点和现状，明确声环境规划的目标与指标体系，并进行声环境功能划分。第二，根据道路网规划，预测实施后对声环境的可能影响及变化趋势，筛选主要的声环境问题。第三，针对声环境问题寻求解决办法，研究达到预期良好声环境目标的各种有效防控措施，并进行相应的经济效益分析、社会影响分析和环境效益分析。

3. 道路声环境规划

道路声环境规划是指对道路交通所产生的声环境问题，采取调整道路网、合理规划路旁土地利用等一系列对策，寻求达到声环境与经济发展相互协调和融合发展的目的。道路声环境规划的主要任务是解决道路交通发展与噪声问题之间的矛盾。道路声环境规划会直接影响道路交通的规划布局，而不同的道路交通规划产生的交通噪声污染分布和强度的差异也可影响道路声环境规划。

4. 项目声环境规划

项目声环境规划是指针对某一建设项目，通过评价其对声环境的影响，进行合理的声环境规划，提出各种噪声污染的防治措施，尽可能地把项目引起的噪声污染降低至现行标准允许的水平，并为建设项目优化选址和合理布局及城市规划提供科学依据。

二、环境噪声控制

（一）噪声控制原理与原则

1. 噪声控制原理

环境噪声对人体健康的损害主要经由声源、传声途径和个体三个基本环节组成。因此，环境噪声的健康损害控制需从上述三个环节进行系统控制。

早在20世纪80年代，国际噪声控制工程学会（International Institute of Noise-control Engineering，I-INCE）便提出“从声源控制噪声”的理念，因而降低声源的噪声产生及辐射一直被认为是控制噪声的根本途径。通过对声源发生机制、机器设备运行功能展开深入研究，改进生产和制造工艺，研发新型降噪设备，加强规章制度等行政管理均能显著降低环境噪声。

传声途径（又称声传播途径）的控制仍是常用的降低环境噪声的手段。在噪声传播的途径上，设置各种类型的有效屏障以阻止声波的传播，或铺装各种吸声材料以增加声能损耗，或通过反射、折射改变声波的传播方向，均是以控制传声途径降低环境噪声的主要方式。目前，在噪声控制工程中较为常用的技术包括吸声、隔声、阻尼和隔振等，如吸声墙面和吊顶、声屏障、隔声门窗、消声器和隔振地板等。

在某些环境中，噪声强度特别高，采取上述措施仍无法达到要求，或者在工作过程中不可避免需要接触噪声时，就需要采取有效的个体防护措施。个体防护是指采用护耳器（包括佩戴耳塞、耳罩、有源消声头盔等）、控制室、隔振台等个人防护措施以保护噪声接触者的健康。这类措施主要适用于噪声级较强，受影响人员较少的工作场合。

环境噪声的上述控制措施选择既可以是单一，也可以是多种措施综合应用。在选择合适的降噪方式时，应充分考虑声学效果和相关标准以确定合理的降噪指标，也要充分考虑实际工作条件和治理的费用，力争做到经济、合理、切实可行。

2. 噪声控制原则

噪声控制一般需要严格遵循科学性、先进性和经济性的原则。

(1) 科学性。噪声控制首先应当正确分析产声的机制和声源的特性，明确噪声的类型是属于空气动力性噪声、机械噪声还是电磁噪声；是高频噪声或是中、低频噪声；针对不同类型噪声所采取的措施有无异同或有其特异性。

(2) 先进性。在选择合适的噪声控制技术前，应当明确该技术是否具有先进性，实施的难度、可行性和经济性如何，有无替代的方法；控制技术是否会影响原有设备的技术性能或工艺要求，操作技术是否烦琐。

(3) 经济性。在现有条件下，所采取的噪声控制措施是否可以达到允许的国家标准限值，该限值的实现必须充分考虑社会经济发展水平；采用的防噪措施是否在众多备选方案中最为经济适用。

(二) 噪声控制基本流程

噪声控制的基本流程主要从声源特性调查、传声途径分析和降噪量确定等一系列步骤确定最佳方案，可分为以下几个部分：①噪声源测量与分析，了解和掌握声源分布、频率特性和时间特性；②传声途径调查分析，辨别是空气传声还是固定传声；③受影响区域调查，了解和掌握危害状况、本底噪声和允许标准；④降噪量确定，掌握总降噪量、声源和途径降噪量；⑤制定控制方案，包括声源和途径控制；⑥设计施工；⑦工程评价，包括声质量、经济性和适应性评价。

(三) 噪声控制规划

我国噪声污染防治法中明确规定："地方各级人民政府在制定城乡建设规划时，应当充分考虑建设项目和区域开发、改造中所产生的噪声对周围环境的影响，统筹规划，合理安排功能区和建设布局，防止或减轻环境噪声污染。"由此可见，合理的声环境规划，对城市噪声环境污染的防控具有十分重要的意义。

环境噪声源的种类众多，在影响城市环境的各类噪声来源中，按照噪声源的特点分类，可分为工业生产噪声、建筑施工噪声、交通运输噪声和社会生活噪声。其中，工业噪声占 8%～10%，建筑施工噪声占 5%，交通噪声占 30%，社会生活噪声占 47%。由此可见，社会生活噪声对生活环境的影响范围最广，也是主要的噪声污染源。但不论是何种来源的噪声，目前其控制原则和方法是基本类同的。

1. 居住区规划中的噪声控制

居住区规划中的噪声控制主要涉及三个方面。一是道路网的规划。在居住区道路网规划设计时，应对道路的功能、性质进行明确的分类，分清交通性干道和生活性道路，以最大限度地为城市生产生活服务，又可减少对城市的干扰。必要时可以选择利用地形设置成路堑式、土堤、提高路面质量、建立道路两侧声屏障和防噪绿带等方式来隔音。城市铁路布局也应与城市的近、远期总体规划密切配合，避免对城市远期发展带来难以解决的噪声困扰。二是工业区远离居住区。有噪声污染的工业区必须利用防护地带与居民区分开，现有的厂区应考虑迁出或改变生产性质，采用低噪声工艺或降噪处理。三是人口规模的控制规划。已有研究显示，城市噪声可随着人口密度的增加而增大。

2. 道路交通规划中的噪声控制

城市道路交通噪声控制是涉及城市规划、噪声控制技术、行政管理等多方面的综合性问题。其中较为有效的措施包括推广低噪声车辆、改进道路、合理规划和实施必要的标准与法规。在城市道路改造和建设规划中，不仅需要采用提高路面质量或低噪路面、采用立体交叉结构、减少车流量、禁鸣喇

叭、往返双行线等措施，还需要充分考虑道路交通噪声对居民的影响，建设中要尽可能与居民住宅楼、小区保持适当的距离。临道路的建筑应以商店、餐馆、娱乐场所等非居住性建筑为主，对道路两侧建造的居民住宅楼，设计时需设置防噪屏障，通过公共走廊、封闭阳台、安装隔声门窗等措施，以最大限度地降低道路交通噪声。

3. 工业区规划中的噪声控制

工业区企业总体设计规划中的噪声控制应包括厂址选择、总平面设计、工艺、管线设计、设备选择和车间布置中的噪声控制。高噪声生产企业的厂址应符合所在区域总体城乡规划和工业布局的要求，不宜在噪声敏感建筑物集中区域，而且应位于城镇居民集中区的当地常年夏季最小频率风向的上风侧。企业符合在经济成本效益的条件下，应尽量选用噪声较低、振动较小的设备，并集中放置高噪声设备，或在满足生产要求的前提下，减少高噪声的工艺技术使用，或采用相应的隔声、吸声或消声的设计，以最大限度减少噪声的危害。

4. 城市绿地规划中的噪声控制

城市绿化不仅具有美化生活环境，净化空气的作用，对减少噪声污染也是一种极为重要的举措。声波在穿过绿化带树木、厚草地或灌木丛时，能量极大地衰减，而且树木有浓密的枝叶，对声音也有一定的吸收能力，并能减少声音的反射。也有研究发现，树木可通过枝叶的摆动，使得声波发生散射作用，进而减弱和消失。此外，树木栽培和绿地开辟，也在一定程度上增宽道路，增加了道路与住宅之间的距离。绿化带的存在对降低噪声的主观厌烦感也有一定的积极作用。由此可见，植物对于消减噪声具有十分良好的效果，通过规划发展绿化带以减少周围环境的噪声污染是公认的控制城市噪声较为经济和有效的方法之一。

（四）噪声管理

城市噪声污染行政管理目前主要依据《中华人民共和国环境噪声污染防治法》，旨在保护和改善人们生活环境，保障人体健康，促进经济和社会发展。该法已于 1997 年 3 月实施，2018 年 12 月进行修订，共 64 条，它不但规定了环境噪声（即指在工业生产、建筑施工、交通运输和社会生活中所产生的干扰周围生活环境的声音）及环境噪声污染（即指所产生的环境噪声超过国家规定的环境噪声排放标准，并干扰他人正常生活、工作和学习的现象）的含义，还为制定各类噪声标准提供坚实的基础。

《中华人民共和国环境噪声污染防治法》主要规定包括：

（1）地方各级人民政府在制定城乡建设规划时，应当充分考虑建设项目和区域开发、改造所产生的噪声对周围生活环境的影响，统筹规划，合理安排功能区和建设布局。

（2）依据国家声环境质量标准和民用建筑隔声设计规范，划定本行政区域内各类声环境质量标准的适用区域，合理规定建筑物与交通干线的防噪声距离，并提出相应的规划设计要求，并进行管理。

（3）建设项目可能产生环境噪声污染的，建设单位必须提出环境影响报告书，规定环境噪声污染的防治措施，并按照国家规定的程序报生态环境主管部门批准，且环境影响报告书中，应当有该建设项目所在地单位和居民的意见。

（4）建设项目的环境噪声污染防治设施必须与主体工程同时设计、同时施工、同时投产使用。建设项目在投入生产或者使用之前，其环境噪声污染防治设施必须按照国家规定的标准和程序进行验收，达不到国家规定要求的，该建设项目不得投入生产或者使用。

（5）产生环境噪声污染的企业事业单位，必须保持防治环境噪声污染的设施的正常使用，拆除或者闲置环境噪声污染防治设施的，必须事先报经所在地的县级以上地方人民政府生态环境主管部门批准。而且，产生环境噪声污染的单位，应当采取措施进行治理，并按照国家规定缴纳超标准排污费。

（6）对于在噪声敏感建筑物集中区域内造成严重环境噪声污染的企业事业单位，限期治理，并由县级以上人民政府在国务院规定的权限内授权其生态环境主管部门决定。

（7）国家对环境噪声污染严重的落后设备实行淘汰制度。国务院经济综合主管部门应当会同国务院有关部门公布限期禁止生产、禁止销售、禁止进口的环境噪声污染严重的设备名录。生产者、销售者或者进口者必须在国务院经济综合主管部门会同国务院有关部门规定的期限内分别停止生产、销售或者进口列入前款规定的名录中的设备。

（8）国务院生态环境主管部门应当建立环境噪声监测制度，制定监测规范，并会同有关部门组织监测网络。县级以上人民政府生态环境主管部门和其他环境噪声污染防治工作的监督管理部门、机构，有权依据各自的职责对管辖范围内排放环境噪声的单位进行现场检查。

（9）在工业生产中因使用固定的设备造成环境噪声污染的工业企业，必须按照国务院生态环境主管部门的规定，向所在地的县级以上地方人民政府生态环境主管部门申报拥有的造成环境噪声污染的设备的种类、数量及在正常作业条件下所发出的噪声值和防治环境噪声污染的设施情况，并提供防治噪声污染的技术资料，采取应有的防治措施。

（10）在城市市区噪声敏感建筑物集中区域内，禁止夜间进行产生环境噪声污染的建筑施工作业。禁止制造、销售或者进口超过规定的噪声限值的汽车。政府可根据本地城市市区区域声环境保护的需要，划定禁止机动车辆行驶和禁止其使用声响装置的路段和时间，并向社会公告。

（11）建设经过已有的噪声敏感建筑物集中区域的高速公路和城市高架、轻轨道路，有可能造成环境噪声污染的，应当设置声屏障或者采取其他有效的控制环境噪声污染的措施。

（12）新建营业性文化娱乐场所的边界噪声必须符合国家规定的环境噪声排放标准；不符合国家规定的环境噪声排放标准的，文化行政主管部门不得核发文化经营许可证，市场监督管理部门不得核发营业执照。禁止在商业经营活动中使用高音广播喇叭或者采用其他发出高噪声的方法招揽顾客。禁止任何单位、个人在城市市区噪声敏感建设物集中区域内使用高音广播喇叭。

除此之外，一部分省市和地区还根据当地的具体情况，制定了适用于该地区的标准和条例。

三、环境噪声控制技术

随着现代科技日新月异地发展，尤其是数字信号处理技术的逐步成熟，噪声控制领域也呈现新技术、新方法、新材料和新结构层出不穷的现象。其中，较为常用的措施主要是吸声、隔声、消声、隔振与阻尼和个体防护器材等。

（一）吸声

吸声指的是声波在传播过程中进入吸声材料，由于材料细孔或缝隙内的空气振动，产生的摩擦和黏滞阻力，使得声能转换为热能，进而实现降低噪声强度的过程。在噪声控制技术中，常用吸声材料或吸声结构来降低室内噪声，尤其在体积较大、混响时间较长的室内空间，应用相当普遍。成为吸声材料的条件分为 125 Hz、250 Hz、500 Hz、1 000 Hz、2 000 Hz、4 000 Hz 六个倍频程，其吸声系数平均值大于 0.2，方能视为吸声材料，吸声系数越大，表明吸声效果越好。吸声材料适用于高频噪声，吸收效果良好；而对于低频噪声，因其波长较长，容易产生绕射，故吸声效果较弱。此外，吸声材料越厚，吸声系数便越大，一般认为最佳吸声厚度为 8～11 cm。

吸声材料按其吸声机制来分类，可以分成多孔性吸声材料及共振吸声结构两大类。

1. 多孔性吸声材料

多孔性吸声材料的内部有许多微小细孔直通材料表面，或其内部有许多相互连通的气泡，具有一

定的通气性能。凡在结构上具有以上特征的材料都可以作为吸声材料。目前我国生产的多孔性吸声材料大体可分四大类。一是无机纤维材料，如玻璃棉、岩棉及其制品；二是有机纤维材料，如棉麻植物纤维、软质纤维板、木丝板；三是泡沫材料，如泡沫塑料和泡沫玻璃、泡沫混凝土等；四是吸声建筑材料，如膨胀珍珠岩、微孔吸声砖等。

2. 共振吸声结构

由于共振作用，在系统共振频率附近对人射声能具有较大的吸收作用的结构称为共振吸声结构。共振吸声结构通常采用穿孔或细孔板材构成表面，板后设置空腔形成空气垫，入射声在空腔内产生共振而消耗声能，减少噪声强度。常见的共振吸声结构包括穿孔板吸声结构、薄板和薄膜吸声结构等。共振吸声只有在入射频率与吸声结构的共振频率相接近时方能有效，因此吸声频带较窄。20 世纪 70 年代，我国设计研发的微穿孔板吸声结构，将穿孔直径减小至 1 mm 以下，且在不加多孔材料的条件下，也使声阻显著增大，是一种低声质量、高声阻的共振吸声结构，其吸声频率宽度明显优于常规穿孔板共振吸声结构，有着十分广泛的应用。另外一种很有发展前景的吸声结构是薄塑盒式吸声体，又称无规共振吸声结构。当声波入射时，盒体各个表面受迫弯曲振动，由于盒体各壁面尺寸不同，薄片产生许多振动模式，薄片通过自身的阻尼作用将部分声能转换为热能，进而起到吸声的作用。

（二）隔声

声波在空气中传播时，使声能在传播途径中受到阻挡而不能直接通过的措施，称为隔声。隔声是噪声控制中最常用的技术之一，隔声的具体形式有隔声墙、隔声间、隔声罩和声屏障等。

1. 隔声墙

在隔声技术中，常把板状或墙状的隔声构件称为隔板或隔墙，简称墙。仅有一层隔板的称单层墙，有两层或多层，层间有空气或其他材料的，称为双层墙或多层墙。单层墙的隔声性能与入射声波的频率有关，其频率特性取决于隔声墙本身的单位面积质量、刚度、材料的内阻尼、墙的边界条件等因素。双层墙双层结构中的空气层是提高隔声能力的主要原因。当声波入射到第一层墙透过空气层时，空气层的弹性形变有减振作用，传递至第二层墙时的振动便极大降低，从而提高了隔声的效果。同理，多层墙的隔声性能较单层和双层也均有效改善，声波在各层界面上产生多次反射，阻抗相差越大，发射声能越多，透射的声能便越小。

2. 隔声间

隔声间是指一般采用封闭式的方法，利用隔声组件（如隔声门、窗等）将声源围蔽在局部空间内，以降低噪声对周围环境的污染。隔声间通常包括隔声、吸声、消声、阻尼减振等几种噪声控制措施的综合治理装置，是多种声学构件的组合。隔声间的声学构件主要包括隔声门、门缝密封、隔声窗等。

3. 隔声罩

隔声罩是噪声控制中较为常用的设备，如空压机、水泵、鼓风机等高噪声源，如果体积较小、形状较规则，在空间和工作条件允许的情况下，可以采用隔声罩将声源封闭在罩内，以减少周围噪声污染。隔声罩的设计一般要遵循以下几个方面：一是罩臂有足够的隔声量，一般用 0.5～2 mm 的钢板或铝板制作；二是罩壁面上需要加筋，涂阻尼层，以抑制和减弱共振吻合效应；三是罩体与声源设备不能有刚性接触，以免形成声桥；四是罩内要加吸声、密封和减振处理，并有通风和冷却措施。

4. 声屏障

在声源与接收点之间设置障碍板，阻断声波传播，以减少噪声强度的结构称为声屏障。噪声在传播时遇到障碍物，若障碍物的尺寸大于声波波长时，大部分的声波能被反射或吸收，小部分绕射，在障碍物的背后便形成一定距离的声影区。声影区的大小与声音频率、屏障高度等因素有关，频率越高，

声影区范围越大。声屏障将声源与接收体有效隔开，使保护目标落在声影区内。

（三）消声

消声主要用于降低空气动力噪声，如空调通风噪声。常用有消声措施是消声器。消声器是一种既能允许气流顺利通过，又能有效地阻止或减弱声能向外传播的装置。良好性能的消声器不仅对噪声能量有明显的消减作用，而且阻力损失小，抗腐蚀、坚固耐用、体积小。一个合适的消声器，可以使气流声降低 20～40 dB，相应响度降低 75%～93%，因此在噪声控制工程中得到了广泛的应用。值得指出的是，消声器只能用来降低空气动力设备的进排气口噪声或沿管道传播的噪声，而不能降低空气动力设备本身所辐射的噪声。

不论何种类型的消声器，一个好的消声器应满足以下 5 个方面的要求。①声学性能。在使用现场的正常工况下（一定的流速、温度、湿度、压力等），在所要求的频率范围内，有足够大的消声量。②空气动力性能。消声器对气流的阻力要小，阻力系数要低，即安装消声器后增加的压力损失或功率损耗要控制在允许的范围内，不能影响空气动力设备的正常运行。气流通过消声器时所产生的气流再生噪声要低。③机械结构性能。消声器的材料应坚固耐用，应有耐高温耐腐蚀、耐潮湿耐粉尘的特殊环境，尤其应注意材质和结构的选择。另外，消声器要体积小、重量轻、结构简单，并便于加工、安装和维修。④外形和装饰。除消声器几何尺寸和外形应符合实际安装空间的允许外，消声器的外形应美观大方，表面装饰应与设备总体相协调。⑤价格费用要求。选材、加工等要考虑减少材料损耗，在具有一定消声量的同时，消声器价格便宜，使用寿命长。

消声器的种类和结构形式很多，根据其消声原理和结构的不同大致可分为六类：一是阻性消声器，二是抗性消声器，三是阻抗复合式消声器，四是微穿孔板消声器，五是扩散式消声器，六是有源消声器等。按所配用的设备来分，有空压机消声器、内燃机消声器、凿岩机消声器轴流风机消声器、混流风机消声器、罗茨风机消声器、空调新风机组消声器和锅炉蒸汽放空消声器等。

消声器的选择应根据气流性质、需安装消声器的现场情况、各频带所需的消声量，综合平衡后确定消声器的类型、结构和材质等。此外，现实情况下还应当根据所确定的消声器，验算消声效果，包括上下限截止频率的检验、消声器压力损失是否在允许范围之内等。倘若实际消声效果未能达到预期要求，须修改原设计方案，提出改进措施或更换其他类型消声器等。

（四）隔振及阻尼

物体的机械振动是引起噪声的主要原因。振动除了产生噪声干扰人们的正常生活和学习之外，低频振动（如 1～100 Hz）可直接对人体健康产生影响。长期暴露于振动环境，机械设备或建筑结构也可因振动受到破坏。对于振动的控制主要从 3 个方面采取措施：一是对振动源进行改造，减弱振动强度；二是在振动传播途径上采取隔振措施，或利用阻尼材料消耗振动能量，减弱振动向空间的辐射，从而实现对降噪的效果；三是防止共振的产生。目前常用的隔振技术主要有防震沟、隔振器或安装隔振材料如钢弹簧、橡胶、玻璃棉毡、软木和空气弹簧等。阻尼是利用高内阻强黏滞性的弹性材料（如沥青、软橡胶或高分子材料），涂于金属板材上，使板材弯曲振动能量转换为热能而损耗，从而使振动和噪声减弱。阻尼材料应有较高的损耗因数，良好的黏结能力，耐高温、高湿和油污，不易脱落或老化。专用的阻尼材料可广泛用于各种机械设备和运输工具的噪声和振动控制。

（五）个体防护器材

个体防护器材常用的有耳塞、耳罩、耳栓、防声头盔、防护衣等。这些听力防护器可单独使用，也可合并使用。当前对个体听力防护器的基本要求主要包括：①有较高的隔音效果；②佩戴舒适，无不良副作用；③对外耳道、耳部周围皮肤无有害刺激作用；④在高噪声环境中，不降低语言联系的可

懂度；⑤佩戴方便，便于清洗和保存；⑥价格经济且耐用。

参考文献

[1] 吴宛恒.深圳华侨城社区噪声环境评估及优化研究[D].哈尔滨：哈尔滨工业大学，2013.

[2] 刘颖辉.噪声与振动污染控制技术[M].北京：科学出版社，2014.

[3] 周宜开.环境医学概论[M].北京：科学出版社，2006.

[4] 薛昌红，苏艺伟，周牧鹰，等.职业性噪声接触对我国女工生殖功能影响 Meta 分析[J].中国职业医学，2017，4：430-435.

[5] pedro marezesa，cabernardo，estefania ribeiroc，et al.Implications of wind power generation：exposure to wind turbine noise[J].Procedia-Social and Behavioral Sciences，2014，109：390-395.

[6] 孟苏北.城市住宅区低频噪声对人类健康的危害[J].中国医药导报，2007，4(35)：17-19.

[7] 袁征，马丽，王金坑.海上风机噪声对海洋生物的影响研究[J].海洋开发与管理，2014，31(10)：62-66.

[8] 张继萍，阎浩，周晞噜，等.鸟鸣声与道路交通噪声的生物环境声学研究[J].噪声与振动控制，2013，33(S1)：52-57.

[9] 舒珊，张笑凡.环境噪声对儿童影响的研究[J].山西建筑，2016，42(9)：201-203.

（张青碧　陈承志　韩知峡　柏　珺　高绪芳）

第三章　环境光污染健康损害与风险评估

第一节　概　　述

光是一个物理学名词，由一种基本粒子——光子组成，其本质上是一种处于特定频段的光子流。光也指所有的电磁波，说明光既具有粒子性又具有波动性，通常把这种现象称为光的波粒二象性。光源发出光，是因为光源中电子获得额外能量。如果能量不足以使其跃迁到更外层的轨道，电子就会进行加速运动，并以波的形式释放能量。反之，能量足够时发生电子跃迁，如果跃迁之后刚好填补了所在轨道的空位，从激发态到达稳定态，电子就回归静止状态。如果依然未进入静止状态，电子会再次跃迁回之前的轨道，并且以波的形式释放能量。

一、光的物理特性

(一)光的波动性

1655年意大利的数学家格里马第首先发现了光的衍射现象，第一个提出了光的衍射理论，他是最早的光波动学说的主张者。1660年，英国物理学家胡克验证了格里马第的光的衍射现象试验，进一步证实了光的波动理论，胡克认为光在传播介质中以波的形式发射，不受重力的影响，并且验证了光的干涉现象和光的偏振性。1666年后，来自荷兰著名的物理学家、天文学家和数学家惠更斯对格里马第的实验进行了深入研究，提出了比较完善的波动学说理论，他提出光是一种需要依靠载体来进行传播的纵向机械波，并且证明了光的折射定律及光的反射定律。此后不断有科学家验证了光的波动理论，至19世纪中后期，光的波动学说的主导地位就基本确定。

(二)光的粒子性

1672年，伟大的物理学家牛顿在他的文章《关于光和色的新理论》中提出了光的色散实验，让阳光通过一个小孔照射到暗室中的棱镜上，在棱镜对面的墙壁上可以出现一个彩色的光谱，牛顿认为产生这种现象的原因：光是不同的微粒混合在一起，通过棱镜方法使不同微粒分开，因此出现彩色的光谱，这就是光的微粒性学说的基础。从此也开始了波动说和粒子说的漫长争论，在这个过程中，光的波动说和光的粒子说不断完善，但是总是有一些现象无法解释。

(三)光的波粒二象性

在前期的研究中，无论是光的波动说还是光的粒子说，总是有一些现象不能用其中一个学说去解释。1905年，德国的著名物理学家爱因斯坦在论文《关于光的产生和转化的一个推测性观点》中提出了光的波动性和粒子性的观点，这是学术界首次将波动性和粒子性统一，该观点也称为光的波粒二象性，这一理论被学术界普遍认可，爱因斯坦也因此获得了诺贝尔物理学奖。

二、光的传播

光是沿直线传播的，光可以在真空、空气、水等透明的介质中传播。目前，我们认为真空中的光速是

宇宙中最快的速度。光在传播过程中由于会受到物体强引力场的影响，导致光在传播过程中路径发生相应的偏折，这种偏折可以分为反射、折射和散射。

1. 光的反射

光在不同介质间的传播过程中，其传播方向在不同物质的交界面上发生改变，并返回原来物质中的现象称为光的反射。当光从空气中射向水面、镜子、土壤等物体时，均会在两种物质交界面发生光的反射；当光垂直射向镜面时，反射光线会沿着入射光线的方向射出，这种现象表明在一定条件下光路是可逆的。光的反射主要分为3种，分别是镜面反射、方向反射和漫反射。当一束平行光线入射到十分光滑的反射面时，其反射光线仍会平行射出，这种现象被称为镜面反射；当一束平行光线入射到粗糙物体表面时，其反射光的方向会射向不同的方向，导致反射光射向四面八方，这种现象称为漫反射；介于镜面反射和漫反射之间的反射称方向反射，也称非朗伯反射，其表现为各向都有反射，各向反射强度不均一，具有明显的方向性。

2. 光的折射

光线在不同的介质中进行传播时，由于其在不同介质中的传播速度不同，当其从一种介质向另外一种介质照射时，入射光线方向在两种介质的交界面处将会发生改变，这就是光的折射。光的反射与光的折射都是在不同介质的交界面发生传播方向改变，光的反射其反射光线直接返回到原介质中，其光路是可逆的，光的折射其折射光线是传播到另一介质中。在有些情况下，光在不同介质间传播过程中同时存在光的反射和光的折射，如光从空气进入水中，一部分光线会反射回去，一部分光线会进入水中。反射光线光速与入射光线相同，折射光线光速与入射光线不相同。

3. 光的散射

光的散射是指光的传播过程中入射光线照射到某种不均匀介质时，其入射光线的方向与原来的传播方向不同，部分光线传播方向与原方向偏离，这种现象称为光的散射。散射光波长不发生改变的有丁铎尔散射和分子散射；波长发生改变的有拉曼散射、布里渊散射和康普顿散射等。

三、光的分类

光的本质是电磁波，电磁波以能量的形式在空间向四周辐射传播称为电磁辐射，它具有波的一切特性，其波长(λ)、频率(f)和传播速度(c)之间的关系为$\lambda = c/f$。电磁辐射分为非电离辐射与电离辐射。当量子能量达到一定水平(12 eV)时，能够使原子或者分子电离，称为电离辐射(ionizing radiation)，如X射线、γ射线、宇宙射线等；量子能量较低的电磁辐射不足以引起生物体电离，这种情况称为非电离辐射(non-ionizing radiation)，如紫外线、可见光、红外线、射频及来源于可见光的激光等。广义范围上讲，光是指所有的电磁波；狭义范围上讲，光是人眼可以看见的一种电磁波，也被称为可见光。除了可见光以外，人眼所不能感知的电磁波，包括无线电波、微波、红外线、紫外线、X射线、γ射线，这些统称为不可见光。本章所介绍的光污染主要指可见光、紫外线和红外线所造成的污染。

可见光是指能引起视觉的电磁波，其波长范围是400～760 nm，这一范围的波长也称作可见光谱。可见光谱范围内的光都可以被人视觉感知，可见光可以根据波长不同分为红、橙、黄、绿、蓝、靛、紫七种颜色。可见光谱范围内的电磁辐射的主要来源可以包括以下几类：白炽光源(最常见的白炽光源是钨丝灯)、非白炽光源(例如：荧光灯、碘钨灯、水银灯、氖灯等)和太阳等。

紫外线(ultraviolet，UV)是波长为100～400 nm、非电离辐射波谱中波长最短(100 nm)、能量最大(12 eV)的电磁辐射。根据波长和生物学作用的不同，UV又分为UVA(315～400 nm)、UVB(280～315 nm)和UVC(100～280 nm)三个波段。

红外线(infrared，IR)也称热射线。根据波长可将红外线分为长波红外线(远红外线)、中波红外线及短波红外线(近红外线)。波长范围在 3 μm～1 mm 为长波红外线,可被皮肤吸收,产生热的感觉;波长范围在 1 400 nm～3 μm 为中波红外线,可被角膜及皮肤吸收;波长范围在 760～1 400 nm 为短波红外线,可被组织吸收后可引起灼伤。任何温度高于绝对零度(－273℃)以上的物体,均可发射红外线。物体温度愈高,辐射强度愈大,其辐射波长愈短(即近红外线成分愈多)。例如,当物体温度为 1 000 ℃时,辐射波长短于 1.5 μm 的红外线为 5%;而当物体温度达 2 000℃时,则辐射波长短于 1.5 μm 的红外线达 40%。黑体(理想热辐射体)的温度与其峰值辐射波长的关系可用 $\lambda_{max}T=C$ 表示,式中 λ_{max} 表示峰值辐射波长,T 表示绝对温度(K),C 为常数(2 897m · ℃)。

四、光污染分类

国际上最早关注光污染问题的是国际天文界,在 20 世纪 30 年代就提出光污染问题,他们发现由于社会的高度发展,城市的照明导致天空亮度过高,对天文观测产生了极大的负面影响。此后英、美等国家将光污染称为"干扰光",日本则将其称之为"光害"。随着社会的不断发展,光污染现象越来越严重,影响人类的日常生活及身体健康。

光污染是随着社会高度发展产生的一种新兴的环境污染。广义的光污染包括影响自然环境,影响人类正常生活、工作、休息及娱乐,影响人类观察物体的能力,造成人体各种不舒服的感觉,以及对人体健康产生损害的所有光。目前,光污染损害主要是指由于光辐射过量而产生的各种不良影响,包括对人类生活、生产环境及人类健康的影响,光污染主要包括可见光、红外线和紫外线产生的光辐射过量引起的污染,据此,光污染分为三类,即可见光污染、紫外线污染、红外线污染。

(一)可见光污染

1. 白亮污染

城市中的建筑物上的玻璃幕墙、磨光大理石、釉面墙壁及各种油漆涂料等均具有较强的反光性能,白天阳光照射强烈时其反光指数可达 90%以上,反射可以接近镜面反射,反射光线耀眼夺目,导致人观察物体的可见度降低,这种情况下产生的光污染称之为白亮污染。并且,这种高强度的反射光线进入居室内,加速室内温度升高,可以导致室温上升 4～6 ℃,严重影响人们的正常生活。有些反射面具有一定的聚焦功能,容易造成火灾发生。

2. 人工白昼

由于社会快速发展,城市化不断加速,当夜晚来临时,来自酒店、商场、超市、娱乐场所的各种广告牌、广告灯、霓虹灯、室内照明灯具导致城市光亮度增加,甚至像白天一样,各种各样的彩灯更是让人们眼花缭乱,有些强光束更是直冲云霄。这些由于人为原因导致的大范围的光亮度增加,产生的严重光污染现象,称之为人工白昼。这些光污染通常持续时间比较长,有些光源甚至整晚开放,不仅影响人们的休息,甚至导致一些人夜晚无法入睡,引起生物钟紊乱。光污染导致的夜晚休息效果较差使得人们白天的工作效率严重下降。人工白昼对于天文工作者来说就是灾难,由于天空亮度过高,导致无法观测星空。有天文工作者通过观测统计发现,在不受光污染的夜空,观察到的星星可以达到 7 000 多颗,但是在灯火通明的大城市,夜晚只能观察到 20～60 颗星星。

3. 彩光污染

当夜晚来临时,来自酒店、商场、超市、娱乐场所的各种广告牌、广告灯、霓虹灯、室内照明灯具的各类彩色光源及手机、电视、平板电脑、笔记本等带有屏幕的电器所产生的光污染称之为彩光污染。彩色光源让人眼花缭乱,其不仅对视力有影响,而且干扰大脑中枢神经系统,人长时间处于彩光污染环境中,会产生心理积累效应,并且会产生不同程度的倦怠无力、头晕,严重的会出现神经衰弱症状。

此外，也有专家将光污染按发生和造成影响的时间进行划分，分为昼光光污染和夜光光污染，昼光光污染主要是指白亮污染，夜光光污染主要是指人工白昼和彩光污染。

(二)紫外线污染

紫外线污染一部分是来源于太阳的紫外辐射，另一部分是人造紫外光源。研究发现，紫外线与许多种疾病的发生有关，如皱纹、晒伤、皮肤癌、白内障、视觉损害等。UVA、UVB 和 UVC 均可损害胶原蛋白，加速皮肤衰老。UVA 被认为是伤害较小的，其不像 UVB 和 UVC 可以直接造成 DNA 损伤，但是其可生成活性比较强的中间体、羟基及氧自由基，进而破坏 DNA。来自太阳辐射和医疗人造紫外线引起的毒性是人类健康的主要问题。

(三)红外线污染

近年来，红外线广泛应用于军事、医疗、卫生、科研及工业领域，红外线污染问题也随之产生。红外线是一种热辐射，较强的红外线可以造成皮肤伤害，其情况与烫伤相似。波长为 750～1 300 nm 的红外线可以损伤眼底视网膜；波长大于 1 400 nm 的红外线能量绝大部分会被角膜和内液所吸收，但透不到虹膜；波长大于 1 900 nm 以上的红外线，会造成角膜烧伤。

第二节　光污染与健康

光线中的不同成分对于人体健康是必须的，通过不同的生物学效应来维持机体健康。但是当光线不同组分在日常生活中出现暴露不当和使用不当时，就可能通过各种不同的机制引起机体健康损害。

本部分主要介绍可见光、紫外线和红外线污染导致的有害生物效应。而可见光中单一组分过量照射涉及激光的效应，在本部分不做讨论。光线照射失衡就会对机体的健康产生影响，无论是照射缺乏还是照射过量。鉴于本章主要关注光污染的不良健康效应，光照射不足所带来的不良健康效应在此也不做论述。

一、可见光光污染的健康效应

(一)可见光对机体造成的直接损害

1. 对眼部造成的损伤

人类在太阳光下生存，光是视觉健康和生命的必要元素。视网膜上有 3 种感光细胞即锥状细胞、管状细胞和上皮视网膜感光细胞。锥状细胞对亮光敏感，带给人们暗视觉和明视觉；管状细胞对弱光敏感；上皮视网膜感光细胞则带来环境光感觉，对 460～484 nm 范围内的光最敏感，带来视觉意识和非成像功能，还能控制瞳孔尺寸及摄入光量，控制生物钟，影响褪黑素的分泌，影响动物的警戒力，也可能影响视觉学习能力，如细胞蓝光摄入不足将导致如睡眠紊乱、认知能力削弱等更多问题。目前，过强的太阳光照射、人造现代照明的过度使用、电子时代的显示技术过度使用等生活因素正在损害人类的视觉健康及正常视功能。

人眼接受的光学辐射包括紫外光(100～400 nm)、可见光(400～750 nm)和红外光(750～10 000 nm)。人眼的屈光介质成分以其不同的组织特性对辐射有不同的通透作用，由于角膜和晶状体的有效滤过作用，紫外光不易对视网膜造成损伤，波长小于 300 nm 的基本被角膜吸收，而 300～400 nm 波长的紫外线可以穿透角膜，被虹膜吸收或者经过瞳孔时被晶状体吸收。应用单色激光波段进行研究，发现视网膜对波长为 400～800 nm 光波带的敏感性较对波长为 700～1 400 nm 光波带的敏感性要高 5 倍。可见光中以高能量、视网膜敏感性高、能穿透组织的蓝光最为重要，体内外研究已证实蓝光能对视网膜造成损伤。视

网膜光损伤有两种类型：一种是在长期低水平光暴露条件下发生，人们称其为第一类光化学损伤或蓝-绿毒性。1966年有研究者首次提出，一定量的光，即使低于热损伤的阈值，仍可引起实验小鼠的视网膜损伤，并首次建立了视网膜光损伤的动物模型。另一种是紫外线-蓝光视网膜毒性，Ham等人于1976年描述的急性视网膜光损伤，在短时间高强度的光暴露下发生，光毒性作用随波长增加而减弱。上述两种视网膜光损伤中，紫外线-蓝光视网膜光毒性可能在年龄相关性黄斑变性(age-related macular degeneration, AMD)中扮演重要角色。

蓝光在自然界中无处不在，其中太阳是最强的光源。蓝光造成视网膜光毒性最强的波长范围是415～455 nm，且蓝光辐射波长越短激发能力越强。尽管人眼可以屏蔽多数的紫外光，但却难以屏蔽蓝光。无处不在的蓝光包括自然的和人造的。在日常生活中，浴霸、平板显示器、荧光灯、液晶显示器、手机屏幕、LED灯等新型人造光源发出的可见光中都含有蓝光，可以说，现代人比以往任何时代接触到的蓝光都要多。对人眼来说，蓝光既有益又有害。过多的蓝光辐射会增加眼睛损伤风险，造成数码眼压。数码眼压是用来描述数码族长期用眼所引起的不适感，症状有视觉模糊、聚焦难、眼干、发炎等表现，这是由于蓝光的散射和色差带来的不适。短波蓝光更容易散射，聚焦更难，未聚焦“噪音”降低视觉对比度，引起数码眼压。不仅是成年人，如果儿童使用过多的电子产品也会导致数码眼压，从而影响工作和学习效率。在中国4.2亿网民中，63.5%的网民因蓝光辐射有视力下降、白内障、失明等不同程度的眼疾。德国眼科专家李查德·冯克教授的研究报告指出当“不合适的光”持续照射眼睛，会引起功能失调，这些短波蓝光具有极高的能量，能够穿透晶状体直达视网膜，对视网膜造成光化学损害，直接或间接导致黄斑区细胞的损害。

2. 白内障手术后植入的透镜(IOL)对健康的影响

随着年龄的增长，人眼的晶状体由于色氨酸氧化及蛋白质糖化，产生了越来越多的黄色基团，使得其对可见光中短波段部分的通透性逐渐减少(波长在400～500 nm的紫光和蓝光)。不同状态的白内障对可见光通透性有不同影响，其中核性白内障的影响最大。可见光中，短波长具有更多的光能量，一般认为短波长光对视网膜具有光毒性作用。有研究者认为紫外线和紫光对视网膜具有毒性作用，而且其对视觉贡献甚微，应该将其滤过。白内障手术由于去除了具有保护作用的自身晶状体，若植入单纯紫外线阻断型人工晶状体会导致大量可见光中短波段部分的紫光和蓝光到达视网膜，出现潜在的视网膜光损伤。Miyake等研究白内障术后的血视网膜屏障(BRB)损伤时发现，植入蓝光滤过型IOL眼较植入普通紫外线滤过型IOL眼的BRB破坏减少。值得注意的是，蓝光在视觉刺激感受方面具有重要作用，对黄昏视觉有重要贡献，同时还对色觉感受、生物节奏的调节具有重要作用。

3. 强光照射对神经系统的影响

小胶质细胞属于神经系统游走巨噬细胞中的单独一群，既可以作为免疫效应细胞摄取、加工、递呈抗原并激发特异性免疫应答，又能感知外周环境的变化并受到相关信号的激活，发挥吞噬、清除死亡细胞，维持内环境稳态的作用。帕金森病等中枢神经变性疾病的研究中发现，小胶质细胞的过度激活可以通过释放大量神经毒素而成为导致多巴胺能神经元损伤的始动因素。在视网膜光感受器变性动物模型中可以发现小胶质细胞出现在变性的视网膜外核层，并在此处增殖。小胶质细胞发生活化并向视网膜外核层和视网膜下腔迁移，迁移入视网膜外核层的小胶质细胞吞噬了光感受器外节膜盘，小胶质细胞的迁移高峰跟随光感受器的凋亡峰，并与视网膜IL-1β表达峰一致，提示小胶质细胞的活化在调节光感受器凋亡过程中起重要作用。研究发现光照结束后2 h视网膜外核层即出现了凋亡细胞，6 h出现迁移而来的小胶质细胞，小胶质细胞的迁移峰落后于凋亡峰。从形态学上看小胶质细胞也由静止型转变为过度活化型，小胶质细胞是中枢神经系统病理事件的“传感器”，在正常情况下，小胶质细胞的形态特征为胞体小和具有向各个方向伸出的细长突起(称为“静止型”)，在受到某种信号刺激后可转化为胞体增大、突起变短并具

有吞噬功能的"活化型",此时细胞向病变部位游走,因此光照对神经系统损伤可能造成的影响也需要关注。

4. 全身性光毒性

光毒性是指体内存在的光敏物质经适当波长和一定时间光照后,可对任何个体产生的一种非免疫性反应,表现为异常皮肤损害反应,通常发生在裸露皮肤,但有时覆盖部位也可发生类似反应。该类损伤效应无潜伏期,一般首次用药后经日光及类似光源照射,几分钟到几小时内即可发生,常发病在面部、胸上V型区、四肢等曝光部位皮肤。临床表现类似日光性皮炎,为水肿性红斑,严重者出现水疱,自觉有灼热感和刺痛感。急性症状消失后可留色素沉着,皮肤松弛、干燥、粗糙,出现皱纹或皱纹加深,其他后遗症有皮肤肥厚或苔藓化、光线性甲松离(photoonycholysis)、假卟啉症(pseudoporphyria)、蓝灰色色素沉着(slate-gray pigmentation)等。光毒性是在体内出现了能够引起光毒性效应的物质后,在普通太阳光的照射下出现的,用药后出现的光毒性反应的强度与光毒药物浓度和光照射时间、强度有关。除去光毒物及避光后,反应消退较快。药物光毒性反应发生的频率和严重程度因人而异,大多数人仅有轻微的甚至是很难察觉的反应。临床上沙星类抗生素导致光毒性反应的发生率为0.1%~3.0%,有人口服1次即可发生。

5. 光变态反应

光变态性反应是一种迟发性变态反应,发生于少数过敏体质者,小剂量光敏感药物和微弱阳光照射就可能发生反应。光变态反应的病变部位主要在真皮组织中,光敏物吸收光能后发生化学变化成为半抗原,后者与组织中的蛋白质结合成为全抗原,刺激机体产生体液或细胞免疫应答而引起光变应性反应。当光敏物存在于皮肤时,需经一定潜伏期才发病,反应发生除与药物有关外,还和遗传、过敏体质有关。光变态性反应首次发病一般有24~48 h的潜伏期,皮疹除发生于曝光部位外,还可以迁延至非曝光部位,临床表现为湿疹样皮损,可见红斑、丘疹、水疱或渗出,一般不留色素沉着,慢性损害可以使皮肤肥厚或苔藓化。病情反复发作,即使无致敏物再接触,病程亦常迁徙。某些光变态性反应,在光敏物已去除后,对光的敏感性仍可持续存在多年,这种现象称为持久性光反应。有些药物可同时引起光毒性反应与光变态性反应,因此两者有时鉴别困难。

6. 光遗传毒性

光遗传毒性是光毒性的一种,表现为某些药物到达体表皮肤后,经过一定波长的光线照射,引发遗传物质的损伤。有研究发现氟喹诺酮、洛美沙星和格帕沙星在光照条件为400 mJ/cm^2或300 mJ/cm^2 UVA下均增加皮肤微核细胞的发生频率。当不接受光照时,在该剂量下它们均无遗传毒性和细胞毒性。在体外的染色体畸变研究中发现,利用中国仓鼠肺细胞V79染色体畸变试验可以观察到氟喹诺酮、氟罗沙星、洛美沙星、环丙沙星在UVA照射剂量为500 mJ/cm^2时对染色体的损伤,在药物剂量6~200 μg/ml范围内能观察到剂量依赖性染色体的畸变效应。出现显著性畸变作用时洛美沙星的药物浓度为6.5 μg/ml,氟罗沙星、环丙沙星药物浓度均为13 μg/ml,出现最大畸变作用时药物的浓度分别是洛美沙星25 μg/ml、氟罗沙星为100 μg/ml、环丙沙星200 μg/ml。同时利用单细胞凝胶电泳试验检测DNA链断裂损伤时,也发现所观察药物在光线照射后,引起明显的DNA损伤,损伤效应表现为诺氟沙星>环丙沙星>洛美沙星>氟罗沙星>萘啶酸。这些数据均表明一些药物在体内受到光线照射后可能会引起体内细胞的遗传损伤,进而引起后续疾病的发生。

(二)可见光污染对人体健康造成的间接损害

可见光对人体睡眠会产生时间节律的影响。在正常情况下机体具有主动适应夜间环境变化的睡眠能力,它主要依靠神经递质、神经肽、激素、体温等许多内源性生理节律的时相活动维系。下丘脑的外侧

核(副交感中枢)和腹内侧核(交感中枢)是人体稳定且不受外界因素影响的昼夜节律生物钟,对维护睡眠功能有重要影响,它控制深部体温、肾上腺皮质激素的分泌及快波睡眠等。正常人交感神经系统的活动白天较强而夜间较弱,副交感系统的活动白天较弱而夜间较强,这使机体白天觉醒时精力充沛,而夜间睡眠时平静安稳。日行动物(包括人类)在自然界的昼夜交替循环中适应了相应的规律,需要在黑暗的环境的中进行休息。有报道指出,夜晚人造光可影响健康,包括乳腺癌发病率增加和睡眠障碍、心理、生物钟和新陈代谢紊乱,尤其长期在夜晚接触人造光源的话,会影响生物钟,引起昼夜节律紊乱,导致严重的健康损害。昼夜节律(生物钟)是基于 24 h 的生物周期,受昼夜变化影响的同时也受到蓝光的影响。睡眠周期是每天睡眠和苏醒的模式,由生物钟控制,受褪黑素影响。当峰值与生物钟最敏感的波长吻合时,LED 中的蓝光会抑制褪黑素分泌,从而影响生物钟,危害健康。

睡眠对于人体健康是必不可少的重要环节,合理的睡眠对机体健康的多个方面具有重要的作用。第一,睡眠与学习记忆的关系非常密切,睡眠可以处理人们白天学习和记忆的信息。记忆可以在睡眠中自发地再现和再加工,在特定的睡眠阶段,白天出现过的信息可以在睡眠中再现,同时,大脑会对这些记忆信息进行整理,增加或者减少相应的记忆强度。可见光的污染可以引起睡眠障碍,进而导致学习能力下降、记忆力减退。第二,睡眠与机体代谢关系密切,可见光污染引起的睡眠障碍会导致代谢性疾病。近 10 年的许多大规模人群研究表明,睡眠少的人更容易发生肥胖,并且罹患 2 型糖尿病等代谢疾病的风险也会增加,另外睡眠减少也与 BMI 增加相关。有研究发现睡眠受到限制之后会出现胰岛素抵抗的现象,进一步促进 2 型糖尿病的发生;慢波睡眠的启动与调节葡萄糖水平的生长激素的释放一致,睡眠紊乱会导致胰岛素释放异常,同时影响到脂肪细胞的正常功能。第三,睡眠异常可能会使脑内淀粉样蛋白斑的形成增多。也就是说,早期出现的睡眠障碍很可能与阿尔兹海默病的发生有关,因此与神经系统的慢性退行性变有很大关系。第四,睡眠异常与免疫系统的失衡也关系密切,研究发现,将被试者每晚的睡眠时长限制在 4 h,连续 12 晚,在该实验结束时,睡眠剥夺被试者血液中白细胞介素-6(interleukin-6,IL-6)和 C 反应蛋白(C-reactive protein,CRP)显著升高,它们都与炎症疾病相关联。其中 IL-6 水平的升高与身体不适程度呈正相关,会增强炎症反应、促进疼痛加剧,并且对疫苗的反应性下降。还有研究发现,持续一周的睡眠不足影响 711 个基因的活性,这些被影响的基因参与应激反应、免疫系统调节和细胞代谢。第五,睡眠障碍通常会伴随情感障碍,如失眠或者嗜睡通常会伴随抑郁发生,而双相情感障碍的躁狂发作期也会出现睡眠时间的显著减少。研究表明,与睡眠不好的人相比,睡眠较好的人不容易出现抑郁症状。同时,研究者还发现,药物和心理治疗对于抑郁合并失眠患者的疗效要低于单独抑郁的患者。睡眠障碍的患者不仅在睡眠时间上有异常,而且在睡眠过程中脑电活动也存在异常。与正常人群相比,双相情感障碍患者浅睡眠时间较长,慢波睡眠较短,睡眠过程中易醒,这直接影响了他们睡眠的质量。

二、紫外线污染的健康效应

在自然太阳光谱中,UVA 比重为 UVB 的 100～500 倍。UVA 穿透性最强,可穿透玻璃和云层,甚至穿透某些防护性能较差的衣物,直达肌肤的真皮层,破坏弹性纤维和胶原蛋白纤维,将皮肤晒黑。UVB 可穿透空气和石英,但无法穿透玻璃,只能到达肌肤的表层,起到致红斑作用,长期或过量照射会将皮肤晒黑、红肿并引起晒伤。对白种人而言,有 40%～50%的 UVA 可穿透表皮,但可穿透表皮的 UVB 只有 10%～30%。UVC 主要来源于人工光源,穿透能力最弱,几乎完全被臭氧层吸收,但其对人体的损伤作用强,短时间照射即可灼伤皮肤。紫外线杀菌灯发出的就是 UVC(短波紫外线)。紫外线的生物学作用很复杂,包括对酶系统、细胞代谢、机体免疫和遗传物质等一系列的直接和间接作用,产生复杂的生物学效应。

体外、体内实验和大量基础和临床的研究已证实短期小剂量紫外线(UVR)暴露可刺激机体血液凝集

素的凝集，使凝集素的滴定效价增高，增强机体免疫功能。作为一种重要的环境因素，紫外线特别是UVB波段还具有抗佝偻病效应，主要表现为紫外线中UVB部分能够使皮肤中的7-脱氢胆固醇转变为维生素D，促进钙、磷的吸收。

紫外线过度暴露对人体的损伤可分为皮肤、眼部和免疫三方面。2006年WHO"太阳紫外线的全球疾病负担"报告估计，全世界每年多达6万人的死亡是由过度紫外线暴露造成的，其中最严重后果是恶性黑素瘤，估计达4.8万人，皮肤癌造成的死亡约1.2万人。此外，过度紫外线暴露每年还损失150多万疾病调整生命年，包括角膜或结膜鳞状细胞癌、白内障所致失明等。WHO已确定由紫外线暴露引起的9个不良健康结果，即皮肤恶性黑素瘤、皮肤鳞状细胞癌、皮肤基底细胞癌、角膜或结膜鳞状细胞癌、光老化、灼伤、皮质性白内障、翼状胬肉和唇疱疹再激活。此外，现有的研究表明，过度紫外线暴露还与黄斑变性等多种眼部损伤有关，机制有待进一步阐明。

(一)紫外线引起的皮肤损伤

1. 皮肤肿瘤

实验和流行病学证据表明，紫外线引发的皮肤恶性肿瘤主要有恶性黑素瘤(malignant melanoma，MM)和非黑素瘤性皮肤癌(nonmelanoma skin cancers，NMSCs)，其中非黑素瘤性皮肤癌又包括基底细胞癌(basal cell carcinoma，BCC)和鳞状细胞癌(squamous cell carcinoma，SCC)两类。一般来说，非黑色素瘤占皮肤癌总数的95%；黑色素瘤的发生率较低，仅占约5%，但却是皮肤癌死亡的主要原因，占皮肤癌死亡率的80%。

紫外线暴露与非黑素瘤皮肤癌关联的报道首次见于19世纪末。内科医生发现光化性角化病和鳞状细胞癌在长期暴露于阳光下的水手和葡萄园工人中高发，表明太阳辐射高暴露的个体，如渔民、农民等户外工作者易患皮肤癌。此后，越来越多的流行病学证据支持了紫外线与皮肤肿瘤之间的关系。有研究表明居住在太阳辐射较强地区的居民皮肤肿瘤发病率较高，如在美国和澳大利亚，越靠近赤道地区，其非黑素瘤性皮肤癌的发病率就越高，且在男性、女性和各年龄段人群中均呈现这一趋势，纬度每减少8°～10°，SCC发病率就增长一倍。对日光敏感人群(浅肤色)的研究发现，白人与有色人种在非黑素瘤性皮肤癌发病率上有明显的差异，特别是高加索人具有较高的易感性，而深肤色人群中非黑素瘤性皮肤癌发病率则很低。根据上海市肿瘤研究所1988年上海市市区恶性肿瘤发病率统计资料，除恶性黑色素瘤以外的皮肤恶性肿瘤发病率仅为1.53/10万。此外，在同一地区不同肤色人种的调查中显示，白人的非黑素瘤性皮肤癌发病率最高，为232.6/10万，而黑人仅为3.4/10万。对于好发部位的研究表明，非黑素瘤皮肤癌特别是SCC多见于阳光暴露的身体部位，80%以上的非黑素瘤皮肤癌发生在经常暴露于阳光的部位，60%以上分布在头和颈部，其发生部位与机体紫外线暴露部位有很好的一致性。这些流行病学证据均进一步支持了日光紫外线与皮肤癌之间的相关关系。

皮肤肿瘤的发生发展是一个渐进的过程，现在认为紫外线皮肤损伤标志(如日光弹性组织变性、日光痣和日光角质化)和晒伤均提示皮肤肿瘤危险性增加，特别是20岁之前发生的晒伤与皮肤肿瘤危险性的上升密切相关，晒伤史与黑素瘤、BCC的相对危险度RR值达2.0以上。数据调查显示，儿童时期接受的紫外线照射量相当于终生累积剂量的1/3,80%的日光损伤发生在18岁以前，但紫外线辐射的结果会在多年后，以皮肤光老化和皮肤癌的形式出现。因此，儿童青少年时期的紫外线暴露防护对于皮肤肿瘤的防治具有重要意义。

2. 红斑效应

通常皮肤经紫外线照射1～6 h后即可出现可辨别的红斑，并在几天后逐渐消退。这是一种非特异性急性炎症反应，主要表现为皮肤毛细血管扩张、数量增多、内皮间隙增宽、通透性增强、白细胞渗出、皮肤

水肿及表皮中出现角化不良细胞。

皮肤红斑出现所需的时间长短由紫外线的波长和个体皮肤类型决定。现在研究确认，280～320 nm的紫外线(UVB)是引起皮肤红斑的主要波段，最大灵敏度波长为297 nm。产生红斑效应的紫外线阈曝辐射量平均值为300～500 J m^2。在对未晒黑、肤色较浅的个体进行的研究中发现，红斑的阈值在1.5～3个标准红斑剂量(standard erythema dose，SED)。要达到同样的红斑反应所需UVA的量是UVB的3倍。如表3-1所示，从Ⅰ型至Ⅵ型皮肤，其发生红斑和晒伤的危险性逐渐降低，而发生晒黑的可能性逐渐增高。一般而言，皮肤白皙的白种人属于Ⅰ型皮肤，欧美人基本上是Ⅱ型和Ⅲ型皮肤，亚洲人比较常见的是Ⅲ型和Ⅳ型皮肤，印度人种和黑人则是Ⅴ型和Ⅵ型皮肤。

表3-1 不同类型皮肤的光反应特点

皮肤类型	光反应特点
Ⅰ型	对日光极敏感，极易晒伤，不易晒黑
Ⅱ型	对日光很敏感，很易发生晒伤，很少晒黑
Ⅲ型	对日光较敏感，有时会轻度晒伤，有时会晒黑
Ⅳ型	对日光轻度敏感，较少晒伤，经常发生晒黑
Ⅴ型	对日光较不敏感，罕有发生晒伤，极易晒黑
Ⅵ型	对日光不敏感，从不发生晒伤，易晒黑

此外，皮肤的不同部位对紫外线红斑作用的敏感程度也不同，躯干部最为敏感，手足部最差。

3. 色素沉着

波长在320～400 nm紫外线(UVA)的生物损伤作用较弱，但它照射人体后使皮肤发黑，具有明显的色素沉着作用。色素沉着作用的阈曝辐射量平均值为100 000 Jm^2，最大灵敏度波长340 nm。该波段紫外线是治疗许多皮肤病，如牛皮癣(银屑病)、白癜风等的重要波段。色素沉着可分为即刻色素沉着(immediate pigment darkening，IPD)和迟发性色素沉着(delayed tanning，DT)。IPD指在UV照射后，皮肤中已有的黑色素变黑，色素沉着迅速发生，主要由UVA引起。IPD通常表现为灰黑色，限于照射部位，色素沉着消退也很快，一般可持续数分钟至几小时，较多发生在有色人种中。速发性反应是由于黑素细胞中的黑色素氧化后颜色加深并重新分布的结果。而DT通常是在足够的UV照射累积下，由于黑素小体(黑素颗粒)的数量、体积以及色素合成的增加，而导致色素沉着逐渐发生，局部出现持续几周至几个月的色素沉着，这一反应开始于紫外线辐射后的几小时到几天，DT比IPD更为持久。迟发性反应中黑素细胞酪氨酸酶活性增加，促使新的黑色素合成，并通过树突将这些黑色素运送到邻近的角质形成细胞中。延迟性色素沉着可以提高皮肤的晒伤阈值，具有一定的光保护作用。UVB产生DT的效力高于UVA。

4. 皮肤光老化损伤

光老化是指皮肤长期暴露于紫外线下，促使皮肤过早地出现老化性改变。主要临床表现为紫外线暴露部位皮肤粗糙、增厚、干燥，皮肤松弛、皱纹面积增大，沟纹加粗加深，局部有过度的色素沉着或毛细血管扩张、扭曲、管壁增厚，甚至可能出现各种良性或恶性肿瘤(如日光性雀斑样痣、日光角化病、鳞状细胞癌、恶性黑素瘤等)。病理性表现可见表皮层不同程度损伤，如良性增生、发育不良至恶性改变等，真皮层有炎症细胞浸润、弹力纤维增粗或团块聚集、胶原纤维嗜碱性变等变化。光老化好发于面部、颈部、前胸、后背与两上肢前臂等日光暴露部位。光损伤的程度取决于皮肤颜色和光暴露的程度，肤色浅的人光老化更为严重，深色皮肤中黑色素多，黑色素作为一种天然遮光剂能吸收紫外线，对光老化的抵抗力比浅色皮肤更强。1993年，一项对我国470名健康人皮肤老化情况进行的调查发现，当个体紫外线暴露剂量增加

一倍时，手部、面部皮肤老化提前10年，这与白种人高紫外线暴露人群皮肤老化提前20年相比，光老化发展缓慢得多。

UVB是引起光老化的主要类别，能够作用于表皮角质形成细胞，还能直接作用于真皮成纤维细胞。UVB照射可引起皮肤红斑和延迟性色素沉着，破坏皮肤的保湿能力，使皮肤变得粗糙多皱，角质增厚。UVA光化学效应及光生物学效应不如UVB明显，但日光中的UVA比UVB剂量高很多倍，并且穿透能力强，渗透皮肤深层，可导致皮肤结缔组织严重损伤，因此在引起皮肤光老化方面UVA亦具有重要影响。

(二)紫外线引起的眼部损伤

1. 白内障

白内障(cataract)是紫外线暴露的主要健康损害之一。白内障是一种晶状体变浑浊的表现，是目前全球范围内最重要的致盲性眼病。WHO报告，在所有与白内障有关的疾病负担中，有5%可直接归因于紫外线暴露。在我国，白内障流行病学特征为南方高于北方，农村高于城市，且随寿命延长而增高，西藏和海南地区为全国前列，患病率高达43%以上。这些特征都可以通过与太阳紫外线辐射密切相关的纬度、海拔和人的户外活动时间及其累积年限加以解释。

紫外线对白内障的影响早在20世纪末就已被证实。紫外线可被角膜部分吸收，不同动物吸收的程度不同，老鼠吸收2%～9%，人类吸收9%，兔子吸收24%。紫外线被吸收之后到达晶状体，300 nm波长的紫外线约60%能透过晶状体前囊。透射的紫外线影响并损伤晶状体上皮细胞和其后的皮质纤维，导致晶状体蛋白聚集、光解、晶状体损伤。此外，紫外线的强烈照射还可以使体内的磷离子与晶状体的钙离子结合为不溶解的磷酸钙，从而导致晶状体硬化与钙化，出现白内障。

紫外线对晶状体的损伤程度主要取决于辐照度和暴露时间，特别是低强度长时间的暴露对于白内障的形成影响很大。因此，紫外线强度的影响因素(如纬度、海拔、反射、户外暴露时间及职业等)均可影响白内障的发病危险性。除上述自然环境中紫外线的影响因素外，人工环境中紫外线暴露也会影响白内障的发生发展。如荧光灯的使用，有报道显示每年荧光灯紫外线暴露导致的眼睛损伤增加12%，其中白内障的患病人数增加3 000例，睑裂斑增加7 500例。

2. 光性角膜炎和光性结膜炎

角膜和结膜可以吸收紫外线，但角膜上皮细胞和结膜吸收过量紫外线则会引起浅表组织灼伤，发生急性炎症，称为光性角膜炎(photokeratitis)和光性结膜炎(photoconjunctivitis)。通常角膜炎、结膜炎是在强烈的太阳辐射迁延照射后0.5～24 h内发生，多是由于长时间在高紫外线的自然环境中，如冰雪、沙漠、盐田、广阔水面行走或作业所致。特点是在照射和产生作用间有几个小时的潜伏期，在这潜伏期内角膜上皮细胞开始死亡，而在每个死亡的细胞周围会产生一些神经末梢疼痛，出现炎症和水肿，严重者可短暂致盲。大多数患者发病后1～3 d内痊愈，但如反复发病，可引起慢性睑缘炎和结膜炎。自然界的紫外线引起的角膜炎常被称为“雪盲症”。而人工环境中由于电焊或金属熔锻所造成的职业性光性角膜炎和光性结膜炎又称为电光性眼炎。

引起光性角膜炎和光性结膜炎的紫外线以295～315 nm的紫外线作用为主，即角膜炎、结膜炎主要由UVB的过度暴露诱导。1999年曾有过度的UVB暴露导致150人同时患上角膜炎的报道。角膜炎的病理生理过程中存在一些炎症预激分子，如白介素、细胞因子和金属蛋白酶(MMPs)等，可使基底膜蜕化导致损伤。

3. 翼状胬肉

翼状胬肉是一个球状的结膜侵犯角膜的三角形变性和增生过程，是一种增生性、侵袭性眼部表面疾病，在日光紫外线暴露量大的地区普遍存在。由翼状胬肉造成的40%～70%的疾病负担可归因于紫外线

过度暴露。国内外文献关于翼状胬肉的流行病学研究显示其患病率在0.3%～37%。赤道附近居民的翼状胬肉发病率高，室外工作者翼状胬肉的发病率是室内工作者的2～5倍，这都可以由暴露于较多的紫外线来解释。此外，澳大利亚一项紫外线UVB暴露量与翼状胬肉的研究显示，个体在UVB高暴露组（上1/4间距）与低暴露组（下1/4间距）相比，其发生翼状胬肉的相对危险度达3.1。我国三亚的一项研究显示，患有翼状胬肉人群紫外线暴露时间明显高于对照组，翼状胬肉长度与紫外线暴露时间呈正相关，且随年龄增长其长度也逐渐增加。这些研究均进一步证明了紫外线暴露与翼状胬肉发病之间关系密切。

翼状胬肉的组织学特点是炎细胞（中性粒细胞、肥大细胞和淋巴细胞）浸润，这个现象伴随着明显的血管内反应，并且因过多的细胞因子和生长因子生成而白细胞等细胞浸润使反应加重。相关实验结果表明，该反应的关键影响因子包括IL-6、IL-8、HB-EGF、VEGF、MMPs等，并且这些影响因子受UVB辐射诱导。

4. 气候性滴状角膜变性

气候性滴状角膜变性（climatic droplet keratopathy，CDK）是一种眼球变性的疾病，于角膜睑间带发生表面角膜基质半透明化改变。常年累积可导致视力下降，甚至致视力残疾。目前紫外线被认为是引起CDK的主要因素，以320～340 nm波段的UVA为主。角膜半透明的沉淀物通常是蛋白质，但与结膜黄斑的沉淀物的组织化学成分不同。角膜沉淀物主要是血浆蛋白（包括纤维蛋白原、白蛋白和免疫球蛋白）扩散到角膜，且在过度的紫外线照射下变性形成，变性的蛋白质主要沉淀在表面的基质内。

5. 结膜黄斑

结膜黄斑（pinguecula）是一种结膜睑间带的纤维脂肪变性。结膜黄斑的病理变化类似皮肤光化学弹性组织变性，主要与日光紫外线暴露量有关。早年在加拿大东部的拉布拉多地区的统计研究结果显示结膜黄斑的发病率与CDK的严重程度有关。直到1989年，Taylor等人发现结膜黄斑与UVA和UVB的暴露量有关。与翼状胬肉和CDK相比，结膜黄斑受UVA和UVB的影响相对较小。

6. 角化过度、原位癌和结膜鳞状细胞癌

角化过度（hyperkeratosis）、原位癌（carcinoma-in-situ）、结膜鳞状细胞癌（squamous cell carcinoma of conjunctiva）都属于着色性干皮病，是在太阳光持续照射下皮肤由于无法修补受损的DNA而发生老化的现象，在临床上并不能清楚地区别。侵袭性鳞状细胞癌通常来自癌前病变，而上皮增生和原位癌外形相似，它们有时候角质化如白斑而被称为日光性角化病。1992年Lee和Hirst对澳大利亚近10年相关疾病进行研究，对所有的眼部表面肿块进行组织病理学检查后发现，139例中有79例是角膜上皮增生，28例是原位癌，32例是鳞状细胞癌。

7. 葡萄膜恶性黑色素瘤

尽管葡萄膜恶性黑色素瘤（uveal malignant melanoma）是一个很罕见的疾病，但它是成年人中最多见的一种恶性眼内肿瘤。1990年对美国1 277例患者进行的一项调查显示，紫外线暴露导致葡萄膜恶性黑色素瘤的相对风险RR＝3.7，P＝0.003，表明紫外线的暴露是葡萄膜恶性黑色素瘤的危险因素之一。

（三）紫外线引起的免疫系统损伤

紫外线对免疫系统的作用呈现双向性，即小剂量照射可刺激机体血液凝集素的凝集，使凝集素的滴定效价增高，增强机体的免疫力。而过度紫外线暴露则抑制机体的免疫功能，增加病毒、细菌、寄生虫或真菌感染的危险性。动物实验发现，小剂量UVA（210～1 680 mJ/cm^2）照射可提高T细胞功能，而剂量大于3 360 mJ/cm^2时则会抑制T细胞功能。因此，紫外线照射对机体免疫功能的影响与照射剂量、照射时间、波长及机体的状态等因素有关。

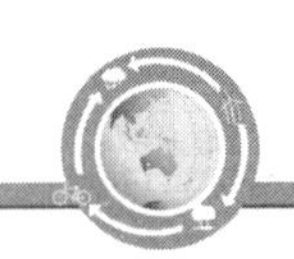

三、红外线污染的健康效应

(一)红外线引起的皮肤损伤

红外线能量的表现方式之一是产生热量，会导致接触皮肤的温度升高，直接红外线照射可以使得皮肤温度升高，甚至可能超过 40℃。长期的热暴露会引起皮肤改变，临床上发现长期热暴露会引起称之为红斑的皮肤病变，表现为网状色素沉着，病理学上特征为皮肤组织的日光性弹性纤维变性，引起皮肤衰老，严重的皮肤衰老可能会发展为面包师臂(一种长期暴露于烤炉热辐射引起的损伤)。

IR-A(0.76～1.4 μm)是波长最短的一部分，它能透过表皮和真皮层，到达皮下组织，并不会引起皮肤温度明显升高，而 IR-B(1.4～3 μm)和 IR-C(3～1 000 μm)基本上都在表皮层被吸收，同时升高皮肤的温度。

1. 影响皮肤老化

研究发现，将志愿者的臀部皮肤用红外线照射后，皮肤温度会逐渐升高，但是升高到一定程度就会进入皮温的平台期，即不再继续升高。同时发现单次红外线照射与重复多次照射的效应不同，单次照射会引起 TGF-β_1、TGF-β_2 和 TGF-β_3 的表达升高，但是重复照射会引起这几种细胞因子表达降低，而 TGF-β 能够刺激皮肤成纤维细胞增生和前胶原分子的合成及分泌，随着 TGF-β 表达降低，皮肤中的胶原蛋白合成就会减少。用小鼠皮肤接受每周 5 次、连续 15 周(30J/d)的红外线照射后，发现皮肤皱褶增加，红外线照射可以增强紫外线引起的皮肤出现皱纹的效应。

2. 影响血管生成

紫外线照射可以促进皮肤的新生血管形成，同样近红外线照射在人体皮肤也引起真皮层血管新生，这种变化可能是近红外辐射影响到皮肤不同细胞的表皮血管生成因子与内源性血管生成抑制因子的平衡，从而促进血管新生。

3. 促进皮肤肿瘤形成

一项有关豚鼠的皮肤研究中发现，红外线(热辐射)照射会引起与紫外线类似的皮肤改变，特征包括表皮增生、真皮层变性弹性蛋白增加。同时发现，同时给予红外线与紫外线后，弹性蛋白变化的效应明显增强。其他的相关研究也发现，利用 IR-A 预先处理会延迟肿瘤的形成，但是会使肿瘤的表型转化为侵袭性更强的表型，即恶性程度增高。在紫外线引起皮肤肿瘤的研究中发现，环境温度的高低会明显影响肿瘤的发生率，35～38℃的环境温度中采用紫外线诱导，其肿瘤的发生率明显高于同剂量紫外线在 23℃的环境中所产生的效应。皮肤温度升高也会增强紫外线的急性损伤效应，如引起更强的红斑或者结痂。

(二)红外线引起的眼损伤

研究表明，197 W/cm^{2}的 1 090 nm 红外辐射照射后 8 s 及更长时间，会引起晶状体的光散射出现改变，此外在暴露 16 h 后，会出现迟发性的散射变化。由此证明红外线暴露一定时长后，会引起迟发性白内障。

第三节　光污染有害生物学效应及机制

一、可见光有害生物学效应机制

(一)可见光引起眼损伤的机制

目前关于视网膜光损伤的机制研究还不是非常清楚，但已有结果发现其损伤机制可能包括以下几个

方面:第一是热损伤,视网膜色素上皮的黑色素颗粒和脉络膜的黑色素细胞吸收光线并转化为热能,当温度超出一定限度时可造成组织蛋白质凝固,导致细胞变性坏死,形成不可逆转的组织损伤。第二是光化学损伤,其实质是由光子与组织细胞中的生物分子发生相互作用,引起一系列细胞功能的变化,氧化过程被认为是光化学性细胞损伤的机制之一,黑色素和脂褐素含量改变、自由基的产生和脂质过氧化是其重要原因。短波长光不仅与视网膜细胞损伤有关系,还与视网膜—血管屏障(blood-retinal barrier,BRB)破坏有关系,脉络膜丰富的血供使视网膜外层结构总是处于高氧环境,在有氧的环境下光诱导视网膜细胞产生大量活性氧物质,如自由基、过氧化物、单线态氧等,这些物质具有高活性,容易引起细胞凋亡或坏死。色素上皮细胞的DNA被活性氧物质损害是AMD发生的重要机制。第三是机械损伤,组织在极短时间内接受强光照射,在光子的冲击下组织发生瞬间变化,产生机械性损伤。光的机械损伤作用一般比较小。目前已证实中低强度光照亦能引起视网膜损伤,主要属于光化学损伤。卤素灯的光谱中蓝光所占比例很低,若要提高蓝光的光照强度则需提高光功率,但会相应增加光源产生的热能,造成热损伤,干扰蓝光光化学效应。

蓝光位于可见光范围内的近紫外线部分,是介于紫光和绿光之间的有色光,波长在440～500 nm。Mainster于1978年提出蓝光对视网膜有损伤作用,并证实其损伤表现在光感受器层和视网膜色素上皮层。有实验表明,不同波长的光对视网膜有不同的损伤。例如,恒河猴视网膜暴露在波长460 nm的蓝光中40 min后,发现视网膜损伤;白化病大鼠暴露在403 nm蓝光后细胞凋亡增加,然而550 nm的绿光却不会引起这种损伤。用强度为50 mW/cm^2的蓝、绿、黄光对体外培养人视网膜色素上皮细胞进行照射,结果发现三种颜色光均可引起体外培养的视网膜色素上皮细胞光损伤,蓝光的损伤作用最强,绿光和黄光的损伤作用相近。动物实验和体外细胞培养研究发现蓝光滤过型IOL对视网膜光感受细胞和色素细胞具有保护作用。目前,蓝光光化学损伤的机制有以下两种:一是视紫红质、自由基和脂质的过氧化;另一种机制是蓝光抑制细胞色素C氧化酶的活性。视网膜色素上皮富含线粒体,细胞色素C氧化酶是线粒体中重要的呼吸酶,其吸收光谱的峰值在440 nm。

除了视网膜会受到影响外,眼部其他细胞和结构也可能受到影响。体外研究发现,一定剂量的低剂量光线照射对于细胞的形态并没有影响,而当照射剂量增加后,白光照射24 h使得细胞间的裂隙增大,细胞缩小;照射36 h胞浆中出现粗大颗粒,部分细胞皱缩变形;照射48 h出现少数细胞的崩解或者黏附能力消失。同剂量的紫光、黄光和红光照射36 h出现细胞皱缩或僵直,粗面内质网扩张,胞浆内空泡增多,线粒体等细胞器坏死,形成次级溶酶体,有些细胞出现核固缩和核碎裂。研究还发现,光线照射增强,各组细胞出现不同程度的变性坏死,以白光作用最强。白光照射2 d、其他波长光线照射5 d后,细胞的增殖受到明显抑制,抑制强度分别为白光＞紫光,黄光＞红光。光线照射会引起巨噬细胞吞噬能力明显降低,白光效应强于其他单色光。牛眼小梁细胞生长在前房角,外界光线经散射等可以到达小梁网,小梁细胞受到更多光线的散射,可能产生光毒性。有关研究发现,影响小梁细胞光毒性的因素:①光的功率。功率越大,光毒性损伤越重。②光的波长。白光是各种可见光的复合光,其光毒性大于单色光。各单色光相比,红光毒性最小。③光照的时间。时间越长,光毒性越大。

(二)可见光引起中枢神经系统损伤的机制

近年来越来越多的研究证实,许多中枢神经系统退行性疾病如阿尔茨海默病、帕金森病等都伴有小胶质细胞的过度激活,激活的小胶质细胞通过释放大量炎症因子(如TNF-α,IL-1β)、NO、活性氧产物(reactive oxygen species,ROS)等物质对神经元产生毒性作用。强光照射导致光感受器细胞的凋亡,其损伤信号又激活了静息存在于视网膜的小胶质细胞,使其向损伤部位视网膜外核层迁移聚集。在强光照射导致的光感受器变性过程中,小胶质细胞并不是简单的反应性增生,因其存在呼吸爆发系统,在刺激因素的

作用下可发生过度激活，从而导致炎症因子在短时间内爆发式释放，产生大量神经毒性物质，进而加速神经元的变性进程。光照后视网膜 IL-1β mRNA 表达水平发生显著变化，其表达高峰与小胶质细胞的迁移与活化高峰高度一致，而 IL-1β 是一种潜在的促进凋亡的神经毒性物质，在视网膜上主要由胶质细胞尤其是激活的小胶质细胞分泌，其作用在于：一方面可以刺激其他未激活的小胶质细胞，级联放大小胶质细胞反应和随后的胶质相关损伤；另一方面可以通过结合特定的细胞表面受体，促发细胞内死亡相关信号传导通路，进一步加重光感受器的损伤。

(三)可见光引起全身光毒性损伤的机制

光毒性反应是由于药物吸收光能量后在皮肤中发生化学反应导致对皮肤细胞的损伤。引起光毒性反应的多数药物至少有一个共价双键或一个芳族环，能够吸收辐射能。虽然部分化合物对 UVB 或可见光有吸收高峰，但大部分化合物是被 UVA 激活的。多数情况下，光激活使化合物从稳定的单一态转向激活的三联态，由于激活态趋向于稳态转换，释放能量给氧，导致活性氧（如单态氧、超氧阴离子、过氧化氢等）形成，损伤细胞膜及 DNA，进而导致炎症介质、细胞因子、花生四烯酸的产生，最终形成临床上过度的晒伤样反应。研究发现，在特定实验条件下给予单线态氧清除剂可以明显拮抗相应的光毒性反应，过氧化氢酶、SOD、二甲基脲能有效降低光毒性物质引起的染色体畸变发生的程度和频率。

(四)可见光引起光变态反应的机制

光变态性反应是获得性免疫介导反应，属于Ⅳ型过敏反应，系光感物质经皮吸收或通过循环到达皮肤后与吸收的光线在表皮细胞层发生的迟发型变态反应，即药物吸收光能后呈激活状态，以半抗原形式与皮肤中的蛋白结合成为药物—蛋白质结合物（全抗原），经表皮的郎格汉斯细胞传递给免疫活性细胞，释放淋巴因子、细胞因子，激活肥大细胞，引起过敏反应。其发生时间相对较长，有一定的潜伏期。通常5～10 d的连续用药和光照射可诱导免疫系统产生光敏反应。再次给药时，药物和光照作用 24 ～48 h即会有光敏反应发生。

二、紫外线有害生物学效应机制

紫外线引发机体生物效应是一系列复杂的过程。它包括 DNA 损伤与修复、原癌基因和抑癌基因突变、表观遗传调控、活性氧与自由基损伤、免疫抑制等多个方面。

(一)紫外线致 DNA 损伤及修复

DNA 是紫外线的主要靶分子。DNA 分子吸收紫外线光子后产生激发态，使电子重新分布，诱发 DNA 单链相邻的嘧啶碱基形成环丁烷嘧啶二聚体（cyclobutane-type pyrimidinedimers，CPD）和 6-4 光产物（6-4 photoproduct，6-4PP）等 DNA 损伤产物，阻碍了 DNA 复制和转录。CPD 是紫外线诱导的 DNA 损伤的最主要形式，约占 80%，其次是 TC、CC 和 TT 等 6-4PP 二聚体，其他较为少见的损伤形式还包括单链断裂、DNA 交联、嘌呤光产物等。

(二)紫外线引起基因突变

目前已证实一些原癌基因和抑癌基因由于紫外线引起的 DNA 损伤会发生变异。原癌基因与抑癌基因突变在紫外线致皮肤肿瘤过程中起重要作用。有研究显示，在紫外线所致的基底细胞癌和鳞状细胞癌个体标本中，原癌基因 *ras* 家族的 *Ha-ras*、*ki-ras* 和 *N-ras* 三个成员的突变体都可以检测到，其突变率在10%～20%。一项对 59 例原发性黑素瘤患者的检测中发现，其中的 11 例存在 *ras* 基因突变（19%）。在非黑素性皮肤肿瘤中 *ras* 基因突变没有 p53 基因突变出现频率高。日光性角化病患者在皮肤肿瘤形成前期就可出现体内细胞的 p53 基因突变。有研究显示，用致红斑剂量的紫外线照射就可诱导正常皮肤的

p53 表达增加。在皮肤癌患者中，日光暴露者 p53 突变表达高达 74%，非日光暴露者突变表达仅为 5%。研究发现 36%～56%的 BCC 患者在 p53 基因的双嘧啶部位发生碱基置换、碱基缺失等突变。

(三)紫外线引起表观遗传损伤的机制

表观遗传(epigenetics)是指在基因的 DNA 序列没有改变的情况下发生的可遗传的表型变化，它包括了 DNA 甲基化修饰、组蛋白的各种修饰和染色质结构变化等。DNA 甲基化是主要的表观遗传学调控机制之一，在基因表达及突变等方面起重要作用。紫外线长期暴露可导致 DNA 甲基化异常，动物实验表明，长期 UVB 照射会导致基因组 DNA 总体甲基化水平显著下降。另一项对 CpG 位点甲基化水平的检测也表明，紫外线曝光部位的表皮中有少数基因呈现低甲基化状态，其发生机制可能与 DNA 甲基转移酶的表达及活性下调有关，亦有可能是在紫外线照射后，发生的 DNA 损伤或突变启动了碱基/核苷酸剪切修复，导致原有 5 mC 中的甲基去除，此外，DNA 损伤诱导 Gadd45a 蛋白表达上调也可能介导 DNA 去甲基化。

(四)紫外线引起氧化损伤的机制

目前研究已经证实紫外线可通过多种途径导致氧化损伤。紫外线可以使色基(chromophore)(色氨酸、尿刊酸等)分子从基态升至激发态，并通过电子传递链直接生成活性氧和自由基，进而通过氧化损伤导致 DNA 链断裂，形成 5,6-二羟基二氢胸腺嘧啶和 8-羟基鸟嘌呤产物等，最终出现 DNA 损伤和基因突变。紫外线也可激活细胞膜的 NADPH 氧化酶而产生活性氧簇(reactive oxygen species，ROS)，进而导致机体氧化应激，影响 DNA 修复，引起细胞和 DNA 损伤。有实验证明，能引起红斑出现剂量的紫外线照射皮肤后，局部皮肤中的组胺、花生四烯酸、前列腺素等内源性炎性递质的浓度明显升高，诱导机体的炎症反应，增强 NADPH 氧化酶活化，从而产生大量的 ROS。同时，长期 UV 暴露还可下调机体抗氧化防御系统，导致过多的 ROS 与抗氧化防御之间平衡失调，最终也会引起细胞氧化损伤。紫外线诱导产生的活性氧簇对于机体免疫抑制、皮肤肿瘤和光老化都起着重要的作用。

(五)紫外线引起免疫抑制的机制

皮肤是机体免疫系统的重要组成部分。对不同波段紫外线 UVA、UVB 免疫抑制作用的剂量与时间曲线观察显示，24 h 内发生的免疫抑制主要是 UVB 引起的，而 48 h 及 72 h 发生的免疫抑制则是由 UVB 和 UVA 共同导致的。UVB 对免疫系统的抑制，主要通过抑制巨噬细胞、朗格汉斯细胞(LC)、中性粒细胞及树突状细胞的免疫功能而发挥作用，既可抑制先天性细胞免疫，也可抑制体液免疫。UVB 还可诱发角质形成细胞产生 TNF-α 和 IL-10 等细胞因子，促使 Th2 的功能增强，Th1 被抑制，从而抑制接触性过敏反应。此外，组氨酸的代谢产物尿刊酸(urocanic acid，UCA)在吸收紫外线后，可由天然的反式转变为顺式 UCA，并通过真皮进入循环系统，起抑制局部和系统免疫的作用。UVA 是 48 h 及 72 h 发生免疫抑制的主要因素，但只有与 UVB 联合作用时才能引起免疫抑制，具体的原因有待进一步的研究。

三、红外线引起有害生物学效应的相关机制

(一)红外线对 MMP 生成的影响

人体成纤维细胞受到红外线照射后，会增加基质金属蛋白酶(MMP-1 和 MMP-3)的表达，且表现出剂量效应关系，但是对于相应的抑制因子——金属蛋白酶组织抑制剂因子(TIMP-1)没有影响；同样用无毛小鼠开展的研究中也发现，红外线照射会引起 MMP-3 和 MMP-13 的水平明显升高；热处理会诱导 MMP-12 的表达升高，MMP-12 可以破坏存在的弹性纤维网，导致皮肤内变性弹性纤维的堆积，促进皮肤的老化。在 MMP 表达增加的通路中，ERK 及 JNK 的活化参与其中。44℃处理 HaCat 细胞会增加

MMP-1 和 MMP-9 的表达，而这种表达的改变与线粒体呼吸链中 NADPH 氧化酶和黄嘌呤氧化酶有关。

(二)红外线对弹性蛋白原和原纤维蛋白-1 的影响

慢性红外线暴露会引起小鼠皮肤的弹性组织变性，但重复和长期的热暴露不足以引起红斑出现，其后研究发现，结缔组织嗜碱性变性及弹性纤维的变化是引起弹性组织变性的原因，进一步研究提示，热处理引起表皮和真皮弹性蛋白原 mRNA 表达增加，原纤维蛋白-1 的 mRNA 和蛋白水平在表皮增多，但是在真皮组织消失。

(三)红外线对细胞因子生成的影响

将志愿者臀部皮肤单次照射红外线后，表现出 TGF-β_1、TGF-β_2 和 TGF-β_3 表达的升高，但是重复照射却引起三者的表达降低；用 43℃的条件处理臀部皮肤 90 min，处理后 24 h，TGF-β_3 明显降低；此外培养的皮肤成纤维细胞受热处理后，IL-6 和 IL-12 的 mRNA 表达升高，这些细胞因子会调节皮肤局部细胞外基质蛋白的代谢。另外热处理也会导致 VEGF 与 TSP-1 和 TSP-2 的比值升高，促进血管生成。

(四)红外线对 ROS 生成的影响

热休克会引起 ROS 生成，进一步活化增强 MMP-1 和 MMP-9 合成相关的信号通路；热休克可以通过 NADP 氧化酶和黄素嘌呤氧化酶促进 H_2O_2 和 O_2^- ·的生成；Hacat 细胞线粒体电子传递系统会受到热休克的干扰，促进 H_2O_2 和 O_2^- ·生成。研究证明，O_2^- ·会影响 MMP-9 的表达，而 H_2O_2 则会影响 MMP-1 和 MMP-9 的表达。预先用 N-乙酰半胱氨酸或者染料木素处理 24 h，再给予热处理，能够明显抑制热处理诱导的表皮弹性蛋白原生成，表明 ROS 在这个过程中发挥作用。

总而言之，红外线通过其辐射本身或者通过能量转换成热能，对皮肤内不同细胞的生物学过程产生影响，最终影响到皮肤内弹性纤维的变性，单独或者促进紫外线及其他因素诱导的皮肤老化及肿瘤发生。

第四节　光污染的测量

光污染，特别是夜光光污染是城市照明的副产物。光污染控制与环境的可持续发展的理念相矛盾，因此有必要建立有效的光污染的测量和评价方法，对可能造成光污染的环节进行评价和监督，进而实现设计优化与资源的合理配置，减少有害光污染对周围环境和人产生危害。下面主要介绍一下光污染测量和评估常用的指标体系。

一、可见光测量常用指标

(一)光的照度

光的照度是单位面积上光通量的大小，光的照度采用照度仪来检测，量化单位为勒克斯(lx)，照度是评价光对被照对象“造成不良后果”严重程度的一个重要指标，单位面积上光照度越大，则产生的光污染就越严重。

(二)光源的闪烁度

光源的闪烁度是指在交流电流的作用下，由于灯管两端电压极性不断改变，导致电流不断变化，光通量随着电流的变化产生波动，进而使人眼睛产生光源闪烁的感觉，光的闪烁量化采用每秒闪烁的次数(次/秒)来表示。人们长时间暴露在光的闪烁条件下，将会导致视觉产生疲劳、视力下降、分辨率降低，甚至出现头痛和视力损伤，这种现象也被称为频闪效应。通常情况下，当闪烁频率高于 50 Hz 的时候，人眼无法感觉到的，当其频率小于 50 Hz 的时候，人眼可以感觉到光源的闪烁，8.8 Hz 是人眼最敏感的闪烁频

率。光源的闪烁度与光源的发光强度并不成正比，有些光源虽然发光强度并不大，但是其闪烁度比较高，导致人们产生视觉混乱，进而对人的健康产生影响。

（三）光照射时间

调整光照射时间是减少光污染的重要环节，其主要是指照明灯具处于开启状态的时间，光照射时间的量化单位为小时(h)。严格控制光照射时间是减少光污染的重要手段，对光照射时间进行严格管理，在需要的情况下打开灯具，在不需要的情况下关闭灯具，严格保证灯具照明的合理使用，避免过度照射，采用先进的数字化控制系统进行控制，减少光污染。与目前存在的其他环境污染相比，光污染是最容易采取手段进行控制的一种污染，关闭光源，则光污染立即消失。光污染与光源照度和照射时间均成正比，照射时间相同，照度越大，光污染越强；反之，照度相同，照射时间越长，光污染的情况就越严重。

（四）有效光照区域

有效光照区域是指对照明空间的监测分析，主要是在照明装备制作和安装时，尽量使光照聚焦在需要灯光的方向上，并采用遮挡的方式将多余的光线屏蔽掉，或者利用相关设备将其反射到有需要的地方，从而减少光污染，并且提高光源的利用率，最终的目的就是保证城市照明的科学合理。

（五）眩光控制指标

眩光主要是指视野当中的光亮度太大，导致时间上和空间上光的亮度对比度过强，使观察者出现视觉不适的感觉，影响观察者的作业水平，当亮度对比度极大时甚至会使观察者短时间内不能看清楚作业的对象。这种情况在室外工作中较多见，通常可将其分为不舒适眩光和失能眩光两种。不舒适眩光是评价照明情况的一个重要的指标，也被称为“心理眩光”，这种眩光只引起人视觉上的不舒服，对操作者的作业水平不产生影响，不舒适眩光程度通常可以采用由国际照明委员会发布的统一眩光等级评价(UGR)进行评估。失能眩光是指降低视觉对象的可见度，但不一定产生不舒适感觉的眩光。

（六）对比度

光的对比度主要是指光色之间的对比程度，对比度越是明显，越容易清楚地区分目标观察物，观察对象与背景之间的对比度越大，黑白分明，就越容易观察；反之，观察对象模糊不清，则不易观察。光污染严重的情况下，光的对比度就比较差，不容易观察清楚观察对象。

（七）均匀度

照度均匀度是指最小照度和平均照度的比值。如果两者比值与 1 越接近，说明照度的均匀度越好，反之越接近 0，说明照度的均匀度越差。如果照度均匀度过小，说明光照比较差，会引起人们视觉不适，并产生疲劳感。国际照明委员会规定了功能性照明区域的照度均匀度不应低于 0.7，其周围区域的照度均匀度不应该低于 0.5。

二、紫外线测量常用指标

定量紫外辐射的单位目前主要有辐照度、照射量和生物有效辐射剂量。辐照度指单位时间内单位面积上接受的辐射能量，单位为 W/m^2，可采用紫外线辐照仪检测，照射量等于辐照度乘以照射时间，生物有效辐射剂量指最小红斑剂量(minimal erythema dose，MED)或标准红斑剂量(standard erythema dose，SED)等用生物损伤表示的紫外线剂量。MED 是引起皮肤红斑，其范围达到照射点边缘所需要的紫外线照射最低剂量(J/m^2)或最短时间(s)，其最强的作用光谱在 250～290 nm，且随波长增加致红斑作用效能降低。SED 是由国际照明协会(International Commission on Illumination，CIE)提出的对致红斑紫外线的一种客观、标准的测量方法，1 SED 相当于 100 J/m^2 红斑有效的辐照暴露。此外，根据 CIE 制定的不同

紫外线生物效应作用光谱，还可定量致角膜/结膜损伤生物有效紫外辐射强度、促维生素 D 合成生物有效紫外辐射强度等不同效应的生物有效紫外辐射强度，其计算方式是要将所有的光谱 E_λ 用相对光谱有效因子 s_λ 加权求和，得到有效辐照度 E_{eff}（Wm^2），即：

$$E_{eff} = \sum E_\lambda \cdot s_\lambda \cdot \Delta\lambda \tag{3-1}$$

式中：

E_{eff}——有效辐照度（有效辐射量），$W/m^2[J/(s \cdot m^2)]$，以 270 nm 作为参考值。

E_λ——光波辐照度（各波长的辐射量），$W/(m^2 \cdot nm)$。

s_λ——光波各波段有效值，参考 CIE 各生物有效作用光谱值。

$\Delta\lambda$——计量范围内紫外线带宽（nm）。

三、红外线测量常用指标

红外辐射常用的测量仪器为单色仪或者多通道光谱仪。测量指标包括：辐射亮度、辐照度、照射量。环境中的红外辐照度，采用红外辐射测温仪来进行测量。

第五节　光污染的评估

一、可见光污染评估

（一）亮度分区

环境规划建设中最重要的元素之一是分区规则，该规则的好处就是如果无法避免产生光污染的行为，那么对环境进行分区规划，可以减少光污染带来的影响，同时避免了产生的光污染对环境中其他分区的影响。虽然分区规则不能百分之百地控制环境光污染，但是它可以作为制定环境光污染防治相关法律法规的重要参考依据。可以根据国际照明委员会 CIE 分区系统进行环境亮度分区，也可以根据国内《室外照明光干扰限制规范》中所要求的，依据城市的功能进行分区，划分环境亮度，还可以针对每一个环境亮度分区进行子区域划分，以更好地进行照明规划、设计，进而防治光污染的产生。

（二）熄灯时间

熄灯时间也称宵禁时间，主要是指通过控制熄灯时间进而调整照明时间，熄灯时间可以作为人类活动变化的一个标志和分界。在现代城市生活中，夜间不可能关闭所有光源，熄灯后一些社会活动和行为仍然需要照明，以免影响正常的社会生产和生活，因此可以通过智能化控制系统或者调光器在熄灯时间后关掉一些不必要的光源，降低光污染程度。在法规或者标准制订时，有必要以熄灯时间为界限进行规定。熄灯时间的严格控制，有助于保护商业或者工业混合居住区中的居民正常休息。

（三）光色控制

光色主要是指光源的颜色，或是单一光源，或者是由多种光源混合而成，这种情况也称为“光色成分”。在城市的发展中，会有霓虹灯、红绿蓝等饱和度较高灯箱，也存在色彩识别性强的广告牌，这些形式多样、色彩饱和度高的光，容易造成不舒适的城市夜景。因此，为了使城市的夜间环境更加和谐，有必要在控制光污染的过程中考虑光色的问题。如采用单一光色为道路提供照明，采用中国城市居民比较喜欢的暖黄色和暖白色的灯光，避免交通信号被各种各样的灯光所干扰。尤其是在道路附近有天文台的情况下，一般选择低钠灯，这种灯发出的黄色光可通过望远镜上面的滤光片过滤掉。由此可以看出，在夜间城

市光污染的控制中，光色的规划设计同样不容忽视。

(四)区域间的距离

被观测区的光污染程度不仅受区域内照明的影响，同时还受周围区域照明情况的影响，两者之间的距离将决定被观测区域的光污染情况，这个距离被称作区域间的距离。周围区域的照明会增加观测区域的光污染，被观测区域与周围区域越远，光污染的影响越小，反之则越大。因此，控制不同区域之间的距离是一种行之有效的减少光污染的方法，避免不同区域之间的互相影响，尤其是可以保证避免繁华的商业区和工业区对周围居住区居民的影响。因此制订区域间最小距离是世界各国减少光污染的手段之一，我们国家也可以参考国际上的相关标准或规定，从实际情况出发，制定符合我国国情的区域间最小距离，为评价和控制光污染提供依据。

(五)上射光比例

上射光是引起城市天空发亮的主要光污染类型，影响上射光比例多少的主要因素包括灯具的样式、城市表面反射特性，因此上射光量化评价可包括灯具的样式、城市表面反射特性等。世界上很多国家上射光的评价都有明确的规定，如针对来自不同性质区域中的灯具，国际照明委员会(CIE)和英国等国家明确规定了总光通量中上射光线所占的比例。但是由于目前世界各国发展速度不同，导致城市环境不同，在灯具的选择上产生了较大的差异，使上射光线的比例也产生了差异，因此，在估算上射光比例、上射光分布情况和上射光定量指标的分析上还存在很多问题。综上所述，需要根据我国国情制定符合我国现状的上射光量化评价标准。

(六)亮度平衡

亮度平衡主要是指光的均匀性和亮度对比度在同一区域内的分布情况，其目的主要是保证同一区域内光亮度明暗差距较小，减少光的对比度，尤其是在夜间光环境下，不仅要保证足够的照度水平，而且要保证区域内光照的均匀性和亮度对比度分布较好。在景观环境中最为关键的要素之一就是亮度平衡，如果在景观环境中的相同区域内出现了较大的光对比度，极易产生眩光现象，也会产生干扰光、溢散光，导致资源浪费。在光环境中最舒服的亮度对比度通常为 3∶1～5∶1。为了聚集人们的注意力到某一焦点上时可以调整光的亮度对比度，将其提高到 10∶1～100∶1 的范围内，但是在这个过程中要增加一些中间水平的亮度进行过渡，保证人视觉的舒适程度。

二、紫外线污染评估

目前，对于紫外线污染评估主要是根据辐照度和照射量来进行评估，并且制定了相关的暴露限值，紫外线污染评估标准(接触限值)来自国际非电离辐射防护委员会(ICNIRP)的推荐，当眼睛和皮肤未采取紫外线防护时，180～400 nm 紫外线生物有效加权后的 8 h 暴露总量不得超过 30 J/m^2，对于 315～400 nm 紫外线未加权的 8 h 暴露总量不得超过 $10^4 J/m^2$。此外还可参考我国工作场所紫外辐射职业接触限值标准(GBZ/T189.6)，见表 3-2。

表 3-2　工作场所紫外辐射职业接触限值

紫外光谱分类	职业接触限值(8 h)	
	辐照度($\mu W/cm^2$)	照射量(mJ/cm^2)
中波紫外线(280～315 nm)	0.26	3.7
短波紫外线(100～280 nm)	0.13	1.8
电焊弧光	0.24	3.5

三、红外线污染评估

目前，对于红外线的评估主要是根据照射量、辐照度及照射时间来进行评估。我们国家红外线污染评估标准（接触限值）主要来源于《工作场所有害因素职业接触限值物理性因素 GBZ2.2—2007》，该标准规定了不同波长范围的红外线的照射时间、照射量和辐照度，并规定了眼和皮肤直接暴露的接触限值，详见表 3-3 和表 3-4。

表 3-3　眼直视红外线的职业接触限值(8 h)

红外光分类	照射时间(s)	照射量(J/cm^2)	辐照度(W/cm^2)
700～1 050 nm	1×10^{-9}～1.2×10^{-5}	$5CA\times10^{-7}$	
700～1 050 nm	1.2×10^{-5}～10^{3}	$2.5CAt^{3/4}\times10^{-3}$	
1 050～1 400 nm	1×10^{-9}～3×10^{-5}	5×10^{-6}	
1 050～1 400 nm	3×10^{-5}～10^{3}	$12.5t^{3/4}\times10^{-3}$	
700～1 400 nm	1×10^{4}～3×10^{4}		$4.44CA\times10^{-4}$
1 400～10^6 nm	1×10^{-9}～10^{-7}	0.01	
1 400～10^6 nm	1×10^{-7}～10	$0.56t^{3/4}$	
1 400～10^6 nm	>10		0.1

注：t 为照射时间；CA 为校正因子

波长 700～1 050 nm，CA=100.002(λ－700)；波长 1 050～1 400 nm，CA=5

表 3-4　红外线直接照射皮肤的职业接触限值(8 h)

红外光分类	照射时间(s)	照射量(J/cm^2)	辐照度(W/cm^2)
700～1 400 nm	1×10^{-9}～3×10^{-7}	$2CA\times10^{-2}$	
700～1 400 nm	1×10^{-7}～10	$1.1CAt^{1/4}$	
700～1 400 nm	10～3×10^{4}		0.2CA
1 400～10^6 nm	1×10^{-9}～10^{-7}	0.01	
1 400～10^6 nm	1×10^{-7}～10	$0.56t^{3/4}$	
1 400～10^6 nm	10～3×10^{4}		0.1

注：t 为照射时间；CA 为校正因子

波长 700～1 050 nm，CA=100.002(λ－700)；波长 1 050～1 400 nm，CA=5

第六节　光污染的防治对策与措施

一、可见光污染防护

(一)光污染防治法律、规范和标准

1. 光污染防治的政策法规现状

目前国际上对光污染的重视程度不够，光污染情况比较严重。发展中国家的污染程度明显轻于发达国家和地区。国际照明界于 1900 年在法国巴黎成立了国际光度委员会(International Photometric Com-

mission,IPC),于 1913 年更名为国际照明学会(英语:International Commission on illumination,法语:Commission Internationale de l'Eclairage,采用法语简称为 CIE)。自学会成立以来,先后出版技术报告和指南 120 多种,标准、草案 12 种,会议录 24 种。这些技术报告、指南、标准中有 10 余个与夜景照明密切相关。国际天文联合会和国际照明委员会于 1980 年联合发表了"减少靠近天文台城市的天空光"的文章,其下属的 50 个委员会中有两个委员会涉及光污染的内容,分别是第 21 个和第 50 个委员会,即夜空的光照委员会及现在和未来天文台址的环境保护委员会。并且第 50 个委员会于 1999 年成立了光污染控制工作组,于 2000 年在英国曼彻斯特举行了关于光污染问题的研讨会。美国于 1988 年成立了国际暗天空协会(International Dark sky Association,IDA),该协会目前已经发展成为全球性的非营利组织,成为与光污染抗争的专业机构,主要致力于光污染危害及其防治的研究与宣传。近年来协会在全球建立了多个暗天空公园,其目的就是让人们认识到光污染的危害,进而正确使用照明设备。

捷克于 2002 年发布了全世界第一部关于光污染防治的法规《保护黑夜环境法》,该法规给出光污染的定义,是指除指定区域以外的散射光,特别是位于地平线上方的人为光源所产生的散射光照射,同时明确规定了在光污染防治过程中公民和组织应承担的义务。美国有十几个州制定了与光污染相关的法规。例如,1996 年密歇根州制定了《室外照明法案》;1998 年新墨西哥州制定了 HB377 法案,主要用来规范室外照明,并于 2000 年又发布了《夜空保护法》,该法规规定安装室外照明时要配备防光污染装置,违反规定者将处以罚款,并于 2009 年由新墨西哥州第 49 届对《夜空保护法》进行修订;2003 年犹他州制定了《光污染防治法》,同年阿肯色州制定了《夜间天空保护法》,印第安纳州同时也制定了《室外光污染控制法》。2005 年英国政府发布了《清洁街区与环境法案》,法规除规定了交通工具、垃圾等 10 个方面内容,还增加了人为光线滋扰一项,英国立法机关通过《清洁街区与环境法案》在《环境保护法》中对光污染进行了明确规定,进而对光污染实施有效的控制。德国关于光污染没有明确规定,但是在其《民法典》中规定了不可量物侵害制度,该制度包括"类似干涉的侵入","光的有意图入侵"被认为是类似干涉侵入的类型之一,因此该制度实际上已包括了光污染侵权类型。法国同样没有对光污染进行明确规定,但是在《民法典》中将"光的有意图入侵"列为不可量物侵入,对近邻产生的损害纳入近邻防害制度中,对被侵入方构成侵权,纳入立法判例。1995 年瑞典修订的《环境保护法》,对导致环境污染的原因进行了详细阐述,其中就包括光污染,像瑞典这样在环境保护法中明确规定了光污染对环境造成影响的现象还是比较少见的。2002 年日本也发布了《合理使用灯具指南》,其目的是使照明更合理,进而减少光污染,并于 2006 年编制了《光污染管制指南》,进一步明确了对光污染进行控制。

2. 我国光污染防治的政策法规

光污染已经成为影响人类健康的一个重要公共卫生问题,但是我国对光污染问题重视不够,相关研究起步相对较晚,关于光污染的理论研究成果比较匮乏,光污染防治立法相关工作开展较少,至今我国还没有统一的光污染防治相关法规或者政策,并且尚未建立解决我国光污染现状的有效措施。

(1)我国现有的相关法规。光污染近年来在我们国家得到了一定程度的重视,但是我国光污染的防治标准与国外仍有较大差距。我国的《宪法》《民法通则》《物权法》《环境保护法》对其有一定的涉及。

我国《宪法》第 26 条规定:"国家保护和改善生活环境和生态环境,防治污染和其他公害。"该条款规定本质上说明国家有责任对公民的生活环境及生态环境进行保护,避免任何影响公民生活及生态环境的现象发生,任何影响公民生活及生态环境的行为均应该禁止,这里面的其他公害事件其实已经包括光污

染，但是需要法律法规进行明确表示。

我国《民法通则》第83条规定："不动产的相邻各方，应当按照有利生产、方便生活、团结互助、公平合理的精神，正确处理截水、排水、通风、采光等方面的相邻关系，给相邻方造成妨碍或者损失的，应当停止侵害，排除妨碍，赔偿损失。"该条款内容提到了采光的影响，但是定义并不是非常清楚，只是提出了控制采光，正确处理邻里关系，而对于照明过度没有明确指出，更没有定义光污染。

我国《物权法》第89条规定"建造建筑物，不得违反国家有关工程建设标准，妨碍相邻建筑物的通风、采光和日照"和第90条规定"不动产权利人不得违反国家规定弃置固体废物，排放大气污染物、水污染物、噪声、光、电磁波辐射等有害物质"这两条法规条款均提及了光，这里虽然没有明确指出光污染，但是规定不得影响相邻建筑物采光，不得排放光等有害物质。

我国《环境保护法》(2015年)第42条规定："排放污染物的企业事业单位和其他生产经营者，应当采取措施，防治在生产建设或者其他活动中产生的废气、废水、废渣、医疗废物、粉尘、恶臭气体、放射性物质及噪声、振动、光辐射、电磁辐射等对环境的污染和危害。"该法规条款明确提出了光辐射，说明光污染受到了足够的重视，但是对于引起光污染后，采取何种对策进行处理尚无明确规定。

(2)我国现有的行业规范。我国住房和城乡建设部组织编写的《城市夜景照明设计规范》(JGJ/T 163—2008)，由中国建筑工业出版社于2009年5月1日正式出版并实施。该规定主要对照明基本规定、照明评价指标、照明设计、照明节能、光污染的限制、照明的供配电与安全进行了详细的说明。基本规定主要包括光源及电器附件的选择，照明的评价指标主要包括照度、颜色、均匀度、对比度和立体感、眩光的限制；照明的设计主要包括建筑物、商业步行街、广场、公园、广告与标识；照明节能包括节能措施和功率密度值，光污染部分制订了光污染限制的原则、不同情况下最大允许值及限制光污染的措施等。规定了居住建筑窗户外表面产生的垂直照度的最大允许值、夜景照明灯具朝居室方向的发光强度的最大允许值、居住区和步行区夜景照明灯具的眩光限制值、灯具的上射光通比的最大允许值、建筑立面和标识面产生的平均亮度最大允许值，这些规定将一定程度上限制光污染的产生，减少光污染对人类健康的影响。虽然规范中进行了光污染限制，并且分别规定了熄灯时段前和熄灯时段的限制值，但是没有规定具体的熄灯时段，一定程度还会对居民产生光污染的影响。

我国于2004年出台了《建筑照明设计规范》(GB 50034—2004)，并于2011年由中国建筑科学研究院及相关单位根据《关于印发<2011年工程建设标准规范制订、修订计划>的通知》(建标[2011]17号)要求联合对其进行修订，于2013年由中国建筑工业出版社正式出版，该规范对照明的基本规定、照明的数量和质量、照明的标准值、照明节能、照明配电与控制等几方面制定了详细的说明，并提供了光污染限值，基本规定中规定了照明方式和种类、光源选择、灯具及附属装置选择，照明数量和质量中对照度、均匀度、眩光、光源颜色、反射比进行了详细规定，照明标准值规定了居住建筑、公共建筑、工业建筑及通用房间或建筑的限值，照明节能包括节能措施、功率密度限值及合理使用天然光，但是对光污染的控制还存在明显的缺陷，比如在照度标准值的规定中只有下限值，缺少对上限值的规定，这个照度标准值应该设定一个范围，因为照度过低或者过高均会产生不利的影响。

(3)现有的地方性法规或者技术规范。2004年上海市发布了《城市环境(装饰)照明规范》(DB31/T316—2004)，该法规为了减少光污染制定了相关的要求，包括照明装饰时不仅要考虑照明的质量、美观等效果，而且需要满足节能和环保的要求，同时还规定在居民楼、医院等公共场所的休息区域内，严禁安

装立面反光的照明设施，该规范的实施对预防光污染有一定作用，但是其限制层面主要是技术规范，而所涉及的对象有限，无法满足光污染的整体控制管理需求。该规范于2012年进行修订，发布了《城市环境（装饰）照明规范》（DB31/T316－2012），并于2012年12月1日实施。新规范增加了相关的管理范围，包括广告灯具、招牌和标识、节假日庆典的彩灯等各类景观照明，管理内容包括照明的设计、照明设施的安装等，并且将城市按亮度进行分区管理，形成4个不同的环境亮度区域。对城市广告牌、景观照明设施、城市的交通照明设备及建筑物的玻璃幕墙的设置进行了相应的限制；加强了执法监督的力度，落实了光污染管理监督的主体及执法主体，并且出台了光污染违法行为的处罚措施，处罚措施将由环保部门或者相应的主管理部门进行，罚款最高额度限制在10万元以内。此外，上海市制定了《公共场所发光二极管（LED）显示屏最大可视亮度限值和测量方法》，其属于强制性地方标准，该标准对显示屏亮度、屏幕面积及使用范围出了明确规定。

2004年度天津市发布《天津市景观灯光设施管理规定》，该《规定》对景观灯的限制体现了城市对光污染问题的重视，并于2012年度发布《天津市城市照明管理规定》，该规定第14条明确指出城市在设置照明设施时要符合光污染的控制标准，并且在规定中还明确规定了景观照明设施的安放地点及范围。

2008年广东省人民代表大会常务委员会第七次会议批准发布《珠海市环境保护条例》，并于2009年5月开始实施，该条例的第75条规定："本市中心城区严格控制建筑物外墙采用反光材料，建筑物外墙使用反光材料的，应当符合国家和地方标准。"第76条规定："灯光照明的设置和使用不得影响他人正常的工作生活和生态环境。"这些内容均体现了对光污染的控制，说明光污染问题越来越受到社会的重视。

2014年11月广州市环保局出台《广州市光辐射环境管理规定》（草案），并多次公开进行民意调查，该《规定》拟对城市按功能进行分区，然后根据分区进行光污染的管理和控制。对重点区域（如学校、幼儿园、住宅相邻的建筑物）内使用玻璃幕墙的建筑进行严格管理和控制，在设计和施工前需要进行光反射效果科学论证；自然保护区和森林公园等天然的暗环境区域禁止设置玻璃幕墙；该规定还对建设部门、环保部门、交通部门等进行了职责分配，同时要求各部门信息共享、相互协作、共同管理。但是《规定》还存在一些不足，没有明确规定灯泡亮度、光谱类型和安装规范等具体细节。2013年12月30日广州市人民政府通过了《广州市户外广告和招牌设置管理办法（修订）》，并于2014年5月1日起正式实施，该《办法》的第12条第4点明确规定"装有LED电子显示屏的广告牌严禁在夜间22:30到次日7:30期间开启"，该《办法》的第12条第3点还规定"禁止广告牌的方向与来车方向角度呈垂直视角"。从规定可以看出该《办法》充分考虑了光污染对人类健康和交通会产生不利影响，该《办法》的制订有利于减少光污染对人类健康和生活的影响。

3. 光污染防治立法的建议

已有研究发现，采用彩光灯长期照射人体，不仅会引起人体产生不同程度的倦怠乏力，甚至会引起头痛、头晕等健康问题。人体长时间受到非自然光的照射，会导致机体免疫系统功能紊乱，进而影响人体的内分泌功能，导致人体内分泌功能失衡。光污染已经受到国际社会的重视，许多国家和地区采用立法的方式进行控制，而光污染问题在国内重视与治理程度还不够，我国法律对光污染的防治还存在明显的短板，我国光污染立法落后于国外，管理职责划分不够明确清晰，存在多头管理。因此我们应该加快相关法律的进程。

首先应该以宪法为基础，依托环境保护法、民法通则、侵权责任法、物权法等实体法，根据我国的发展

情况，在恰当的时机出台符合我国国情的光污染防治法，其内容应该包括总则、光污染的定义、光污染的分类、光污染的控制标准、光污染的监督管理、光污染的防治等内容，切实做到对所有光污染的防治有法可依。

目前国际上在光污染防治方面已经有了很多的经验，包括国际照明委员会和一些发达国家，如美国、英国、德国等均建立了光污染相关的标准和管理规定，可以在此基础上，结合我国城市的发展现状及特点，综合分析我国光污染的现实情况，在恰当的时机进行环境保护法的修订，将光污染的防治纳入环境保护法当中，并且依据不同的光污染制订相关的标准，包括光污染的环境控制标准、光污染的排放标准、光污染的处罚标准及光污染的管理主体等，进而为光污染的单独立法奠定基础。

我国各地立法部门已经制定了一些光污染的规范、标准和措施，应总结全国各地光污染防治现状，并评价已制订的地方光污染防治法规、规章或者光污染的监督管理规范所取得的效果，进行深入讨论，为其他未制定规范的地区提供技术支持，并结合各地区的光污染现状制定适应当地光污染防治规范或标准。

（二）减少光污染的措施

1. 合理规划城市建设及建筑物装饰规划

减少城市光污染重要途径和手段是合理地进行城市规划建设、建筑设计、合理布置光源，设计过程中优化照明灯具及其安装位置，尽量减少能源浪费，可考虑提高截光型灯具使用量。制订灯具的评价标准，包括照明效率、上射光比例、眩光和节能等。

2. 加强城市绿化和灯光控制

加强城市绿化也可以减少光污染，建筑群周围栽树种花，广植草皮，以改善和调节采光环境。对广告灯和霓虹灯加强管理力度，严禁使用各类功率较大的强光源。控制灯源，尽量减少照明系统的开启，尤其是夜景照明，将生活区和商业区的照明分开管理。对于安装有夜间照明设备的夜间影院、活动广场和商业广告牌，夜间控制其照明时间，避免过度照明，尽量减少光污染的产生。

3. 改善照明系统

在有条件的情况下可以考虑使用密闭式的固定光源，可以避免光线被散射，密闭光源能够减少光线泄漏至发射平面以上空间的可能，减少天空辉光，同时亦可减少光线；密闭式固定光源可以使低能量消耗的光源变得更加明亮，有时效果比使用高能量消耗但散射的光源更好。

4. 合理选择装饰颜色

尽量使用“生态颜色”，欧洲一些国家在装修粉刷墙壁时人们通常会选择一些浅颜色，如米黄、浅蓝等，替代对眼睛刺激比较大的白色。通常当人们面对浅红色时，人的情绪会保持相对镇定的状态。在国外一些医院，尤其是一些精神疾病类的医院，通常会用浅红色装饰墙壁。此外，在进行装饰建筑物外立面、家庭室内装修及日用品生产时，均应采用刺激程度较温和的颜色，尽量减少光污染的产生。

5. 减少城市玻璃幕墙

在城市建设中减少建筑物中玻璃幕墙的使用数量，并且优化玻璃幕墙制作技术，从而减少太阳光反射光照到居民区，幕墙可选用非玻璃材质，限制使用反射系数较大的材料，增加反射系数较小的装饰材料，或者选用全透明或半透明的玻璃幕墙，减少光反射，并尽量避免在居民区安放玻璃幕墙。

6. 研发新型材料

研发能够减少玻璃幕墙产生的光污染的新型玻璃材料，开展新型玻璃材料的研究、开发和使用，或者对现有的玻璃进行加工处理，减少定向反射光，并且不增加室内的热效应。可以利用的玻璃有吸热玻璃、回反射玻璃和贴漫反射膜玻璃。

二、紫外线的防护

（一）日光紫外线防护

全球公共卫生相关部门在过去的几十年已出了很大努力，向公众宣教过度的日光紫外线暴露的危险。国际标准化应用的“日光紫外线指数（global solar UV index）”，是由世界气象组织、WHO 和非电离辐射防护委员会统一制定，用来表示一天中 UV 暴露状况，表明风险的一般水平。其标准计算方法的基本依据就是不同波长（至 400 nm）的水平面环境 UV 强度的测量。将不同波长的日光 UV 强度转换成红斑光谱加权后的总 UV 强度（单位为 mW/m^2），然后再乘以 0.04（每单位紫外线指数为 25 mW/m^2），即得出紫外线指数（ultra violet index，UVI）。世界气象组织（World Meteorological Organization，WMO）和 WHO 推荐采用 UVI 来告知公众日光紫外线引起损伤的危险性。UVI 越高，皮肤和眼睛损伤的风险就越大，且在较短的时间内就会发生损害。近年来由于研究者对 UVI 是否为促进日光防护的有效工具提出了疑问并进行了研究，最终确认建议 UVI 3 为进行防晒的阈值，UVI 3 以上就应给出简单的防晒建议，特别是正午紫外线指数一直较高的地区，更应加强教育，并提醒公众注意以下几点。

（1）正午前后尽量避免外出，外出时一定要尽量寻找阴影，并穿长袖衣服、涂防晒霜并戴帽子。

（2）不同皮肤类型对紫外线敏感程度不同，Ⅰ型和Ⅱ型皮肤为敏感皮肤类型，易受紫外线伤害，更应重视加强皮肤的紫外线防护。

（3）水面及雪地等光滑表面对紫外线有较强的反射作用，户外活动时应佩戴宽边太阳帽、有侧面防护翼的防紫外线眼镜、穿长衣长裤并使用防晒霜。

（4）高原及低纬度的热带地区紫外线较强，户外活动时应着重注意眼睛和皮肤的紫外线防护。

（5）任何时刻不用肉眼直接观看日食，即便佩戴防护眼镜也不直视太阳。

（6）某些药物、食物、化妆品或化学品可以诱发光敏反应，一旦发生均应及时去医院就医。

此外，专家提议了一个更为简化的方法提醒公众。当一个人的影子大致与他们的身高相同（即太阳天顶角为 45°）时，紫外线指数约为 4，且此时防护措施是必要的。建议个体观察自己的影子，当影子短于自己的身高，紫外线防护措施是重要的，即短阴影、遮阳防护，长阴影、享受阳光，以此确保日光暴露的安全。虽然这与 WHO 建议的紫外线指数为 3 即需要防护的信息不是完全符合，但它适用范围更广泛，对于任何年龄段或背景的人群都很好记，且适用于任何时候、任何地点，因此更容易推广和应用。家长及儿童看护人员应当参照太阳紫外线防护方法帮助儿童进行紫外线防护。

（二）人工紫外线光源的防护

对生产环境中紫外线辐射的防护，已经有较为成熟有效的防护措施，但仍不断有电光性眼炎等职业危害发生。因此，还应加强职前教育，向个体强调在职业接触过程中严格遵守操作规程，采取有效的个人防护措施，佩戴防护眼镜和防护面罩，并做到：①在人工辐射源场所设立警告标识及限制进入标志；当紫外线辐射源处于工作状态时，应当有警示灯，以防止公众误入。②公共场所设立的紫外线光源的主光束应当避开人员密集进出的场所，尽量不采用裸眼直视制造特殊视觉效果的照明系统。③建议不做长时间的日光浴，不使用晒黑灯照射皮肤，尽量避免不必要的紫外线暴露。④目前常用的一些抗氧化剂如维生

素C、维生素E、茶多酚、姜黄素等能够一定程度抵抗紫外线所致的氧化损伤，个体可依照自身状况及医嘱酌情使用。

此外，紫外线消毒可产生臭氧，导致少数敏感个体的呼吸道过敏症状，如呼吸困难、咽喉水肿等，也应注意增强自我保护意识，积极防护。

三、红外线的防护

对红外线辐射的防护，重点是保护眼睛，严禁裸眼观看强光源，生产中需要绿色玻璃防护镜，镜片中需含有氧化亚铁或其他可以有效过滤红外线的成分。此外，应尽量减少红外线暴露，并降低炼钢工人等热负荷，生产操作中应穿戴铝箔防护服和防护帽，相关作业人员定期进行眼睛检查。

参考文献

[1]　彭开良，杨磊.物理性因素危害与控制[M].北京：化学工业出版社，2006.

[2]　ROBYN L，TONY M，WAYNE S，et al.Solar Ultraviolet Radiation：Global burden of disease from solar ultraviolet radiation.[J].Advances in Bioclimatology，2006，14(4)113-127.

[3]　MATTHES R.Guidelines on limits of exposure of ultraciolet radiation of wavelengths between 180 nm and 400 nm(incoherent optical radiation)[J].Health physics.2004，87(2)：171-186.

[4]　陈学敏，杨克敌.现代环境卫生学[M].2版.北京：人民卫生出版社，2008.

[5]　中华人民共和国国家标准.工作场所物理性因素测量(GBZ/T 189.6-2007).

（魏雪涛　董光辉　胡立文　李艳博）

第四章　环境热污染与高温热浪健康损害及风险评估

第一节　概　　述

伴随着世界能源消耗的与日俱增，人类向周围环境散发的热量也越来越多，能引起环境热污染。热污染是一种能量污染，通过增温作用产生危害，污染大气和水体，带来一系列生态环境问题，对人类健康造成直接或间接的危害。

一、热污染的定义及其分类

热污染指自然界和人类工农业生产、生活产生的废热对环境造成的污染，造成热污染最根本的原因是能源未能被最有效、最合理地利用。热污染可分为大气热污染和水体热污染两类。

大气热污染指热源排放的热量直接进入大气，使大气温度异常升高。随着人口和对能源需求的增长，城市排入大气的热量日益增多。工业的快速发展，化石燃料、火力发电厂、核电站和钢铁厂等工业活动及设施排出大量热能，同时化石燃料燃烧排放大量二氧化碳（CO_2）、甲烷（CH_4）、一氧化二氮（N_2O）等温室气体，使气温上升。热污染影响着全球气候变化，最为突出的是全球气候变暖。

水体热污染为高温热源产生的热量直接排入水体中，导致水体温度异常升高。如炼钢厂、发电厂、核电站等排出大量冷却水，流入水域导致区域温度升高，如水温持续升高，突破水域生态系统所能平衡的极限，就会破坏水生生态环境，影响水生生物的生长繁殖，严重时导致水体恶化而丧失利用价值。随着现代工业的发展、人口的不断增长、城市化进程的加快，环境热污染将日趋严重。

二、热污染的主要来源

热污染的原因包括异常气候变化等自然因素带来的多余热量和工农业生产、人类生活、交通运输产生的各种“人为热”。

（一）自然因素

1. 太阳活动增加

太阳活动频繁，到达地球的太阳辐射量发生改变，大气环流运行状况亦随之发生变化。太阳黑子活动强烈时，经向环流活跃，南北气流交换频繁，导致冬冷夏热。

2. 森林火灾发生

随着全球平均温度的上升，森林会出现自燃现象并引发森林大火，向大气释放大量热量和 CO_2，直接或间接地导致全球大气总热量增加，破坏了生态平衡，极大地削弱了森林对气候的调节作用。

3. 大气环流异常

由于大气环流异常，改变了大气正常的热量输送，赤道东太平洋海水异常增温，厄尔尼诺现象增强，导致地球大面积天气异常，高温热浪、旱涝等灾害性天气增多。

4. 火山爆发频繁

火山爆发释放的大量地热和温室气体直接或间接地对地球气温变化产生影响。

(二)工业生产

工业的快速发展，各种燃料消耗剧增。目前，伴随着世界能源消耗的与日俱增，人类向周围环境散发的热量也越来越多，主要包括向大气散热和水体散热两方面。

煤炭、石油等燃料在燃烧的过程中，不仅产生大量的污染物，还排放大量温室气体 CO_2 和热量，会对大气环境产生增温效应。

水体热污染的来源常见于工厂各类冷却水排放，如火力发电厂，40%的燃烧产生的能量可有效转化为电能，12%的能量靠蒸发和传导热释放到大气中，剩余能量则通过冷却水排入水环境中。除火力发电厂外，核电站、钢铁厂等工业的循环冷却系统亦排出大量热水，石油、化工、造纸等工厂排出的生产性废水中亦含有大量废热，排放到水体中，造成水体的热污染。此外，电力、冶金、石油、化工、造纸等工业生产过程中的动力、化学反应、高温熔化等会向环境排放大量的废热水、废热气和废热渣，释放大量热能。工业生产过程的意外事故，如火灾、爆炸、毒物泄漏等，也是热污染的来源。

(三)人类生活

居民生活，如空调、冰箱、电视、电扇、微波炉、电脑、打印机等家用电器的广泛使用；家庭炉灶所用煤气、天然气、液化石油气等燃料的燃烧；厨房排放的热等，向环境排放了大量废热气、废热水及热量。

(四)交通运输

随着机动车保有量的迅速增加，交通运输能源的消耗量亦大大增加，汽车尾气排放大量 CO_2、热量，对大气环境增温起到一定的作用。

(五)城市化与城市热岛效应

城市化作为一种最强烈的土地利用/覆被变化，是温室气体排放最为集中的来源，对全球气候变暖的幅度和进程产生重要影响。同一时间城区气温普遍高于周围的郊区气温，高温的城区处于低温的郊区包围之中，如同汪洋大海中的岛屿，这种现象被称为城市热岛效应(urban heat island effect)，是由于人们改变城市地表而引起小气候变化的综合现象，是城市气候最明显的特征之一。形成城市热岛效应的主要因素可概括为城市下垫面、人工热源、空气污染、绿地减少等。

1. 城市下垫面类型的改变

城市地表被由钢筋水泥堆砌而成的城市建筑群、柏油和水泥路面覆盖，面积逐渐增加，这些下垫面(大气底部与地表接触面)导热率、热容量大，对太阳辐射的反射率小，会吸收更多短波辐射能量。与此同时城市绿地、水体等自然吸热因素却相应减少，削弱了缓解热岛效应的能力。同时城市高层建筑物鳞次栉比，使地面风速明显减少，不利于城市热量的扩散。因此，控制城市中建筑群比例，维持一定绿地面积对降低热岛效应十分重要。

2. 人为排放热量大

工业的快速发展和城市人口的剧增，城市在工业生产、生活、交通等方面消耗大量能源，排放大量的 CO_2、氮氧化物等温室气体和废热。

3. 大气污染较严重

由于工业生产、交通运输、居民生活向大气排放大量气体、烟尘，使城市上空的空气污浊，形成一种“微尘云”，阻隔热量散发，加上排放的温室气体吸收地面热量，就像保温层一样包围在城市上空，导致城区空气温度比同地区的农村高。

第二节　高温热浪及其成因

近年来，由于全球气候变暖和城市热岛效应的影响，高温热浪已成为世界范围内夏季频繁发生的极端气候事件，对人类健康的影响较突出，是人群死亡及相关疾病发生的重要危险因素，可导致多种疾病的发病率和死亡率增加，尤其是对心血管系统和呼吸系统疾病影响较明显，老年人和婴幼儿是高温热浪影响的易感人群。中国是受高温热浪影响最为严重的国家之一，近年来，中国的高温热浪等极端气候事件发生的频率明显增加，强度明显增强。

一、高温热浪的定义、标准、类型和传播

(一)高温热浪的定义

通常情况下气温高、湿度大且持续时间较长，使人体感觉不舒服，并可能威胁公众健康和生命安全、增加能源消耗、影响社会生产活动的天气过程，称为高温热浪(heat wave)，又被称为高温酷暑。高温热浪影响植物生长发育，会加剧干旱的发生发展，使供水、供电紧张，因此，高温热浪给工农业生产、人们的生活带来许多不利影响。更为重要的是，高温热浪使人心情烦躁，使人体不能适应环境，超过人体的耐受极限，导致疾病的发生或加重，甚至死亡。

(二)高温热浪的标准

高温热浪的标准主要依据高温对人体产生的影响或危害的程度而制定。由于不同地区的居民对气候变化的生理适应能力不同，高温热浪的定义在不同地域采用不同的阈值，目前国际上没有一个统一的高温热浪标准。

1. 国外高温热浪的标准

世界气象组织建议日最高气温达到或超过 32℃，且持续 3 d 以上的天气过程为高温热浪。荷兰皇家气象研究所将高温热浪定义为日最高气温高于 25℃，且持续 5 d 以上，其中至少有 3 d 高于 30℃的天气过程。美国、加拿大、以色列等国家的气象部门依据热指数(也称显温)发布高温警报，热指数综合考虑了温度和相对湿度的影响。如美国，当白天热指数预计连续 2 d 有 3 h 超过 40.5℃或者预计热指数在任一时间超过 46.5℃，将发布高温警报。德国科学家基于人体热量平衡模型制定了人体生理等效温度(physiological equivalent temperature，PET)，当 PET 超过 41℃，由热引起的人群死亡率显著上升，将此值作为高温热浪的监测预警标准。

2. 我国高温热浪的标准

我国一般将日最高气温 ≥35℃ 称为高温天气，连续 3 d 以上的高温天气过程称为高温热浪；日最高气温≥38℃ 称危害性高温，日最高气温≥40℃ 为强危害性高温。同时，由于中国幅员辽阔，气候差异较大，中国气象局建议各省市可根据各地区的气候确定界限温度，如甘肃省气象局规定，河西地区和河东地区高温天气的界限温度分别为 34℃和 32℃。

(三)高温热浪的类型

高温热浪通常分为干热型和闷热型两种类型。干热型高温一般出现在我国华北、东北和西北地区的夏季，如新疆、甘肃、宁夏、内蒙古、北京、天津、西安等，表现为气温极高、太阳辐射强、相对湿度较小的高

温天气。闷热型高温一般出现在我国沿海及长江中下游和华南地区的夏季，表现为空气相对湿度大，日最高气温高、日最低气温高、昼夜温差小的高温闷热天气。

(四)高温热浪的传播

高温热浪存在时间上的持续性和空间上的展缩性，后者指高温范围的扩大和缩小。2017 年 7 月 7 日起，我国北方大范围出现高温天气，7 月中旬，中东部地区出现该年度范围最广、强度最强的高温天气，持续 4～6 d。最强时段时，全国高温面积约达 364 万 km^2，覆盖 21 个省份，北方地区高温范围持续扩大，南方地区高温范围由江南东部逐渐向江南和华南地区发展，超过 40℃的极端高温频频出现。

(五)高温热浪的分级

采用高温热浪指数(heat wave index，HI)表征高温热浪的程度，HI 从高温闷热对人体健康影响的角度，综合了高温热浪的高温闷热程度和持续过程的累积效应。HI 的计算公式(4-1)如下：

$$HI = 1.2 \times (TI - TI') + 0.35 \sum_{i=1}^{N-1} 1/nd_i (TI_i - TI') + 0.15 \sum_{i=1}^{N-1} 1/nd_1 + 1 \quad (4\text{-}1)$$

式中，TI——当日的炎热指数；

TI′——炎热临界值；

TI i——当日之前第 i 日的炎热指数；

nd_i——当日之前第 i 日距当日的日数；

N——炎热天气过程的持续时间，单位为天(d)。

炎热指数(torridity index，TI)是用于衡量气温和相对湿度对人体健康影响程度的指标，代表人体对气象环境的舒适感。判断是否达到炎热天气的界定值称之为炎热临界值(critical value of torridity)，当 TI 大于该临界值时，表示当日已达到高温炎热级别，人体感觉炎热，应开始计算热浪指数。

TI 的计算要根据相对湿度(relative humidity，RH)的不同而用不同的公式。我国北方地区常出现高温干热天气，空气相对湿度较低，温度是影响人体舒适度的主要因子，相同温度不同相对湿度的气象条件对人体产生的影响基本是等效的，在这种情况下，约定当 RH≤60%时，均以 60%作为相对湿度的常数项计算 TI，计算公式为：

$$TI = 1.8 \times T_{max} - 0.55 \times (1.8 \times T_{max} - 26) \times (1 - 0.6) + 32 \quad (4\text{-}2)$$

对于高温闷热天气，温度高，空气相对湿度也高，应用相对湿度的实际公式计算 TI，即当 RH > 60%时，TI 计算公式为：

$$TI = 1.8 \times T_{max} - 0.55 \times (1.8 \times T_{max} - 26) \times (1 - RH) + 32 \quad (4\text{-}3)$$

式中，T_{max}——日最高气温，单位为摄氏度(℃)；

RH——日平均相对湿度(%)。

炎热临界值(TI′)的计算应考虑地域上的差异，因为不同地区气候背景的差异决定了人们对高温的耐受力存在较大的不同。我国地域幅员辽阔，对炎热临界值的确定不能全国使用统一的量值。炎热临界值的计算采用分位数的方法。利用当地 1981－2010 年每年 5－9 月逐日的气象资料，计算其中日最高气温大于 33℃样本的炎热指数，将炎热指数序列做升序排列，选取第 50 分位数作为当地的炎热临界值。

按照我国《高温热浪等级》(GBT 29457－2012)标准，高温热浪等级分为 3 级，分别为轻度热浪(Ⅲ级)、中度热浪(Ⅱ级)和重度热浪(Ⅰ级)，见表 4-1。

表 4-1 高温热浪等级划分及说明用语

等级	指标	说明用语
轻度热浪(Ⅲ级)	2.8≤HI<6.5	轻度(闷)热的天气过程,对公众健康和社会生产活动造成一定的影响
中度热浪(Ⅱ级)	6.5≤HI<10.5	中度(闷)热的天气过程,对公众健康和社会生产活动造成较为严重的影响
重度热浪(Ⅰ级)	HI≥10.5	极度(闷)热的天气过程,对公众健康和社会生产活动造成严重不利的影响

二、高温热浪的流行现状

全球平均地表温度自1861年以来一直在增高,20世纪增加了(0.6±0.2)℃,其中增幅最大的两个时期分别为1910—1945年和1976—2000年。全球范围内,20世纪90年代是最暖的10年,而1998年是最暖的年份。北半球具代表性的数据分析指出,20世纪可能是过去1 000年增温最大的100年,平均来说,1950—1993年间,逐日夜间地表最低气温每10年增加0.2℃,而逐日白天陆面最高气温每10年增加0.1℃,而此间海面温度的增幅大约是平均陆面气温增幅的一半。自20世纪50年代以来地表以上8 km大气层温度一直在增加,近地表气温每10年增加0.1℃。自1979年以来,卫星和天气探空气球观测表明,地表以上8 km大气层气温全球平均每10年增加(0.05±0.1)℃,而全球平均近地表气温增加(0.15±0.05)℃。

2013年国际政府间气候变化专门委员会(Intergovernmental Panel on Climate Change,IPCC)第五次评估报告(AR5)指出全球气候变暖是非常明确的,1880—2012年全球海陆表面平均温度呈线性上升趋势,升高了0.85(0.65～1.06)℃,2003—2012年平均温度比1850—1900年平均温度上升了0.78℃。1951—2012年全球平均地表温度的升温速率为0.12(0.08～0.14)℃/10a,几乎是1880年以来升温速率的2倍。根据世界气象组织统计数据,2020年全球平均气温比工业化前高出约1.2℃,2011—2020年是有气象记录以来最暖的10年。

2018年7月,北半球天气气候极度异常,极端事件高发。持续的高温热浪席卷了欧洲、北非、北美等多个国家地区,部分地区引发森林火灾。其中加拿大受灾较为严重,遭遇几十年一遇的连续高温,造成魁北克省至少70人死亡。同样严重的高温热浪天气蔓延至韩国、日本、中国的华北和东北地区,其中,日本受灾最为严重,7月中旬遭受极端高温天气,造成至少90人死亡,2.4万人就医。

AR5第一工作组报告指出,采用全球耦合模式比较计划第五阶段(CMIP5)预估未来气候变暖,结果表明,继续排放温室气体将进一步升高全球温度。与1986—2005年相比,预计2016—2035年全球平均地表温度将升高(0.3～0.7)℃,2081—2100年将升高(0.3～4.8)℃。人为温室气体排放越多,增温幅度就越大。未来全球气候变暖对气候系统变化的影响仍将持续,在全球变暖背景下,大部分陆地区域极端暖事件将进一步增多,极端冷事件将进一步减少,高温热浪发生的频率更高,持续时间更长。

中国是受高温热浪影响最为严重的国家之一,近年来,高温热浪事件频发。以2017年为例,全国共有437处气候监测站日最高气温达到极端事件标准,极端高温事件站次比(达到极端事件标准的站次数占监测总站数的比例)为0.71,较常年(0.12)和2016年(0.34)明显偏多。其中全国有113站日最高气温突破历史极值,410站连续高温日数达到极端事件标准,极端连续高温日数事件站次比(0.5)较常年(0.13)显著偏多。研究发现,我国高温热浪发生的趋势与全球气候变暖总体一致,但更为剧烈。我国《第三次气候变化国家评估报告》(2015)指出,1909年以来中国的变暖速率高于全球平均值,每百年升温

(0.9～1.5)℃。近50年来，中国平均地表气温上升1.1℃，增温速率为0.22℃/10a，远高于全球(IPCC第四次评估报告中1906－2005年的温度线性趋势为0.74)或北半球同期平均水平，尤其是自20世纪90年代以来，高温热浪的范围明显增大。全国绝大多数区域与城市呈现增温趋势，包括华中、华北、华东、河西走廊地区。分析1960－2013年我国夏季高温热浪的变化特征，显示华北地区高温热浪天气主要发生在6、7月，占高温天气的90%；华东地区高温热浪天气主要集中在7、8月，以7月中旬出现频率最多；华中、华南和西南地区主要集中在7、8月。

基于全国1961－2014年716个站点的日最高气温资料，分析我国高温热浪的高温日、热浪频次和热浪指数的时空变化特征，发现高温日开始早的区域结束晚，开始晚的区域结束相对较早。我国高温日的开始时间从3月下旬持续至8月初，从地理分布来看，从东南沿海至西北内陆开始时间呈现递增，高温日的结束时间从6月中旬持续至10月上旬，结束时间南迟北早。全国性的严重高温热浪事件从7月上旬的长江中下游平原开始逐步蔓延至全国，至9月上旬热浪基本结束，各旬热浪频次差异较大。而云南省高温热浪事件频发在5月，之后该地区热浪事件少见。全国范围内，除了淮河流域外，高温热浪年频次都呈现大范围的增长趋势，增长趋势最大的区域在两广一带及海南省与云南省，虽然上述区域高温热浪事件的频次低于高温热浪严重的长江中下游地区，但每10年都会增加2～7次的热浪事件。热浪指数从1960－1980年递减，1990年后递增，且1998年后全国高强度热浪频发，特别是长江以南地区。对华北地区1961—2017年逐日最高气温进行统计分析，发现自20世纪90年代以来华北地区年均高温日数、热浪事件及重度热浪事件次数明显增多，高温多出现在华北地区的南部和西部。

三、高温热浪的成因

目前高温热浪形成的物理机制尚不清楚，一般认为高温热浪是多种因素综合作用的结果，不仅与全球气候变暖的大背景有关，还与大气环流、厄尔尼诺、太阳活动、生态环境恶化、城市热岛效应等因素有关。目前对高温热浪形成机制的研究主要集中在全球气候变暖、大气环流异常、城市热岛效应、台风等领域。

(一)全球气候变暖与高温热浪

目前全球平均气温、海温的升高，大范围冰雪的融化，海平面的上升等事实都支持全球气候变暖这一观点。2007年IPCC第四次评估报告(AR4)指出，全球气候变暖已经成为不争的事实，1906－2005年的100年间地球表面温度平均上升了0.74℃(0.56～0.92℃)。我国气候变暖幅度明显高于全球，高温热浪事件显著增多。1961年以来，我国高温热浪事件明显增多，21世纪更为突出，平均每年高温面积占全国面积的27.4%，超过常年两倍。根据《2017年中国气候公报》，全球气候变暖过程仍在持续，而中国对此反应十分敏感。2017年全国平均气温较常年偏高0.84℃，为1951年以来第三高值。四季气温均偏高，其中冬季最明显，为历史“最暖冬天”。全球气候变暖对于城市最直接的表现就是气温升高，是北半球夏季高温热浪频繁出现的主要影响因素之一。

气候变暖的原因包括自然因素和人为因素，而后者为主导因素。IPCC第五次评估报告(AR5)指出人类对气候系统的影响是明确的，温室气体的排放及其他人为因素已成为自20世纪中期以来气候变暖的主要原因。20世纪50年代以来一半以上的全球气候变暖是由人类活动造成的，这种可能性的概率达95%以上。温室气体排放、土地的开发利用、人口急剧增加、生态环境的破坏等是气候变暖的主要人为因素。

1. 温室气体排放与全球气候变暖

温室气体排放量增加是全球气候变暖的主要原因，温室气体排放越多，增温幅度就越大，热浪、强降

水等极端气候事件发生频率就越高。温室气体主要包括 CO_2、CH_4 和 N_2O，其中 CO_2 是最主要的温室气体，主要来源于化石燃料（如石油、煤炭、天然气等）的燃烧。CO_2 对来自太阳辐射的可见光具有高度透过性，而对地球发射出来的长波辐射具有高度吸收性，能强烈吸收地面辐射中的红外线，导致地球温度上升，即温室效应。当温室效应不断积累，导致地气系统吸收与反射的能量不平衡，能量不断在地-气系统累积，从而导致温度上升，造成全球气候变暖。自 1750 年人类社会工业化以来，全球大气中 CO_2、CH_4 和 N_2O 等温室气体的浓度持续上升。1750－2011 年间，人为累积 CO_2 排放达到 20 400 亿吨，其中近一半为近 40 年排放，47％来自能源供应、30％来自工业、11％来自交通、3％来自建筑。人为 CO_2 的累计排放量与升温近似于线性相关。AR5 指出，未来全球气候变暖的程度主要取决于 CO_2 的累积排放，即使人类停止 CO_2 排放，气候变化的许多方面也将持续若干世纪。这充分表明过去、现在和未来的 CO_2 排放将产生长达多个世纪的气候变化。因此，减少 CO_2 等温室气体的排放是控制全球气候变暖的最主要措施。

2. 土地的开发利用与全球气候变暖

随着人口数量的急剧增加、城市化进程的加速，过度砍伐森林、大量的土地被人类开发利用等原因导致植被和森林面积大幅度锐减，减少了对空气中 CO_2 的吸收，也是全球气候变暖的主要人为因素之一。

3. 人口急剧增加与全球气候变暖

全球人口数量急剧增加，人类呼吸排放大量的 CO_2，增加大气中 CO_2 浓度，加剧了温室效应。此外，随着人口数量的增加，人类生活排放的废热和温室气体亦随之增加。

4. 生态环境的破坏与全球气候变暖

陆地植被的减少、土地沙漠化、水土流失、工业排放大量的温室气体等造成生态环境的破坏，随着大气中 CO_2 浓度的增加，陆地吸收 CO_2 的量却在减少。

5. 海温与全球气候变暖

全球变暖导致海洋表面温度上升，引起飓风强烈，进而引起海洋表面温度下降，海洋表面的冷暖变化导致大气环流变化，从而影响高温热浪的形成。研究发现，海温变化对全球变暖加速和减缓有重要贡献，多洋盆（太平洋、大西洋、印度洋和南大洋）海温同步与异步变化的“净效应”，主要引起了 20 世纪以来的两次全球变暖加速和减缓事件。

6. 太阳活动与全球气候变暖

太阳源源不断地以电磁波的形式向四周放射能量，太阳辐射是地球气候系统最主要的能量来源，决定了地球的能量收支。而地球的能量平衡过程决定了天气和气候变化，因此太阳活动必然会对气候变化产生重要影响。IPCC 观点认为全球变暖主要是人类活动导致的，而持反对意见的非政府间气候变化专门委员会（NIPCC）则认为自然因素主导了全球气候变化，其中太阳活动的影响不可忽视。在气候系统中已经找到一些气候变暖与太阳活动相关的证据，太阳活动对气候变暖起到了一定的推动作用。但证明这一观点还缺乏可靠的物理机制，需要开展大量的研究工作。

（二）大气环流异常与高温热浪

大气环流异常是每年极端高温热浪事件发生频次和强度增加的直接影响因素，也被认为是我国高温热浪发生的最主要原因，尤其是夏季西太平洋副热带高压的活动，导致空气下沉增温和辐射加热，这与华北、长江中下游、华南等地区的高温天气有着密切关系。每年夏季（6－8 月），当西太平洋副热带高压盘踞在某一地区上空时，这一地区以闷热少雨天气为主，日平均相对湿度偏大，一般在 60％～86％，而日平均风速较小。如 2003 年夏季，受异常强大的太平洋副热带高压的影响，欧美部分地区出现了百年一遇的干旱酷热天气，我国南方地区也出现了历史上罕见的持续时间久、影响范围广的高温晴热天气。6 月底福建、浙江两省开始出现大范围的高温，之后逐渐扩展到江西、湖南、湖北等省。7 月中旬，除云南外的长江

以南地区几乎都处于35℃以上的高温天气，并出现了大范围40℃以上的高温区。7月下旬，高温区向北扩展到黄河以南地区，江南地区40℃以上的区域也进一步扩大，直到8月12日之后，高温天气才得到缓解。对1960—2013年京津冀地区高温热浪时空变化特征进行分析，结果表明，西太平洋副热带高压和青藏高原反气旋环流与京津冀地区高温热浪关系最为显著，对热浪异常是一种稳定且强烈的指示信号，当青藏高原高空反气旋环流异常偏强，西太平洋副热带高压明显偏北时，京津冀地区发生超级热浪可能性较大。受太平洋异常气流和厄尔尼诺现象的影响，2018年夏天热浪席卷世界多地，尤其北半球。中国、日本、韩国出现大范围持续高温热浪，瑞典、丹麦、挪威南部、芬兰北部也都经历了极端热浪，加拿大魁北克省遭遇历史上罕见的连续高温。

大气环流本身也受到其他因素的影响，如陆-气耦合模式、海洋表面温度等。除西太平洋副热带高压外，大陆暖高压(脊)、热带气旋、热低压、弱冷锋过境等大气环流异常也影响我国的高温热浪天气。

(三)城市热岛效应与高温热浪

随着经济发展和城市化进程的加快，世界范围内的城市热岛效应越来越突出，加剧高温热浪这一自然灾害的频繁发生。全球城市热岛效应对高温热浪有放大作用，这种作用在夜间更加明显。对2010年7月2日至6日北京发生的一次极端高温过程中城市热岛效应对城区地面气温时空分布的影响进行分析，发现在这5 d中，城区和郊区午后的最高气温平均相差1.5℃，最高时相差2.5℃，凌晨时差值更大，局部地区超过5℃。

热岛效应在夜间最强，是由于建筑物白天吸收热量，晚上释放热量的特征所致。城区的中高层建筑物密集，建筑物墙面吸热快，热容量大，加上近地面风速较小，热量不容易扩散，白天储存的热量多；晚上缓慢释放白天吸收的热量，温度下降较慢。而此时，郊区建筑物较少，白天储存的热量少，因此，温度下降较快。此外，城市的下垫面主要由水泥、柏油路面构成，具有较小的反射率、较大的热容性，可以吸收更多短波辐射能量。这样的下垫面缺少水、土壤和植被，白天吸收的热量很少被植物蒸发和蒸腾，而是加热了近地面空气，导致气温升高。同时工业、生活、交通和商业等人类活动产生的热量也使热岛效应增强。中国经济快速增长，城市化进程加快，城市人口迅速增加，由此导致的城市热岛效应对城市局部地区增温的影响较大，但由于城市面积不足全国陆地总面积的1%，热岛效应不会给全国范围的增温造成巨大影响。

(四)台风与高温热浪

台风是导致我国东部沿海地区高温热浪的重要因素。台风作为一种暖性低压系统，外围气流下沉的增温与对外围水汽的抽吸效应，形成大范围晴空少云区，增加太阳辐射，致使地面气温显著升高。数据显示，1960—2005年华东南部每年高温日数与登陆的台风个数呈现显著正相关。同时，台风与西太平洋副热带高压相互作用，影响西太平洋副热带高压的西伸与东退，进而影响极端高温天气的形成。

第三节　高温热浪的健康损害

研究表明，高温热浪对人体健康存在影响。如1995年，美国发生为期5 d的芝加哥高温热浪天气，导致约600名当地居民中暑致死，这是目前被认为在美国历史上恶劣的天气造成的一起重大自然灾害。2003年夏季热浪先后席卷了印度、中国东部及西欧各国，欧洲遭遇了近年历史上最严重的高温热浪，酷暑导致西欧地区25 000～70 000人死亡，其中尤以法国为甚，热浪所波及的法国13个城市的超额死亡数在1.48万人左右，损失惨重。有学者统计了2010年俄罗斯持续一个多月的热浪期间的死亡人数，约为5.4万人，远远大于平时每月的死亡数。据世界气象组织统计，高温造成的伤亡人数从1991—2000年的6 000人急剧增长到2001—2010年的136 000人，增幅超过2 000%，远高于所有极端天气(包括高温、寒

冷、干旱、洪涝和风暴)总共造成的伤亡增长率(20%)。高温热浪是我国夏季最主要的气象灾害之一，不仅给人们生活带来不利的影响，造成严重的国民经济损失，还会间接或直接危害人体健康，其不良影响不可忽视。2006年6月18日—6月21日及8月12日—8月15日，江苏南京市出现了两次持续4 d的热浪，统计分析了在此过程中老年人的超额死亡率，分别高达30.7%和30.6%，说明在热浪过程中老年人的死亡人数明显增加。2010年8月中旬持续多日37℃以上的高温热浪天气，不仅使得上海市日用电负荷和日供水量创新高，给人们生活造成极大的困扰，而且，在8月12日和13日，上海市各大医院的急诊人数达700～800人次、上海市医疗救护中心每日的出车量均超过850次，其中，中暑、卒中和腹泻的患病人数暴增，可见高温热浪对健康的危害程度。据报道，温度每增加1℃，人群死亡风险增加1.03倍。世界卫生组织(WHO)指出，全世界每年超过10万人死于气候变暖，如果全球气候变暖得不到妥善缓解，在2030年，每年因气候变暖而死亡的人数将达到30万。高温热浪对与人类健康有着十分紧密的联系，既可以对人体产生间接的危害，也可以直接影响人类健康。

很多传染病特别是虫媒传染病的发生与高温热浪关系密切。温度升高为虫媒的寄生、繁殖和传播创造了适宜的条件，同时也使虫媒体内的病原体的致病力得到增强，加大了传染病的流行程度及范围，对人体健康造成威胁。近年来，随着全球气候变暖，新的虫媒传染病不断出现，原有的虫媒传染病流行区域不断扩展，控制和消除虫媒疾病成为目前公共卫生领域面临的重大挑战之一。

在高温热浪期间，高温(或闷热)使人感到不适，甚至难忍，工作效率降低，使不少企事业单位正常生产、工作秩序受到影响，甚至被迫停工停产。酷热时心脏病、脑血管病、中暑等疾病发病率增多。正常情况下，人体具有完善的体温调节系统，使机体的产热和散热保持动态平衡状态，但是在高温热浪情况下，人体的体温调节平衡受到破坏，高温热浪对人体的健康带来不同程度的危害。人体主要通过出汗和呼吸两个途径增加散热以适应高温。作业人员在环境温度超过30℃的情况下长时间工作时，汗腺就开始启动，通过汗液的蒸发进行散热，从而起到降低体温的作用。当环境温度在35℃左右时，机体的大多数散热途径开始运行，心跳、血液循环加快，通过血液流动转移热量，与此同时皮肤表层的毛细血管也大面积扩张以达到增加散热的效果。当环境温度达到38℃时，机体的散热系统全面启动，汗腺大量排汗，肺部急速喘气，带出体内热量;心脏也急速跳动，将大量血液运送至体表参与散热。但是人体散热效能是有极限的。当外界气温超过40℃时，人体所有散热系统全力开动也无法排出积蓄的热量。如果在这样的环境中待很长时间，散热系统就会被压垮。

首先是排汗系统被关闭，身体温度逐渐升高，最后影响大脑，人开始昏迷，直到失去知觉，这就是中暑，这是高温热浪对人体的直接影响，其中的热痉挛、热衰竭和热射病造成的死亡率较高，危害很大。但是如果温度升高很快，高温热浪也会对人体造成间接影响，主要表现对器官系统的损害。在这种情况下，中枢神经系统和循环系统也会受到高温热浪的冲击，其他器官系统也可能受影响，如肾脏。目前研究表明，高温是呼吸系统、循环系统、消化系统、神经系统等多系统疾病发生的重要诱发因素，尤以消化系统、循环系统和呼吸系统疾病为主。在全球气候变暖、城市化和人口老龄化加剧大背景下，热浪频率、强度增加，涉及范围更广，持续时间更长，导致与其相关的疾病死亡率也有所增长，各国越来越重视对热浪与人体健康之间关系的研究。以下，我们着重介绍高温热浪对人类健康的不良影响。

一、高温热浪与传染病

(一)高温热浪与疟疾

疟疾是经按蚊叮咬或输入带疟原虫者的血液而感染疟原虫所引起的虫媒传染病。热带和亚热带国家与地区，特别是非洲撒哈拉沙漠以南地区、中南美洲、印度次大陆、东南亚及太平洋岛国地区，疟疾流行

形势严峻。WHO疟疾报告显示，2010年全球估计发生2.51亿例疟疾病例，死亡58.5万人；2017年全球发生2.3亿例病例，死亡41.6万人；2018年全球发生2.28亿例病例，死亡40.5万人。影响疟疾流行的因素较多，其中温度对按蚊的生存和繁殖起重要作用。温带地区夏季按蚊滋生，疟疾盛行。冬季按蚊滞育，传疟中断。热带地区，终年存在疟疾的传播和发病。

（二）高温热浪与登革热

登革热是由登革病毒引起，经伊蚊传播的一种急性传染病，是东南亚地区儿童死亡的主要原因之一，其潜伏期通常为5～7 d，具有传播迅猛、发病率高等特点。登革热的流行特征表明，登革热主要在北纬25°到南纬25°的热带和亚热带地区流行，尤其是在东南亚太平洋岛屿和加勒比海地区。在中国主要发生于海南、广东、福建省和广西壮族自治区。登革热的流行与伊蚊的滋生繁殖有关，主要发生于高温多雨的夏秋季，在广东省为5—11月，海南省为3—12月。研究发现，月平均温度每增加1℃，将导致登革热的发病风险增至原来的1.5倍。

（三）高温热浪与肺结核

肺结核是由结核分枝杆菌引发的肺部感染性疾病。世界卫生组织（WHO）统计表明，全世界每年发生结核病800万～1 000万人，每年约有300万人死于结核病，是造成死亡人数最多的单一传染病。结核分枝杆菌最适温度为37℃。研究发现，肺结核发病率与气温之间存在正相关关系，随着温度的升高，肺结核的发病率也随之升高，这说明，在高温地区尤其需要关注肺结核的发病情况和采取措施，做好在高温季节或者高温地区肺结核的防控工作。

（四）高温热浪与手足口病

手足口病是由多种肠道病毒引起的常见传染病，发热及手、足、口腔等部位的皮疹或者疱疹是其主要临床表现。手足口病的传播方式多样，通过人群密切接触传播为主。近年来，我国的手足口病呈现出发病强度高、持续时间长和疫情分布广泛的特点。有学者对2008－2011年中国大陆的手足口病流行特征进行分析，手足口病在华东地区、中南地区及华北地区的发病率较高，而广东省在这四年间的平均发病率超过了0.12%，在全国范围内处于较高的流行水平。对湖南省长沙市2013年6月30日－8月16日热浪发生前后手足口病传染病日报告发病数变化趋势分析发现，手足口病在热浪发生后日报告发病数升高。引起手足口病的病原体主要为柯萨奇病毒A组16型和肠道病毒71，这两种病毒均随温度升高而繁殖力增强。

（五）高温热浪与水痘

水痘是一种由水痘带状疱疹病毒感染引起的呼吸道传染病，其主要传播方式是经空气中的飞沫和接触患者的新鲜水泡液或分泌物传播。水痘虽然目前并不在我国法定传染病之列，但是水痘仍然是专家学者们极为关注的公共卫生问题。温度相对较高的广东地区，水痘发病率较高，提示疾控等相关部门，在夏季高温季节要特别关注和防控水痘病情的扩散。

二、高温热浪与中暑性疾病

高温天气对人体健康的主要影响是引起中暑及诱发心、脑血管疾病，严重时导致死亡。人体在过高环境温度作用下，体温调节机制暂时发生障碍，而发生体内热蓄积，导致中暑。中国疾病预防控制中心卫生应急中心报道数据显示：2016年1—7月，全国累计报告中暑病例2 842例，死亡63例，较2015年同期分别增加1.4倍和3.2倍。其中，重症中暑累计907例（占病例总数的32%），死亡63例。报告中暑病例最多的前5位省份（直辖市）依次是浙江、安徽、湖北、山东和上海，占全国报告病例总数的93%。同期，国

家突发公共卫生事件报告系统报告全国高温中暑事件共27起，报告病例28例，死亡28例，发生地主要为山东省(16起)、上海市(10起)和安徽省(1起)。2019年1—7月共报告高温中暑病例4 480例，死亡76例，其中仅7月就报告高温中暑病例3 795例，死亡68例，占1—7月报告病例及死亡病例的85%和89%。

高温导致的中暑按发病机制和临床表现的不同，通常分为以下三种类型。

1. 热射病

由于体内产热和受热超过散热，引起体内蓄热，导致体温调节功能发生障碍。热射病是中暑最严重的一种，在高温环境下突然发病，病情危重，死亡率高。典型症状：急骤高热，肛温常在41℃以上，皮肤干燥，热而无汗，有不同程度的意识障碍，重症患者可有肝肾功能异常等。

2. 热痉挛

由于大量出汗，体内水和电解质的平衡失调所致。临床表现特征：明显的肌痉挛，有收缩痛，以四肢肌肉和腹部肌肉等经常活动的肌肉多见，尤以腓肠肌最明显，痉挛呈对称性。轻者不影响工作，重者痉挛甚剧，患者神志清醒，体温多正常。

3. 热衰竭

在高温高湿环境下，外周血管扩张和大量失水造成循环血量减少，颅内供血不足而导致发病。主要临床表现：一般发病迅速，先有头昏、头痛、心悸、恶心、呕吐、出汗，继而昏厥，血压短暂下降，一般不引起循环衰竭，体温多不高，一般休息片刻即可清醒。

三、高温热浪对人体系统功能的影响

(一)高温热浪对消化系统的影响

中国疾病预防控制中心(疾控中心)数据显示：截至2016年7月31日，全国共报告细菌性痢疾病例66 416例，死亡1例，其他感染性腹泻病例581 964例，死亡7例，报告病例数较2015年同期上升12%。2019年6月1—30日，全国共报告法定传染病964 457例，死亡2 118人，其中，包括细菌性痢疾在内的21种乙类传染病共报告发病319 934例，死亡2 105人，占乙类传染病报告病例总数的91%；同期，感染性腹泻报告发病数位居丙类传染病发病数的前3位。感染性腹泻是由细菌、病毒、寄生虫等病原微生物引起的以腹泻为主要症状的常见疾病。而其他感染性腹泻是我国《传染病防治法》规定的丙类传染病之一，指除霍乱、痢疾、伤寒及副伤寒之外的腹泻病。研究发现，西部城市兰州市，感染性腹泻在高温、高湿的情况下容易发生。2008—2009年广东省其他感染性腹泻的报告病例数在全国范围内分列第二和第一；2010年广东省确诊的其他感染性腹泻病例位居全国第二名，同时浙江省与广东省的病例总数占全国病例总数的80%以上。可见，温度较高地区的感染性腹泻发生率较高，对这些地区的人群健康造成影响。

在高温天气里，非常容易出现感染性腹泻。很多报道显示7—8月是我国高温热浪频发的月份，也是伤寒/副伤寒、细菌性痢疾及由细菌引起的其他感染性腹泻高发季节，并且发病区域集中在天气炎热、空气潮湿的地区，此类环境利于病原体生长繁殖，因此感染性腹泻性传染病的风险会随之上升。而且，在高温环境下，人体代谢旺盛，能量消耗较大，而闷热又常使人睡眠不足，食欲不振，造成人体免疫力下降，机体适应能力减退，抵抗力下降，病菌、病毒就会乘虚而入，易引起上呼吸道感染(感冒)；另外，高温高湿环境，细菌、病毒等微生物大量滋生，食物极易腐败变质，食用后会引起消化不良、急性胃肠炎、痢疾、腹泻等疾病的发生；再有，人们从室外高温环境中回到室内，习惯马上打开空调或用电扇直吹，吃些冰镇食品，这一冷一热，容易导致腹泻。

(二)高温热浪对循环系统的影响

人体对疾病的抵御能力在一些极端天气和特殊天气情况下会降低，强烈的刺激会使对气象环境敏感

的人受到损伤，也会因此而诱发或者加重心血管系统疾病。高温热浪是夏季对人体健康影响最为直接和明显的因素，能够造成严重的健康损害，可造成多种疾病发病率和死亡率增加。高温热浪原是热带、副热带地区的典型气象灾害，随着全球气候变暖和城市化的加速发展，美国、欧洲、日本、中国等中高纬度原本较为凉爽的地区也出现越来越多热浪事件。热浪期间，老年人和患有基础疾病的人超额死亡率最高，这部分超额死亡主要由心、脑血管疾病和呼吸系统疾病引起。

在我国，每年因心脑血管病死亡的人数占总死亡数的41%，人数多达350万人，心脑血管病已成为威胁人类健康的第一大杀手。研究表明，高温热浪增加心脑血管病的发病和死亡风险。在荷兰，心脑血管疾病发病率在气温高于16.5℃时，会相应增加1.86%；而伦敦，当气温高于19℃时，气温每升高1℃，心脑血管疾病的发病率将增加3.01%。研究显示，北京市某城区日均表观温度≥12℃时，日均表观温度每上升1℃，全人群缺血性心脏病超额死亡率为1.202%。通过分析南京地区2004—2010年居民每日死亡资料和同期气象资料发现，高温热浪与每日居民心脑血管疾病死亡的关系密切，心脑血管疾病的日死亡人数与高温热浪期间的日最高温度呈正相关。心脑血管疾病死亡的危险度主要受到当天、死亡前2天的日最高温度的影响。高温热浪当天，心脑血管疾病死亡危险度升高1.2倍。通过对比高温期（日最高气温持续≥36℃）和非高温期武汉市心血管疾病死亡的影响，发现高温期心脑血管疾病的总平均日死亡数、女性平均日死亡数、男性平均日死亡数均显著高于非高温期（$P<0.001$），高温期心脑血管疾病的总平均日死亡数、男性平均日死亡数、女性平均日死亡数分别是非高温期的1.92、1.56、2.34倍。可见，高温对心脑血管疾病患者有很大的影响，对女性患者影响更大。研究表明，通常女性开始排汗的起始皮肤温度高于男性，说明男、女对温度敏感性有差异。从高温期与非高温期平均日死亡数的比较分析来看，男性、女性高温期间的平均日死亡数分别是非高温期的1.56、2.34倍，可见女性心脑血管疾病患者可能对高温更敏感。

心血管疾病是一组以心脏和血管异常为主的循环系统疾病，其中以动脉粥样硬化性冠心病、高血压和脑卒中等对人类健康的危害最为严重。高血压、高胆固醇血症、甘油三酯升高、血糖升高、血尿酸升高、心电图异常等均是心血管疾病的重要危险因素。然而，这些因素在高温作业工人中异常率较高。大量研究报道了高温作业工人高血压、高总胆固醇血症、高甘油三酯血症、糖尿病、高尿酸血症及心电图异常患病率明显高于非高温作业工人，其血压、总胆固醇、甘油三酯、血糖、血尿酸水平也显著高于非高温作业工人。研究发现，高温组高血压患病率（25.00%）明显高于对照组（12.28%）；钢铁高温作业工人的血尿酸、血糖平均值（分别为372.09 μmol/L、5.18 mmol/L）高于非高温作业工人（分别为344 μmol/L、4.69 mmol/L），且高血糖患病率、高尿酸血症患病率、心电图异常率分别为33.18%、17.3%、40.64%，显著高于非高温作业工人的异常率。

高温对心血管系统有显著的影响，无论是被动（环境温度升高）还是通过体力活动，血流量、心率、血压等均发生改变。高温作业使机体体温升高，需要通过汗液排出以维持体温正常，这使得血液浓缩，有效血容量减少，血液增加，外周血管阻力增加，心脏负荷加重，特别是左心室后负荷加重，在一定条件下导致心肌缺血，心肌细胞复极电位发生改变，从而引起左心室高电压，而左心室高电压是心电图异常的主要表现。另外，血液、外周阻力增加可以升高血压。且心排血量减少，心脏指数减小，血流量进行重新分配，肝、脾、胃肠、肾等血流量降低，为了满足肌肉活动的需要，肌肉血流量增加，心率加快，心血管系统处于高度应激状态。

高温热浪对心脑血管疾病致病机制的研究主要有以下几方面。一是体温随气温升高时，血液会从脏器加快扩散到皮肤表面，气温升高导致血液黏度增加，机体胆固醇水平升高，使心脏和肺部的负担加重。二是由于机体对高温的应激反应，导致肾上腺素分泌先增多后减少，血管先扩张而后再收缩，人体排汗量会因为环境气温较高而增加，导致大量的钠随之流失，机体内会出现细胞酸碱平衡失调和电解质紊乱，在这种情况下将出现心律失常。与此同时丢失过多的水分又会造成循环障碍,综合作用的情况下,很容易致使心脑血管疾病患者病情复发。三是人体在环境温度达到30℃时,其散热途径主要是蒸发的方式,即通过皮肤出汗,这种情形下人体血液会因为皮肤表面的血管扩张而进行重新分配,同时心脏负荷因排出量增加而加重,严重时会导致心功能衰减。

(三)高温热浪对呼吸系统的影响

高温热浪可刺激人体呼吸系统,增加常见呼吸系统疾病如慢性阻塞性肺疾病、肺炎、哮喘等的发病和死亡。对北京市2004—2008年气象数据与呼吸系统疾病每日死亡人数之间的关系进行分析,结果表明日最高温度每升高1℃,发生呼吸系统疾病死亡的危险度升高1倍。济南市苍南县学者关于热浪对呼吸系统疾病就诊人次影响的病例交叉研究显示,热浪会增加医院呼吸系统疾病就诊量,且存在滞后效应,滞后期为4 d;患急性上呼吸道感染的人群、4～14岁少儿、65岁以上老年人等为易感人群。

(四)高温热浪对泌尿系统的影响

Gronlund等对美国老年人住院情况的研究显示,热浪效应会导致因肾脏疾病住院治疗的费用增加。另有研究报道了南澳大利亚肾病发生和极端高温之间存在着显著正相关性,伦敦也观察到相同的情况。Guirguis等研究发现,加利福尼亚州的温度与急性肾功能衰竭和脱水之间存在正相关关系。对北京市泌尿系统疾病急诊入院人数与日平均气温关系的研究显示,日均气温与泌尿系统疾病急诊入院人数存在明显的正相关。当平均温度每升高1℃,当日泌尿系统疾病急诊入院增加的相对危险度为1.013 2。以上的这些研究数据均表明,高温热浪与泌尿系统疾病,特别是肾脏疾病之间存在密切关联。

长时间或者高强度的高温环境作业时,人体产热增加,为维持产热-散热的平衡,机体将通过汗腺排汗增加散热。大量水分通过汗腺排出,如果得不到及时补充,会造成机体的缺水。正常人夏季每天的平均尿量在1 500 ml,在高温作业时,由于水分的大量减少会导致尿量的大量减少,血液变得相对浓缩,黏稠度增加,血压偏低,全身小血管处于舒张状态,血流从内脏转移到皮肤和肌肉,影响内脏血液供应,从而导致心血管负担加重,肾功能受到影响,从而使得肾脏负荷过重,进而可导致肾功能不全,出现蛋白尿、血尿等现象,最终会诱发一些肾脏疾病的出现和加剧。

(五)高温热浪对神经系统的影响

高温热浪除了对以上系统产生不良影响外,还会影响到神经系统的功能作用。吴凡分析了2006—2009年南京市高温热浪对于天气敏感性疾病如神经系统疾病、循环系统疾病、内分泌系统疾病、呼吸系统疾病等的影响,结果显示,高温热浪期间以上疾病的超常死亡率和超常死亡数明显增加,其中神经系统疾病的增加程度最大。高温作业时,为减轻热负荷,人体会出现中枢神经系统抑制的现象,人体会产生倦怠、疲惫的感觉,肌肉活动能力降低,机体活动量减少,因此机体产生的热量将减少,从而达到减轻热负荷的效果。但是因高温所导致的中枢神经系统抑制通常会导致作业人员注意力下降,工作效率下降,所以容易发生工伤事件。神经系统是人体的"总司令处",控制着人体绝大多数活动,但是高温热浪会通过抑制神经系统功能从而影响正常工作和生活。高温热浪期间,应采取措施,通过在工作场所设置防暑降温设备、减少高温露天作业的时间等办法,降低高温热浪对作业者的不良影响。

第四节　高温生物学效应及机制

许多研究发现气温与人类死亡率存在关联,并得到温度-死亡率U型曲线,即温度过高或过低都将引起人类死亡率上升。流行病学数据显示,随着环境温度升高,脑卒中、高血压等心脑血管疾病的发病率随之增加。WHO报告中也强调了全球气候变暖将会导致传染病传播途径的变更,使现有预防途径失效,可

能成为重大公共卫生威胁。也正因为如此，由气温引发的环境和健康问题日益成为人们关注的焦点。

为了应对环境温度的变化对功能的影响，人体各组织器官将产生一系列的应激反应包括体温调节、水盐代谢和心血管系统调节等，以达到维持人体内环境稳定的目的。因此，在高温地区，了解高温生物学效应及其机制对防范高温对人体的健康损害具有重要意义。

一、热平衡和热交换机制

(一)热平衡

人体通过调整散热量对体温进行调节，过高的环境温度将会导致散热途径受阻，不利于热平衡的保持。根据实验测定可知，日光照射的辐射热平均为 627.6～1 255.2 kJ/h，内源性代谢的产热强度受到体力劳动强度的影响，短时间内最大程度产热量为 4 184～11 297 kJ/h 以上。人体与环境的热平衡关系，可通过以下公式定量表达：

$$S=M-E\pm R\pm C_1\pm C_2 \tag{4-4}$$

式中，S——热蓄积的变化；

M——代谢产热；

E——蒸发散热；

R——经辐射的获热或散热；

C_1——对流的获热或散热；

C_2——传导的获热或散热。

当 $S>0$ 时，环境对人体放热，体温升高；$S<0$ 时，人体对环境散发热量，体温降低；$S=0$ 时，机体与环境之间达到热平衡状态。

(二)热交换

作为人体重要的热交换机制，辐射、对流、蒸发主要经血液循环方式在人体表面散发热量。轻劳动强度的人 24 h 散热量为 10 460 kJ，其中 45%以辐射散热方式与环境之间进行传递，30%依靠对流和传导，剩余 25%为蒸发散热。当环境温度接近或超过皮肤温度(32～35℃)时，热空气主要通过对流对人体进行传导，周围物体以辐射的方式对机体传导热量，并通过血液循环加热全身，作用于人体表面和组织深处。机体吸收热量后，刺激汗腺分泌，排汗速率加快，汗液蒸发带走热量成为人体维持温度平衡的重要手段。当皮肤温度达到 34 ℃，体表每蒸发 1L 汗液可散发 2 439 kJ 的热量，这个数值相当于人体极大强度的体力活动 1 h 所产生的热量值。作为对抗高热最重要的器官，人体汗腺数量可达 200 万～500 万个，最大排汗量 4 L/h，为腺体容积的 250 倍。需要注意的是，汗液的蒸发不仅受温度的影响，湿度同样是重要的影响因素。相同温度下，干热有风的环境中汗液蒸发率可达 80%；而在环境湿度大、风速小的密闭空间中，汗液的蒸发率将低于 50%。

二、高温对生理功能的影响

(一)体温调节

当人体感受到环境中的热刺激时，神经系统和内分泌系统对心血管系统、皮肤、汗腺分泌等进行调控，保证人体温度不至于过度波动。首先，环境中的热源刺激皮肤温觉感受器或机体做工产热使血液温度上升，感受器的兴奋信号通过神经以 0.7 m/s 的速度传导，下丘脑前区的中枢温觉感受器受到刺激，热敏神经产生频繁电信号，冷敏神经活动抑制，散热中枢处于兴奋状态，内脏的血管壁收缩，皮肤毛细血管舒张，血液再分配；同时产热中枢抑制，产热量减少，以达到调节体温使其维持在正常范围的目的。

要进行上述调节,就需要存在一个"触发点"。正常状态下,热敏神经元的感受温度达到 37 ℃左右时,即达到体温调节点。当皮肤受到热刺激时,调节点下调,中枢温度达到 36.6 ℃,即可通过出汗散热。正常强度劳动时,人体体温升高不超过 1℃,肛温 38.5 ℃或口温 37.4 ℃以下,认为是尚可耐受的温度波动,经过 30 min 左右的休息和散热将恢复正常状态。而在高温劳动时,人体做功产生的热量经由血液循环传到全身,皮肤血管扩张,外周血流量增大,速度加快,皮肤温度升高。环境温度高,周围物体热辐射作用强,都会影响皮肤散热能力。当皮肤温度与血液、内脏温度相同时,脏器排热受阻,机体过热,出现病症,将严重破坏内环境稳定,影响体力劳动能力。因此,在探索人体热量耐受值时,体温常作为人体耐热阈值的生理指标。一般情况下,在人体不同位置进行温度测量时发现,皮肤温度是反应高温气象条件对人体综合作用和体温调节较为敏感和方便的指标,数值稳定,躯干为 31～34℃,四肢则更低一些。

需要注意的是,单纯的体温调节能力是有限的。静息状态下,环境温度 31 ℃、相对湿度 85%或环境温度 38 ℃、相对湿度 50%,就已达到人体进行体温调节的极限环境值。

(二)水盐代谢

汗液是由交感神经受下丘脑发汗中枢支配的汗腺分泌的体液,汗腺属于胆碱能支配器官,由醛固酮(ALD)和抗利尿激素调节。当环境温度增高时,皮肤温度感受器受到刺激,血液加温,下丘脑发汗中枢被激活,发汗量增加。汗液为低渗性体液,除水分为主要成分之外,还包含一定的固体成分(主要为电解质,如氯化钠等),占汗液量 0.3%～0.8%。人体在热环境中进行劳动时,出汗量的多少受温度、湿度和劳动强度的影响,劳动强度越大,环境温度越高,湿度越大,出汗越多,汗液中含盐越多。因此出汗量可作为人体受热和劳动强度的综合评价指标,一般认为出汗量达到 0.26 L/h 即为人体水亏空的阈值,1 个劳动日出汗量 6 L 为生理最高限度。

散热排汗时,大量丢失的水分导致人体处于高渗性脱水状态,血浆渗透压升高,下丘脑刺激视上核和室旁核分泌抗利尿激素,作用于肾脏远曲小管和收集管上皮细胞受体,促进肾小管对水分的重吸收。当失水量达到体重 0.5%～1%时,组织外液量减少,内环境处于高渗状态,下丘脑饮水中枢受到刺激,产生口渴感,促进主动饮水行为以降低渗透压、恢复血容量。

(三)心血管系统

高温状态下的人体,为完成散热和器官供氧的需求,通过神经内分泌调节使循环系统处于高度紧张的工作状态:减弱皮肤血管的交感神经活动,增强内脏血管交感神经活动,促进神经末梢释放儿茶酚胺。此时,心脏活动增强,心肌收缩力增强,心排血量增大;内脏血管收缩,皮肤血管舒张,血液重新分配。口温每升高 0.9 ℃,心排血量平均可增加 60%,增量中有 50%的血液将被分配至体表,皮肤血流量可加速到 4.2 L/min,迅速通过皮肤散热。需要注意的是,虽然心脏收缩的强度、频率、每搏输出量和每分钟输出量都在增加,但是每搏输出量的增加幅度有限,因此增加主要依靠外周温热感受器和调控神经反射来增加心脏搏动次数,故而心率常被用来评价环境温度对机体所造成的热负荷状况及心血管系统紧张程度。

当人体处于热环境中或进行一定强度劳动时,短时期内将发生心率加快,收缩压上升,舒张期缩短,血液浓缩,这属于早期机体不适应的表现。若高温劳动强度过大或时间过长,心率过快,体温升高,心排血量下降,血压反而降低,则意味着心脏负荷已经达到极限,不能继续满足供血需求。

(四)消化系统

处于热应激状态时,由于血液再分配作用,消化系统内血量不足,且大量水分和电解质丢失,导致合成各类蛋白和消化液的原料缺失,消化道分泌液(如唾液、胃液、肠液)量均减少,分泌间期延长,各种酶含量(包括唾液淀粉酶、胰酶等)降低。此时,肠道功能抑制,营养物质吸收速度慢。另外,大量消耗的水分引发的脱水口渴抑制了食欲中枢,若大量补充水分则会稀释胃液,加重高温劳动者的食欲减退和消化不良症状。

(五)神经内分泌系统

通过刺激皮肤温觉感受器和血容量变化,下丘脑体温调节中枢对人体温度调节采取负反馈调节方式,并控制内分泌系统主要对其进行以下三种方式的调节:首先,热应激状态下,下丘脑-垂体-肾上腺皮质功能被激活,促肾上腺皮质释放激素(CRH)大量释放,促进腺垂体合成与释放促肾上腺皮质激素(ACTH),并通过促进肾上腺皮质组织的增生及皮质激素的生成和分泌,调控机体糖皮质激素和盐皮质激素的含量,提高机体热适应和热耐受能力。为增强恶劣环境下的急性应激能力,肾素-血管紧张素-醛固酮系统激活,血清中皮质醇(CS)和醛固酮(ALD)含量上升。此外,垂体-甲状腺系统也受温度调节分泌,高温抑制甲状腺素(TSH)分泌,血清中 T3 含量增加,T4 含量相对稳定,T4/T3 比值下降,蛋白质分解速率加快,耗氧量增加。

参与体温调节的介质如醛固酮、皮质醇、肾素等大量分泌,除生理作用外,对精神和心理状态也有一定影响。热负荷加重时,糖皮质激素的大量分泌可增加机体对恶劣环境的适应和抵抗能力,但分泌过多则会使人思维不集中、烦躁和失眠。根据国外病例报道,受到急性热作用的人群可出现明显的情绪失控,如无法控制的大哭或大怒等,严重应激障碍时甚至可引发心理和精神创伤,轻度表现为情绪易激惹、睡眠障碍等,严重者可丧失劳动能力。

另外,在高温、热辐射剧烈环境下进行劳动时,中枢神经系统先处于兴奋,而后神经突触反射性潜伏期延长,兴奋性持续性下降;当抑制占据主导地位时,条件反射潜伏期延长,视觉分析灵敏度下降,视觉-运动反应潜伏期延长,即导致动作行为灵敏度、准确度下降,反应疲乏迟钝,意外事故发生率增加。

(六)血液系统

人体处于热应激状态时,血容量变化取决于皮肤温度和中心体温的改变,皮肤温度升高,则血容量减少。体内缺水时,血液浓缩,红细胞、血红蛋白浓度增加,血浆总蛋白、白蛋白和球蛋白浓度上升。白细胞的含量则受到内分泌系统的调节影响。垂体-肾上腺系统功能亢进,促进中性粒细胞数量增加,嗜酸性粒细胞减少。热应激时大量排汗导致血浆内电解质,包括钾、钠、氯减少,乳酸和丙酮酸及其比值、甘油和游离脂肪酸含量增高,血液 pH 值降低,甚至发生代谢性酸中毒。短期热应激时,血糖浓度升高;长期处于应激状态的机体,血糖浓度则下降。对氧气利用效率进行分析发现,热环境下动脉血氧饱和度值下降 25%,静脉血氧饱和度比正常值偏高,提示氧气的供应、传递、利用率相对低。通过对能量合成研究发现,若血液浓缩量超过 2%~4%,将引起肝脏缺血缺氧,肝糖原合成受到抑制。

(七)泌尿系统

作为维持人体酸碱、水盐平衡的重要器官,肾脏在高温状态下可降低 50% 血流量,减少 21% 的肾小球滤过率,当日劳动出汗量达到 5L,甚至更多时,汗液丢失的水和电解质将会引发内环境酸碱平衡紊乱;同时,组织血流再分配引发缺氧,乳酸含量增多,酸性物质排出减少,加重了代谢性酸中毒程度。此时,尿液浓缩,排出量减少,高热状态下氧供给不足,肾脏负荷较重,严重者可发生急性肾功能不全。

(八)生殖系统

高温环境对生殖系统危害较大,持续暴露于热环境可引起男性精子生成减少,活力下降;女性月经紊乱,经血量减少,月经周期改变。有报道显示,妊娠前期母体处于热环境中可能导致自然流产或子代先天畸形或出生后发育异常。

(九)呼吸系统

高温天气下劳动将会引发机体反射性增加呼吸频率和肺部通气量,加快气体交换速率,以弥补体内被大量消耗的氧气,并通过呼气蒸发散热。

当高温热浪发生时，人体为了适应高温会调节血液到周围皮肤组织，通过蒸发等方式散热，造成血压升高、呼吸加速等。同时与高温热浪伴随的低气压也造成人们的呼吸困难。当高温超过人体的调节范围，人体适应力降低，呼吸系统受到影响，尤其对患有呼吸系统疾病的人影响更大。在适应性反应有限的老年人中高温对呼吸系统的影响表现得更明显。与年轻人相比，老年人的体温调节能力降低，机体的产热和散热难以保持动态平衡，体温升高快，出汗阈值通常会升高。当体热产生大于维持正常体温所需的热量时，从心脏到皮肤的血液流动增加，并且热量更快地传递到外部环境。结果，血压最初可能增加，心跳和呼吸频率增加，从而对机体功能产生影响，引起或促进呼吸系统疾病的发生和加重。此外，在高温环境下，空气中大气颗粒物等污染物的浓度通常会有所升高，经呼吸系统进入人体的污染物浓度也相应升高，与高温环境本身协同引发或促进呼吸系统疾病的发生或恶化。

第五节　热污染对生态环境的影响

随着工农业不断发展，人类活动强度增高、范围扩大，能源未能被最有效利用和循环，导致环境温度的异常升高，使地球最佳温度环境发生变化，对人类和其他生物的正常生存和发展构成直接或间接的威胁，环境热污染已成为社会公害之一。

一、影响全球气候变化

根据热力学定律可知，任何被使用的能量最终都会变成热量排出。随着城市化、工业化的快速发展，产生了大量的生活废气、工业废气，携带热量进入大气层中。大气中不断增加的热量将会导致地面对太阳能反射率增加，吸收率下降，近地面空气热度降低，上升的水汽量减少，云、雨形成困难，导致该地区的降水量减少，甚至发生干旱。随着近年来植被破坏和异常天气的频频出现，每年都有超过 6 万多 km^2 的土地转变为沙漠，尤其是温带和亚热带地区，严重影响农作物正常生长，粮食产量降低。

不仅如此，全球气候变暖和水体的热污染将引起水藻死亡、硅藻滋生，使水生植物吸收 CO_2 能力降低。浮游生物和甲壳动物赖以生存的珊瑚礁和极地冰层附近海域环境遭到破坏。死亡的植物和动物尸体还是天然的细菌、病毒滋养床，可能产生未知微生物，严重威胁人类健康。

二、污染大气

近年来，全球气候变化主要影响因素包括 CO_2 浓度增高、城市化、海洋温度变化、森林破坏、气溶胶、沙尘暴、太阳活动、臭氧（O_3）、火山爆发和人为热。这些因素对大气的作用表现：①影响大气组成成分，改变太阳辐射的折射率，如颗粒物含量增加、对流层水分减少、臭氧层破坏等，导致温室效应和城市热岛效应产生。②影响地表状况，改变地面辐射的反射率，如过度放牧、森林砍伐引起的大片土地荒漠化引起地面构成发生改变，影响地面对大气的辐射反射，改变地表和大气之间的热交换过程。下面重点介绍温室效应和城市热岛效应的危害。

（一）温室效应

1896 年瑞典科学家 Svante Arrhenius 最先预测到全球将会发生气候变暖，如今，这个问题已经成为当今十大环境问题首位。大气成分中包括 CO_2、CH_4、N_2O 和 O_3 等气体，对红外线吸收作用强，对太阳光照透射效率高。这些温室气体含量的增加，使太阳光照射地面强度增大，且逆辐射能力增强，保温效果好，导致地球温度上升。

造成温室效应加剧的原因：①温室气体排放量增加。由于人口数量增长和生活质量日益提高的需

求，城市化和工业化的推进，化石能源大量燃烧，产生大量生产生活废气，携带着热量的温室气体严重冲击自然循环平衡体系。②森林植被破坏，温室气体可吸收量下降。由于森林植被的大量破坏，土地荒漠化严重，地球吸收温室气体的能力大大减弱，无法使其重新参与地球碳循环维持平衡。据估计，目前因植被破坏导致CO_2浓度升高已达CO_2增量的24%。

2006年时任英国首相经济顾问的尼古拉斯·斯特恩(Nicholas Stern)爵士发表了《斯特恩评估：气候变化经济学》，指出如果未来几十年不采取及时的应对行动，气候变化将使全球损失5%～20%的GDP；如果全球立即采取有力的减排行动，将大气中温室气体的浓度稳定在500～550 mg/L，其成本可以控制在每年全球GDP的1%左右。英国《卫报》发文称如果气温持续升高，可能会影响百万人的生活，甚至扰乱全球生态平衡。根据现在已有的状况分析，温室效应的出现可能带来的直接或间接的危害包括以下四点。

1. 海平面升高

全球气候变暖将会通过海水受热膨胀和冰川融化两种途径导致海平面升高，上升的海平面可能会引发排洪不畅、海水倒灌、低地势地面被淹没、海岸侵蚀等问题。根据我国气候变化评估报告，沿海海平面1980—2012年期间上升速率为2.9 mm/年，高于全球平均速率。20世纪70年代末至21世纪初，冰川面积退缩约10.1%，冻土面积减少约18.6%，全国降水平均增幅为2%～5%，北方降水可能增加5%～15%。冰层的融化可能会促使被冰封在北半球冰层中的史前病毒重见天日。纽约锡拉丘兹大学研究者在《科学家杂志》中发文指出，近期出现一种大气中传播的植物病毒——番茄花叶病毒(tomato masaic virus，TOMV)可能来自北极冰层中，并且确实从4块来自格陵兰岛的万年冰块中提取出该病毒，证实了这个猜想。

2. 气候带北移

随着全球气温的改变，北半球气候带将向北移动，若物种迁移效率不能及时跟随改变，则会出现因不能适应气候而导致物种灭绝、生物链断层的可能性。IPCC在其气候变化评估报告中指出，100年来地球平均气温上升0.6 ℃。若气温升高1 ℃，则北半球气候带向北移动100 km。气温升高3.5 ℃，气候带向北移动5个纬度左右。

3. 加重区域性自然灾害

温度上高，海洋和陆地上水分蒸发速度加快，各地降水量和降水频率失去原有规律，原本缺水的地区将会进一步减少降水和地表水含量，旱情加重，而热带地区降水量进一步增多，加重发生洪涝灾害的可能性，即发生厄尔尼诺现象，常见于太平洋东部和中部的热带海洋。

4. 危害人类健康

温室效应的出现增加了高温天气出现频率，传染病发病率增加，分布范围扩大，人群易感性增强。另外，伴随气候变暖引起的海平面上升，可能增加经水传播的疾病，如霍乱的传播和食用有毒水产品引发中毒事件。

(二)城市热岛效应

除温室效应外，城市热岛效应也是由大气热污染引起的一种异常天气变化。目前，我国观测到的热岛效应最大温差出现在北京(9.0 ℃)、上海(6.8 ℃)。世界范围内，德国柏林的热岛效应最大，可达13.3 ℃；其次为加拿大温哥华，最高可达11 ℃。

城市热岛效应可能产生的危害包括以下几种情况。

1. 城市夏季高温时间延长

高温天气下，工作效率低，中暑和死亡人数增加。温度与人体生理状态密切相关，环境温度高于28 ℃时，人体产生不适，精神烦躁不安，温度继续增加，可诱发中暑；温度高于34 ℃时，高温将成为诱发心脑血管疾病的危险因素。为降低高温影响，空调的广泛使用，加重了能源的消耗。

2. 加剧城市大气污染

城市中心部分热空气上升，周围郊区冷空气向市区涌入，而城区上升的空气在向四周扩散的过程中又在郊区沉降下来，形成城市热岛环流，阻碍了城市云雾（工业生产和生活中排放的污染物形成的酸雾、油雾、烟雾和光化学烟雾的混合物）的扩散，不利于污染物向外迁移扩散，加剧城市大气污染。

3. 局部地区天气异常

城市上升的热气流与海陆气流相遇可形成局部乱积云，每小时降水量可达 100 mm 以上，导致暴风暴雨和云雾天气的发生，即所谓的“雨岛效应”“雾岛效应”“城市风”，洪水、山体滑坡和道路塌陷的自然灾害增大。此外，城市热岛效应可能会加重城市供水紧张，火灾多发，为细菌、病毒等病原体滋生蔓延提供温床，甚至威胁到一些生物的生存并破坏整个城市的生态平衡。随温度升高，光化学反应速率加快，近地面大气臭氧浓度增加，危害人体健康。

三、污染水体

水体热污染的危害主要有以下几个方面。

（一）自然灾害增加

水体温度升高，水下降，密度减小，泥石流程度加剧，河床淤泥堆积，河水上涨，甚至可能发生洪灾。

（二）物种分布变化

水中氧气溶解度随水温增高而降低，水温升高加快鱼类新陈代谢，氧气需求量大，高温水中鱼类血红蛋白与氧亲和力较差，氧传输效率较低，造成鱼类缺氧死亡。大量厌氧菌繁殖，有机物腐败严重，水体发生黑臭。水温升高导致水中沉积物释放离子，可释放有毒离子，且离子氧化消耗大量氧气，导致水生植物死亡。另外，温度是影响浮游生物等河口底栖动物分布的重要因素。

（三）致病微生物滋生

温水为致病微生物提供了很好的滋生环境，引起疾病流行，危害人类健康。1965 年澳大利亚曾流行一次阿米巴脑膜炎，经调查后发现是由于发电厂排出的大量热水使河水温度升高，病原体在温度适宜的河水中生长繁殖引发了这次疾病的流行。另外还有部分溶解于水中的毒物毒性随温度升高而变化，如水温升高 10℃，氰化物毒性增加一倍。

第六节　高温热浪的预警与防御

一、高温季节预测

全球变暖背景下，趋多趋重的高温热浪对人们的健康及生命、劳动生产率、工农业生产、基础设施、生态系统等造成的损害越来越大，预计未来相关灾害风险会越来越严重。但是，极端高温季节预测仍是一个世界性的科学挑战与难题。高温的季节预测是在高温季节来临之前，提前给出对于未来季节是否为高温多发的预测结果。高温季节预测的主要方法分为三类：定性概念模型、定量统计方法和定量数值模式方法。

（一）定性概念模型

定性概念模型是根据经验和气候理论，仅定性估计未来是不是高温多发的季节。根据历史上高温季

节出现的高温日数、极端高温值等判断为高温年或非高温年，通过分析两者的前期特征，揭示它们的前期异常征兆。常用的前期征兆分析包括环流场特征分析、海温场特征分析、亚洲季风特征分析、气候特征分析等。实际预测时，如前期特征与高温年相似，则预测未来出现高温。

(二)定量统计方法

定量统计方法是依据高温季节某区域出现的高温日数、站数、极端高温值等确定高温指数，计算单点高温指数与可能因子如温度平流、绝热冷却、云、风、湿度等的相关系数，挑选相关系数较高的因子，组建预测方程。另外，也可以用时间序列分析方法来建立预报方程。

(三)定量数值模式方法

定量数值模式方法通过建立微分方程组来求解。气候数值预报除了考虑大气圈本身的大气运动之外，还要考虑其他圈层，如水圈、生物圈等，将这些圈层相应的模式耦合在一起，建立微分方程组，求解后预测未来天气、气候状态，预测高温指数。

二、高温天气预报

高温天气预报通常指 3 d 内的高温预报。目前在气象台站常用的高温预报方法有统计预报方法与数值预报方法等。

(一)统计预报方法

收集长时间序列的高温个例资料，应用数学统计模型建立高温预报方程，根据方程做出高温天气预报。高温天气预报相对而言是一个小概率事件，所以应用统计预报对这种小概率事件的预报结果相对较差。学者们建立了各种模型，探讨了如何用方程对高温进行预报。如王海艳总结了商丘市的高温天气的气候特征，详细分析了高温天气下的环流形势，通过分析高温天气的环流形势特征，找出预报指标，并建立了高温预报方程。

(二)数值预报方法

利用数值模式，对影响气候的各种物理量进行计算。它是以流体力学、大气动力学、热力学为理论基础，并采用计算数学、高速电子计算机的近代天气预报方法。在应用流体力学和热力学的原理描述大气运动并组成闭合方程组时，常以某时刻气象要素的空间分布为初值，在给定边界条件下利用数值求解方法给出定量而客观的预报。其预报对象可以是未来某一时刻在各地任何一个高度上的气压、温度、风向、风速及降水量等。目前，在温度和气压预报中，已达到预报人员主观经验预报的水平。而且，随着计算机技术和气象探测手段的不断发展、大气科学和数学物理的不断进步、数值天气预报模式技术和对物理过程的描述不断改进和完善，数值预报水平不断提高。

三、高温热浪与健康预警

(一)高温热浪与健康预警资料准备

1. 气象资料

与热相关疾病有关的气象因子包括气温、湿度、水汽压、风向、风速、气压、降水、云量等。

2. 健康资料

高温热浪对人体健康最直接的影响是导致发病率和死亡率的升高。常用的指标包括患病率、入院人数或额外入院人数、死亡率或额外死亡数。在使用时除了粗率之外，又将这些资料按不同年龄段、性别与死亡原因(心血管疾病、脑血管疾病、呼吸系统疾病和其他疾病等)等进行分类，求其专率。

3. 环境资料

高温期间往往伴随着高浓度的臭氧、颗粒物等空气污染，环境空气质量方面的资料常应用到热浪与健康预警系统中。

(二)高温热浪与健康预警方法

在高温热浪事件发生频率和强度持续增长的背景下，构建高温热浪健康风险预警系统是降低经济损失和健康风险的有效措施。目前全球多个国家和地区都构建了本地化的健康风险预警系统。

高温热浪与健康预警方法较多，有指标法、天气分类法和人体热量平衡法，其中指标法应用最为广泛。

热指标被广泛应用于高温热浪的研究。热指标包括单要素、二要素和多要素指标。单要素一般用最高气温高于某一温度(界限温度)，如30℃、35℃或40℃等，或者高于某一温度以上连续多少小时或者多少天。而二要素指标最典型的就是考虑了气温和湿度的温湿指数，多要素指标则还要综合考虑对人体散热能力有关的风速或者太阳辐射的影响。

研究热浪使用最多的单要素指标是最高温度，当气温升高到某个临界温度，死亡数明显增加。除了单要素的温度指标外，国内外还开发了许多组合指标，如美国的热指数和加拿大的Humidex、Humiture、体感温度、相对气候指数等。其中以热指数使用最为广泛，美国、加拿大等国家多使用这一指标。

(三)我国的中暑气象等级预报

目前，中国气象局推荐以指标判别法开展高温中暑气象等级预报，主要技术思路：确定引发人体高温中暑的主要气象指标，对该指标进行分级处理，以提示气象条件对人体中暑的潜在影响；根据指标的不同级别及其持续时间，判定不同的高温中暑气象等级。

1. 炎热指数(TI)的计算

TI的计算要根据相对湿度(relative humidity，RH)的不同而用不同的公式，详见第二节公式4-2和4-3。

2. 炎热等级的划分和确定

根据炎热指数的不同量值并结合当日的极端最高气温，将炎热等级划分为四个级别，分别是热、很热、炎热和酷热四种。如表4-2所示。

表4-2　炎热等级划分表

级别	分级标准
热	TI<TI 92 百分位且 34℃<T_{max}≤35℃ 或 TI≥TI 92 百分位且 33℃<T_{max}≤34℃
很热	TI<TI 87 百分位且 35℃<T_{max}≤37℃ 或 TI 87 百分位≤TI<TI 92 百分位且 35℃<T_{max}≤36℃ 或 TI 92 百分位≤TI<TI 96 百分位且 34℃<T_{max}≤36℃ 或 TI≥TI 96 百分位且 34℃<T_{max}≤35℃
炎热	TI<TI 87 百分位且 37℃<T_{max}≤39℃ 或 TI 87 百分位≤TI<TI 96 百分位且 36℃<T_{max}≤39℃ 或 TI≥TI 96 百分位且 35℃<T_{max}≤38℃
酷热	TI<TI 96 百分位且 T_{max}>39℃ 或 TI≥TI 96 百分位且 T_{max}>38℃

3. 高温中暑气象等级的预报

考虑炎热等级的持续时间，根据各炎热等级持续天数确定高温中暑气象等级。如表 4-3 所示。

表 4-3　高温中暑气象等级划分表

炎热等级	持续时间			
	1 d	2 d	3 d	4 d 及以上
热	—	可能发生中暑	可能发生中暑	较易发生中暑
很热	可能发生中暑	可能发生中暑	较易发生中暑	易发生中暑
炎热	较易发生中暑	较易发生中暑	易发生中暑	极易发生中暑
酷热	易发生中暑	易发生中暑	极易发生中暑	极易发生中暑

对高温中暑气象等级预报，预报提示见表 4-4。

表 4-4　高温中暑气象等级描述

等级	提示用语
可能发生中暑	气温较高，可能导致中暑，请注意防暑降温，尽量减少午后或气温较高时长时间在露天环境中活动
较易发生中暑	高温天气，较易发生中暑，请注意防暑降温，减少午后或气温较高时在日光下暴晒及在露天环境中活动
易发生中暑	高温炎热天气，容易发生中暑，请注意采取防暑降温措施，尽量避免午后或高温时段在日光下暴晒及在露天环境中活动
极易发生中暑	极度酷热天气，极易发生中暑，请采取积极有效的防暑降温措施，避免在日光下暴晒，避免高温时段或高温环境中的户外活动

四、高温热浪的个人防御

(一)高温适应和耐热锻炼

在盛夏酷暑的日子里，高温环境对人体是个严峻的考验。人体对不同温度的反应不同，而提高耐热能力重在耐热锻炼。许多研究证实，人体的热耐受能力与热应激蛋白有关，这种热应激蛋白合成增加，与受热程度和受热时间有关。经常处于高温环境下，热应激蛋白合成增加，人体的热耐受力增加；以后再进入高温环境中，人体细胞的受损程度会明显减轻。而获得或提高热耐受能力的最佳方法，是在初夏这一气温逐渐升高的季节进行耐热锻炼。每天室外活动 1 h 左右，每次锻炼都要达到发汗的目的，以提高机体的散热功能。同时，在这一时段内，尽可能地不用电风扇、空调等。经过初夏一个多月的耐热锻炼，使得人体能自然适应即将到来的炎热夏季。

(二)高温热浪期间的应对措施

高温季节要做好保健工作，合理安排衣食住行，保持乐观向上的情绪，养成良好的作息习惯。

1. 避免费力的活动

在热浪期间，应当避免费力的活动，减少、取消或将费力的活动安排在一天中最凉快的时候(早晨 5:00—7:00)；应当尽可能待在室内，避免过多太阳光照射；推迟室外比赛和运动。

2. 避免剧烈的温度变化

如刚从热的环境中出来就立即洗冷水澡，尤其是老人和儿童，这样可能会导致低体温。

3. 衣着适当

穿宽松、质地轻、颜色浅的衣服，并尽可能地覆盖皮肤。

4. 饮食适当

应当注意少吃多餐，避免吃高蛋白的食物，多喝流质，补充水分；多喝水，可以喝一些糖盐水，或是凉的淡盐水，补充因大量出汗而使人体丢失的盐分。

5. 其他措施

室内安装临时反光镜，把热挡在室外，必要时可以应用空调降温，但要注意温度不能过低；工作场所或家中可以准备一些避暑药物和自制的清凉饮料，像十滴水、藿香正气水或是加点盐的绿豆汤等。

中国疾控中心卫生应急中心根据既往资料，并借鉴和参考美国疾控中心、WHO 等相关资料，编写了《公众高温中暑预防与紧急处理指南(2014 版)》，供各级疾控机构在健康宣教和风险沟通时参考使用。

五、高温热浪应急体系

(一)高温预警信号和高温中暑气象条件等级预报的发布

1. 高温预警信号的种类

高温预警信号，是指各级气象主管机构所属的气象台站向社会公众发布的高温预警信息。在 2007 年 6 月实施的《气象灾害预警信号发布与传播办法》中高温预警信号分为三级，分别以黄色、橙色、红色表示。高温黄色预警信号的含义是天气闷热，一般指连续 3 d 日最高气温将在 35℃以上；高温橙色预警信号的含义是天气炎热，一般指 24 h 内最高气温将要升至 37℃以上；高温红色预警信号的含义是天气酷热，一般指 24 h 内最高气温将升至 40℃以上。

2. 高温预警信号的发布

国务院气象主管机构负责全国高温预警信号发布、解除与传播的管理工作。地方各级气象主管机构负责本行政区域内高温预警信号发布、解除与传播的管理工作。

3. 高温预警信号的防御指引

(1)高温黄色预警信号的防御指引。天气热，要注意防暑降温；户外工作或活动时，要避免长时间在阳光下暴晒，同时采取防晒措施；各有关部门要高度重视防暑降温，关心、慰问生产、施工第一线人员，要妥善安排高温期间的作息时间和休息场所，改善劳动生产条件，减轻劳动强度，严格控制加班加点，高温作业场所要采取有效的通风、隔热、降温措施，建筑、施工等露天作业场所要采取有效防暑措施，防止发生人员中暑；对畜、禽及种植、养殖物采取防高温保护措施。

(2)高温橙色预警信号的防御指引。天气炎热，容易中暑，做好人员(尤其是老弱病人)的防暑降温；应尽量避免在强烈阳光下进行户外工作或活动；对重点行业、重点单位和重点部位(如燃气、供电、化工等企业和车站、机场、码头、客运车辆、商场等公共聚集场所，以及油库、危险品仓库等场所)加强监督检查；加强道路交通安全监管，防止车辆因高温造成自燃、爆胎等引发的交通事故；严格执行食品卫生制度，避免食品变质引发中毒事件；有关部门应保障生产和生活用电、用水；医疗部门要提前做好相应的救治准备；开放避暑场所和避暑救助中心；其他同黄色高温信号。

(3)高温红色预警信号的防御指引。天气酷热，极易中暑，做好人员(尤其是老弱病人和儿童)因中暑引发其他疾病的防护措施；教育部门应安排没有防暑降温设备的学校停课；在强烈阳光下，暂停或取消学生的户外活动；在高温时段，劳动主管部门可根据情况发出停业通知；其他同橙色高温信号。

(二)高温中暑事件的监测、报告、预测和预警

1. 高温中暑事件的监测

为有效预防和及时处置由高温气象条件引发的中暑事件(以下简称高温中暑事件),指导和规范高温中暑事件的卫生应急工作,保障公众的身体健康和生命安全,维护正常社会秩序,2007 年 7 月,卫生部(现国家卫生健康委员会)与中国气象局联合编制了《高温中暑事件卫生应急预案》(以下简称预案)。卫生部(现国家卫生健康委员会)要求各地卫生部门要自 2007 年 8 月 1 日起认真做好高温中暑事件的监测、报告工作,并通过中国疾控中心网络直报系统的突发公共卫生事件报告管理信息子系统中的"公共卫生事件"一项报告高温中暑病例。

预案将高温中暑划分为特别重大(Ⅰ级)、重大(Ⅱ级)、较大(Ⅲ级)、一般(Ⅳ级)四个等级。

特别重大高温中暑事件(Ⅰ级),指有下列情形之一的:①24 h 内,1 个县(市)区域内报告中暑患者 300 人以上(含 300 人),或有 10 例以上(含 10 例)死亡病例发生;②国务院卫生行政部门和气象行政主管机构共同认定的其他情形。

重大高温中暑事件(Ⅱ级),指有下列情形之一的:①24 h 内,1 个县(市)区域内报告中暑患者 150～299 人,或有 4～9 例死亡病例发生;②省级及以上人民政府卫生行政部门和气象行政主管机构共同认定的其他情形。

较大高温中暑事件(Ⅲ级),指有下列情形之一的:①24 h 内,1 个县(市)区域内报告中暑患者 100～149 人,或有 1～3 例死亡病例发生;②地市级及以上人民政府卫生行政部门和气象行政主管机构共同认定的其他情形。

一般高温中暑事件(Ⅳ级),指符合下列情形的:24 h 内,1 个县(市)区域内报告中暑患者 30～99 人。

有的省、自治区、直辖市发布了地方的高温应急预案。比如,上海市于 2013 年 8 月发布了应对高温天气的应急预案,明确了市气象局、发改委、经信委、教委、公安局等 21 个联动部门(单位)的高温应对职责。对应于不同等级的高温预警,都有明确的联动措施。

2. 高温中暑事件的报告

高温中暑事件报告实行卫生行政部门分级审核、分级确认的报告管理制度。卫生行政部门和气象行政主管机构建立联合预报和预警机制,一旦发现高温中暑气象条件或高温中暑事件的苗头,将及时向社会公众发布高温气象条件预报或高温中暑事件预警信息。

预案规定,各级各类医疗机构、疾病预防控制中心中的相关工作人员和乡村医生、个体开业医生均为高温中暑事件的责任报告人。医疗卫生机构发现高温中暑病例后,需要填写《高温中暑病例报告卡》,并于当天通过中国疾病预防控制中心网络直报系统报告。每年 6 月 1 日,各地卫生部门启动高温中暑事件的监测、报告工作,至每年 9 月 30 日终止。

3. 高温中暑事件的预测和预警

预案将高温中暑气象划分为可能发生中暑、较易发生中暑、易发生中暑、极易发生中暑四个等级。各级气象行政主管机构和卫生行政部门开展高温中暑事件的预测分析,确定预警发布的级别。预警分为一级预警(红色预警)、二级预警(橙色预警)、三级预警(黄色预警)、四级预警(蓝色预警)。

各级气象行政主管机构和卫生行政部门联合通过有关电视、广播、报刊、网络等媒体发布高温中暑事件预警信息,相应提出防御措施。

六、高温立法工作

我国有关高温劳动保护最早的全国性法规是 1960 年颁布的《防暑降温措施暂行条例》,大部分规定

都不适合目前的劳动现状，于 2012 年 6 月废止。

2007 年 7 月，卫生部（现国家卫生健康委员会）、劳动和社会保障部、全国总工会、安监总局四部门联合下发通知，要求各地用人单位在高温天气期间，适当调整夏季高温作业劳动和休息制度，增加休息和减轻劳动强度，减少高温时段作业，确保劳动者身体健康和生命安全。用人单位应当向劳动者支付高温津贴。但是由于缺乏相应的处罚机制，通知精神并没有得到切实执行。

2007 年，重庆市公布《重庆市高温天气劳动保护办法》，办法规定，一天中最高气温达到 37℃以上的天气称为高温天气。这种天气下单位要根据工作情况采取换班轮休等方式，缩短连续作业时间，不得安排劳动者加班；当最高气温达 39℃以上时，用人单位安排职工当日工作时间不得超过 5 h，暂停 11－16 时高温时段工作；当日最高气温达到 40℃以上时，当日应停止工作。在高温天气，用人单位安排劳动者工作应支付高温工资，发放高温保健费和清凉饮料等。我国其他地区如北京市、深圳、湖北省也出台了部分法规。

2012 年 6 月，国家安全生产监督管理总局、卫生部（现国家卫生健康委员会）、人力资源和社会保障部、中华全国总工会以安监总安健〔2012〕89 号印发《防暑降温措施管理办法》（以下简称《办法》），共 25 条。《办法》规定，高温天气是指地市级以上气象主管部门所属气象台站向公众发布的日最高气温 35℃以上的天气。高温天气作业是指用人单位在高温天气期间安排劳动者在高温自然气象环境下进行的作业。工作场所高温作业 WBGT 指数测量依照《工作场所物理性因素测量 第 7 部分：高温》（GBZ/T189.7－2007）执行；高温作业职业接触限值依照《工作场所有害因素职业接触限值第 2 部分：物理性因素》（GBZ2.2－2017）执行；高温作业分级依照《工作场所职业病危害作业分级第 3 部分：高温》（GBZ/T229.3－2010）执行。

《办法》规定，用人单位应当根据国家有关规定，合理布局生产现场，改进生产工艺和操作流程，采用良好的隔热、通风、降温措施，保证工作场所符合国家职业卫生标准要求。用人单位应当建立、健全防暑降温工作制度，采取有效措施，加强高温作业、高温天气作业劳动保护工作，确保劳动者身体健康和生命安全。劳动者从事高温作业的，依法享受岗位津贴。

但是，这些文件大多数是指导性意见，既不具强制性，也无相应的惩罚机制，除《办法》之外，我国至今还没有一部统一的对劳动者在高温环境下工作给予立法保护和人文关怀的法律法规。

第七节　热污染的预防控制

一、大气热污染的预防控制

（一）调整产业结构，发展低碳经济

低碳经济是以低能耗、低排放、低污染为基础的一种经济模式，是当今世界经济新一轮发展的主要方向。其实质是能源高效利用、清洁能源开发、追求绿色 GDP；核心是实现能源技术和减排技术创新、产业结构和制度创新及人类生存发展观念的根本性转变。

产业结构调整已成为当今全球经济发展的主题，尤其对即将步入后工业化时代的中国经济来说，更是不容忽视。当前，在经济高速增长的同时，我国原有的高能耗、高污染的生产方式受到了挑战，为解决当前部分产业产能过剩、能耗过高的问题，政府必须加快产业结构调整的步伐。依法依规有序淘汰落后产能和过剩产能，运用高新技术和先进适用技术改造传统产业，延伸产业链，提高附加值，提升企业低碳竞争力。如宁波市，积极提升传统产业、优先发展新兴产业，通过大力推进现代服务业高端化、临港工作

循环化、传统产业集群化、新兴产业规律化，成功实现从高能耗高污染转向低能耗低污染、从粗放型向集约型的一次大飞跃。加强产业结构调整，促进产业转型升级是落实“可持续发展观”的基本要求。

1997年12月11日，《联合国气候变化框架公约》第三次缔约方大会在日本京都召开，促生了公约的第一个附加协议《京都议定书》。2005年2月16日，《京都议定书》正式生效，这是人类历史上首次以法规的形式限制温室气体排放。国内外在减少温室气体排放方面均采取了具体的措施。发达国家主要采取具有综合性的经济和财政政策，包括：鼓励基于项目的温室气体自愿减排交易、征收能源/二氧化碳税、相互交易碳排放额度、对可再生能源和热电联产等高能效技术实施税收优惠或减免政策等。

中国政府高度重视并采取了一系列政策和行动积极应对气候变化。2007年，中国政府成立了“国家应对气候变化领导小组”。同年，中国政府发布了《中国应对气候变化国家方案》，这是发展中国家第一个应对气候变化的国家级方案。2016年10月27日，国务院发布了《“十三五”控制温室气体排放工作方案》，规定了主要目标，到2020年，单位国内生产总值CO_2排放将比2015年下降18%，碳排放总量得到有效控制；氢氟碳化物、CH_4、N_2O、全氟化碳、六氟化硫等非二氧化碳温室气体控排力度进一步加大。统计数据显示，“十三五”期间，我国单位国内生产总值CO_2排放下降了18.8%，提前完成我国承诺的碳减排2020目标。我国节能减碳取得了显著成效，能源密集型产品的单产能耗显著下降，技术节能效果明显，火电煤耗、水泥和钢铁能耗下降了30%～50%，可再生能源技术推广利用世界领先。

（二）开发清洁能源

在优化利用化石能源，加强煤炭清洁高效利用，控制煤炭消费总量的同时加快发展清洁能源，以有效控制温室气体排放。我国《“十三五”控制温室气体排放工作方案》指出，要积极有序推进水电开发，安全高效发展核电，稳步发展风电，加快发展太阳能发电，积极发展地热能、生物质能和海洋能。

1. 清洁能源技术概述

清洁能源是对能源清洁、高效、系统化应用的技术体系，包括核能和可再生能源。可再生能源指原材料可以再生的能源，如水力发电、风力发电、太阳能、生物能（沼气）、海潮能等能源。可再生能源不存在能源耗竭的可能，日益受到许多国家的重视，尤其是能源短缺的国家。

传统意义上，清洁能源指的是对环境友好的能源，意思为环保、排放少、污染程度小。但是这个概念不够准确，容易让人们误以为是对能源的分类，认为能源有清洁与不清洁之分，从而误解清洁能源的本意。清洁能源的准确定义应是对能源清洁、高效、系统化应用的技术体系。其含义有三点：第一，清洁能源不是对能源的简单分类，而是指能源利用的技术体系；第二，清洁能源不但强调清洁性同时也强调经济性；第三，清洁能源的清洁性指的是符合一定的排放标准。既而，清洁能源技术是指在可再生能源及新能源、煤的清洁高效利用等领域开发的有效控制温室气体排放的新技术。太阳能技术中，太阳能热的基本来源是将太阳辐射能收集起来，将其转换成热能加以利用。技术包括太阳能光伏发电、太阳能制氢、太阳能建筑及太阳能的其他利用形式。清洁能源技术还包括风力发电技术、生物质能技术、核能发电技术、地热能技术、海洋能技术、洁净煤技术。

国家和政府要大力扶持节能技术发展和应用。政府首先应该在政策上给予节能产业倾斜，其次在节能技术研发上给予足够的资金支持。在节能技术的推广上也要积极引导企业。在大力发展节能技术的同时要不断调整我国的能源消费结构。减少一次性能源和高污染能源的使用，大力发展低污染和可再生能源的使用，从而减轻我国现在的环境热污染压力。

2. 清洁能源技术简介及我国的发展现状

（1）洁净煤技术。自产业革命以来，作为矿物燃料的煤炭逐渐取代生物质能等可再生能源，成为人类消费的主要能源。中国一次能源消费以煤为主。洁净煤技术是针对煤炭燃烧对环境造成污染而提出的

技术对策，是最大限度利用煤的能源，同时将造成的污染降到最小限度的技术方案。从概念上说，洁净煤技术是指煤炭从开发到利用的全过程中，减少污染排放与提高利用效率的加工、燃烧、转化及污染控制等高新技术的总称。

(2)节约石油和替代石油技术。中国的最终石油可采资源量只有世界人均水平的1/5左右。我国石油消费增长速度明显高于原油产量增长速度，供需缺口越来越大。目前我国石油利用效率明显偏低。但是，无论使用多么先进的节油技术，石油都属于不可再生资源。因此发展替代石油产品，才是未来动力机械燃料的出路。目前发展的主要替代技术有以下几种，如甲醇替代石油、乙醇替代石油、天然气替代石油，其他技术如等离子无油点火、燃油乳化、燃油添加剂等节油技术。

(3)电力节能技术。目前变频调速技术在电厂得到广泛应用，电厂辅机安装变频调速装置后，节能效果显著，一般节电率20%以上。近年来，随着新型电力变压器逐渐普及，变压器的整体损耗水平有较大幅度的下降，但电力传输中的能量浪费仍十分巨大。为此诞生了更先进的电力变压器，如采用多级接缝的铁心结构与非晶合金铁心材料，显著降低空载损耗，采用高温超导技术具有低损耗与低成本的优势，是极具发展前景的电力变压器节能技术。降低线路损耗在10 kV以下配电线路上，采用单、三相变压器混合供电的方式，以高压进户，缩短低压线路以降低线损，使配电线路线损较大幅度降低，提高供电可靠率和电压合格率。

(4)太阳能。我国太阳能年日照时数大于2 000 h，全国总面积的2/3以上有较好的利用条件。在光能直接发电上，我国已在海拔4 500 m以上的西藏阿里地区建起4座10～25 W的独立光伏电站，解决了当地的照明问题，是迄今世界上海拔最高的太阳光伏电站。

(5)风能。我国可开发的风能为2.5亿kW，在技术研发方面，目前最大问题是尚不具备大型风力发电机组关键部件的制造技术和能力，一直依赖引进国外的设备和技术。由于引进国外机组价格较高，每千瓦超过1万元，因此要进一步发展我国风力发电事业，必须在引进消化吸收基础上不断创新，走大型风力发电机国产化的道路。

海上风电是风电产业发展的新趋势。我国海上风能资源丰富，具备大规模发展海上风电的资源条件。与陆上风电相比，海上风电的发展面临着一些新的问题和挑战。与陆上风电相比，海上风力发电环境更为复杂。高湿度高盐分的海风、盐雾、浸泡、海浪飞溅形成的干湿交替区等强腐蚀环境，对海上风机设备的防腐提出了更高的技术、性能要求。

在美国和欧洲等一些风电大国，已通过立法，加强电力基础设施建设和技术创新。同时已初步建立起适应新能源大规模发展的电力运行体系和政策法规制度。在我国目前风电装机规模世界第一的前提下，一些地方存在弃风现象，反映了传统能源体系、管理体制和政策措施还不能完全适应风电等新能源发展的需要。

(6)海洋能。我国大陆海岸线长达1.8万km，有近200个海湾和河口可开发潮汐能，可开发的潮汐能年总发电量为619亿kW·h。目前我国运行的潮汐电站已有十多座，东南沿海有很多能量密度较高、自然环境条件优越的坝址，如钱塘江口等。

目前，在各种新能源的开发利用中，以太阳能、核能、风能的开发与研究最为迅速。我国已出台相关政策，要求学习借鉴发达国家的技术与经验，大力推进多种新能源的开发和利用，并把其作为能源安全战略的重要组成部分，加快其发展，逐步降低对石化燃料的依赖。通过自主研发和引进国外的先进技术和设备，我国清洁能源技术的应用取得了较大的进步，国内许多行业从中受益，并形成了良性发展的势头。总体来看，中国能源开发与节约工作取得了重大进展，能源效率有所提高。

但与发达国家相比，中国能源效率水平依然偏低，我国清洁能源的发展面临着诸多问题：对清洁能源认识不到位、技术水平不高、缺乏相应的制度保障、应用能力较差等。解决这些问题应该从普及科学合理

的清洁能源观、推进开发运用新技术、实现制度和政策保障和以经济结构调整带动能源结构优化、加强国家间的交流与合作等方面调整思路，推进我国清洁能源的发展。

(三)绿化

1. 加强绿化、增加森林覆盖面积

绿色植物的光合作用为吸收太阳能，而树木的光合作用量最大，春夏尤强。每平方米森林的光合作用，平均每天能吸取 10 kg CO_2，草坪每平方米可吸取 2 kg CO_2。绿色植物的生理活动，既能吸收大气中 CO_2，减轻热回流的反射，有利地面的积热逸散，又能遮光、吸热和反射长波辐射，同时释放大量水汽，增加空气湿度，减轻太阳辐射热，降低气温和杀死病菌，对防治热污染具有巨大的生态功能，可使夏季晴天的地表温度降低 4～5℃。杜敏晴等对 2000－2015 年四川省的 18 个地级市区的城市绿化面积与城市年平均气温之间进行了回归分析，结果显示，18 个地级市区城市绿化面积与城市年平均气温之间呈现负相关关系，即随着城市绿化面积的增加，城市年平均气温会相应降低。

森林覆盖率是指森林面积占土地总面积的比率，是反映一个国家(或地区)森林资源和林地占有的实际水平的重要指标，一般用百分比表示。《中华人民共和国森林法》规定：全国森林覆盖率要达到 30%，其中山区县一般要达到 40%以上，丘陵区县要达到 30%以上，平原区县要达到 10%以上。中国国土辽阔，森林资源少，森林覆盖率低，地区差异很大。全国绝大部分森林资源集中分布于东北、西南等边远山区及东南丘陵，而广大的西北地区森林资源贫乏。多年来，我国投入巨额资金，加强森林生态系统、湿地生态系统、荒漠生态系统建设和生物多样性保护，全面实施退耕还林、天然林保护等重点生态工程，持续开展全民义务植树，大力发展林产工业，实现了森林资源和林业产业协调发展。据中国林业网 2018 年 3 月报道，福建省的森林覆盖率以 65.95%位居全国第一，江西省则以 63.1%位居第二。全国多地的森林覆盖率也稳步提高，如北京森林覆盖率由 2012 年的 38.6%提高到 43%，上海从 13.1%提高到 16.2%，宁夏由 11.9%提高到 14%，河北由 27%提高到 33%等，全国森林面积达到 31.2 亿亩(1 亩≈666.67m^2)，森林覆盖率达到 21.66%。而从国际的角度来看，据联合国粮农组织《全球森林资源评估报告 2015》，全球的森林覆盖率为 30.6%。中国仍低于世界平均水平。

2. 增加城市绿化

随着国民经济和城市建设的飞速发展，建筑物密度已呈现高速增长的趋势，而且城市是环境污染的重要发生源，城市化的发展使绿地面积大幅度减少，导致城市热岛效应严重，出现高温和干燥、城市型洪水、大气污染等环境恶化现象，这强烈要求城市必须向有益环境的构造方面进化。

城市绿地是城市中的主要自然因素，大力发展城市绿化，是减轻热岛效应影响的关键措施。绿地能吸收太阳辐射，而所吸收的辐射能量大部分用于植物蒸腾耗热和在光合作用中转化为化学能，用于增加环境温度的热量大大减少。绿地中的园林植物，通过蒸腾作用，不断地从环境中吸收热量，降低环境空气的温度。研究表明，城市绿化覆盖率与热岛强度成反比，绿化覆盖率越高，则热岛强度越低，当覆盖率大于 30%，热岛效应得到明显的削弱；覆盖率大于 50%，绿地对热岛的削减作用极其明显。规模大于 0.03 km^2 且绿化覆盖率达到 60%以上的集中绿地，基本上与郊区自然下垫面的温度相当，即消除了热岛效应，在城市中形成了以绿地为中心的低温区域，成为人们户外游玩活动的优良环境。

加强城市绿化，可从以下几点考虑：

(1)居住区的绿化管理。要建立绿化与环境相结合的管理机制，并且建立相关的地方性行政法规，以保证绿化用地。

(2)应把消除裸地、消灭扬尘作为城市管理的重要内容。除建筑物、硬路面和林木之外，全部地表应为草坪所覆盖，甚至在树冠投影处草坪难以生长的地方，也应用碎玉米秸和锯木小块加以遮蔽，以提高地

表的比热容。

(3)选择高效美观的绿化形式。包括街心公园、屋顶绿化和墙壁垂直绿化及水景设置,可有效降低热岛效应,获得清新宜人的室内外环境。

屋顶绿化起源于西方国家,近代的大发展也是在西方发达国家。最早的屋顶花园是2 500多年前建在幼发拉底河岸的巴比伦空中花园。从20世纪60—80年代起,被视为集生态效益、经济效益与景观效益为一体的城市绿化的重要补充,受到广泛关注,成为一种新的城市绿化趋势。屋顶绿化是指不与自然土层相连接的各类建筑物、构筑物等的顶部及天台、露台的绿化。根据定义,可以将屋顶绿化广泛地理解为各类建筑物、构筑物、城围、桥梁(立交桥)等的屋顶、露台、天台、阳台或大型人工假山山体上进行造园,种植树木、花卉的统称。自20世纪初,英国、美国、德国、日本等国家建造了大量的屋顶花园。

自20世纪60年代起,我国开始研究屋顶绿化的建造技术。为了满足改善城市生态环境、增加城镇人均绿地面积等需要,屋顶绿化被列入城市建设规划、设计和建造范围。近年来,北京、上海、重庆、成都、深圳等大城市的屋顶绿化建设速度较快,绿化面积增加明显。随着国内经济建设的突飞猛进,人居环境和生活质量日益受到重视。目前,天津、杭州、长沙、济南、太原、沈阳、大连、昆明等城市的屋顶绿化也自发地以各种形式开展着。但是我国的屋顶绿化仍存在着许多不足之处,包括相关政策、法规不健全,宣传力度不够,绿化技术不成熟,行业管理尚待规范。徐静等对1982－2014年我国屋顶绿化研究特征进行了解析,结果发现,关于屋顶绿化的研究主要集中在我国东部和南部湿润半湿润区,西部和北部干旱半干旱区分布少,研究涉及的学科以建筑学和林学为主,我国屋顶绿化研究需引导生物学、生态学专业人员介入,对屋顶绿化在保护生物多样性等生态学方面加以拓展研究,以探明绿色屋顶作为生物、生态系统如何发挥综合作用。

(四)运用生态学原理改善城市热岛效应

通过调节城市生态系统内生物群落和周围环境之间的相互作用使其达到平衡,从而改善城市热环境。

1. 发展生态住宅

所谓生态住宅就是最大限度地利用自然资源维持运行的住宅,如夜间照明、夏季降温、冬季供热依靠太阳能,部分食品自己生产等。生态住宅的支持核心是太阳能技术,即如何有效、廉价地将太阳能转化为电能并予以储存。提倡利用风的压差对建筑物内进行自然通风,创造有利于自然通风的环境。通过对建筑物平面、剖面和立面及外部空间进行合理设计与组织,利用由于建筑物影响而产生的"建筑风",影响对太阳辐射的吸收率及建筑物吸热和散热的效果,从而创造良好的城市微气候和舒适住宅区热环境。上海市是我国开展生态建筑较早的城市,从上海生态建筑示范楼,到世博会贯彻生态建筑的精神,取得了显著的成就。

2. 根据城市功能定位确定城市生态容量

控制或限制城市的生态容量是减少城市释热、改善城市热环境的基础。合理的城市容量是指一个城市能够最大限度地实现经济效益和社会效益,保持生态平衡的人口数量与密度。城市容量和环境相联系,改善了环境可适当提高城市容量。因此,要通过建立生态系统,并进行系统分析,采取合理地规划用地、绿化等措施,得出最优化的容积率、建筑密度及绿化率等规划指标,形成优化的生态系统。人们要转变居住观念,随着交通工具的发展和交通道路的便捷,部分人口可以住到郊区,降低城市中心区的人口密度。在今后的新城市规划时,可以考虑,在市中心只保留政府、旅游、金融等部门,其余部门应迁往卫星城,再通过环城地铁连接各卫星城。

3. 根据城市生态容量规划城市建筑物

(1)保护并增大城区的水体面积。建设环市水系,调节市区气候。因为水的比热大于混凝土的比热,

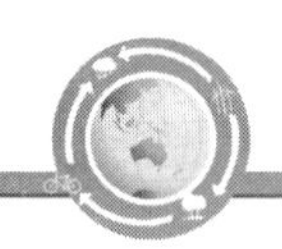

所以在吸收相同热量的条件下，两者升高的温度不同而形成温差，这就必然加大热力环流的循环速度，而在大气的循环过程中，环市水系又起到了二次降温的作用，可以使城区温度不致过高，达到控制城市热岛效应的目的。

(2)加强建筑物淡色化。加强建筑物淡色化，以增加热量的反射。

(3)建设透水性公路。用透水性强的新型柏油铺设公路，以储存雨水，降低路面温度。

(4)建立良好的绿化系统。城市规划时就要确定合理的绿化率，根据各地的土壤、水分及植物生长空间等条件，正确选择树种、草种，适地种植，并尽可能采用原有树木，保持地方特色，充分发挥植被及水体对改善城市热环境的重要作用。

二、水体热污染的预防控制

(一)改进生产工艺、减少废热排放

我国以煤作为主要能源。热力发电厂应采用新技术，提高发电效率，减少废热的排放。

1. 改进热能利用技术，提高热能利用率

目前所用的热力装置的热效率一般都比较低，工业发达的美国1996年平均热效率为33%，近年才达到44%。如在热电生产中，利用“热直接转换为电能”的新技术，可以大大减少热污染，通过提高热能利用率，既节约了能源，又可以减少废热的排放。如果有效地把热电厂和聚变反应堆联合运行的话，热效率将可能高达96%。这种效率为96%的发电方法，和目前的发电厂浪费60%～65%的热相比，只浪费4%的热，有效地控制了热能的浪费和废热污染。

2. 利用冷却温排水技术减少温排水

电力等工业系统的温排水，主要来自工艺系统中的冷却水，排放后造成水体热污染，这种冷却水可通过冷却的方法使其降温，降温后的冷水可以回到工业冷却系统中重新使用。冷却方法可用冷却塔冷却，或用冷却池冷却，前者较常用。在塔内，喷淋的温水与空气对流流动，通过散热和部分蒸发达到冷却的目的。

3. 生产废热企业的规划布局

(1)在缺水地区，尽可能不利用水库或湖泊作为火电厂的冷却池，在允许的情况下，火电厂应尽可能建在大江、河和沿海的岸边。因其水量大、水深、水面宽，有利于热排水的掺混、扩散和散热。

(2)利用江河流量季节性的特点，以混合供水所建的冷却塔兼作为降低热排水温度的设备。冬季枯水期采用冷却塔循环供水，夏季洪水期采用直流供水，且对有可能对水体造成热污染的热排水通过闲置的冷却塔冷却后再排入江河中，以降低热排水温度。

(3)其他措施。如在排水管道末端装置多孔喷口，热排水通过喷口形成喷射水流，与周围水体进行强烈掺混以达到迅速降低水温的目的。还可采用大容量水泵抽取冷水直接向热排水水渠中排放，冷热水接混，直至热排水水温降低后再排入受纳水体。

(二)提高生产废热的综合利用

1. 有效利用工业排放的高温废气(汽)

对于工业装置排放的高温废气(汽)，可通过如下途径加以利用。

(1)利用排放的高温废气(汽)预热冷原料气。

(2)利用废热锅炉将冷水或冷空气加热成热水和热气，用于取暖、淋浴、空调加热等。

2. 综合利用工业排放的冷却水

综合利用温排水中携带的巨大的潜在热能，运用生态学能量转换的原理，在水产养殖、农业及林业等

领域充分利用温排水余热,变废为宝。对于温热的冷却水,可通过如下途径加以利用。

(1)利用电站温热水进行水产养殖。如国内外均已试验成功用发电站温排水养殖非洲鲫鱼。美国、日本、苏联及德国等许多国家,利用余热开展水产养殖业已有很多成果。温水养殖多是高密度的工厂化精养,这不仅可减少对土地的占用,与其他方式相比,还具有投资少、收益多的优点。

(2)利用工业冷却水集中供热。美国、苏联、瑞典及德国还发展了以生产电能和供热为双重目的的电厂。苏联在20世纪70年代已有1 000多座这样的电厂,为800多个城市、工业区和人口集中区供热。瑞典在许多城市的市区也装备了利用电厂热能的供热体系,使电厂的热效率达到85%。

(3)利用温热水灌溉农田。冬季用温热水灌溉农田,可延长适于作物的种植时间。如美国的俄亥俄州,采用铺设地下管道的方法把温排水余热输送到田间土壤中,用加温土壤来促进作物的生长或延长生长时间。在法国,人们还将这种方法应用于果园和林业生产中,或采用温水喷灌法使花芽免受春季的低温冻害,初期急速生长,增加产量。

(4)利用温热水调节港口水域水温,防止港口冻结等。

(三)完善热污染控制相关法规及标准

1. 国外水体热污染的标准

各国对水体热污染及其影响进行了多方面的研究,并制定了冷却水温度的排放标准。美国、等国按不同季节和水域制定了冷却水温度的排放标准。美国环保局建议限制废热排入水体,并对排热温度提出要求,废水排入环境后,混合物温度升高不得大于下列数值:河水2.83 ℃;湖水1.66 ℃;海水冬季2.2 ℃,夏季0.83 ℃。德国以不同河流的最高允许增温幅度为依据,制定了冷却水温度排放标准。瑞士则以排热口与混合后的增温界限为最高允许值,确定排放标准。中国和其他一些国家尚未制定有关标准。

2. 我国水体热污染的标准制定情况

我国已开始重视制定热污染控制的标准,并力求标准的严密与严格。《地表水环境质量标准》(GB3838－2002)中关于温度标准规定如下:人为造成的环境水温变化应限制在:周平均最大温升≤1℃,周平均最大温降≤2℃。《海水水质标准》(GB3097－1997)规定:在第一类和第二类水体中,人为造成的海水温升夏季不超过当时当地1℃,其他季节不超过2℃;在第三类及第四类水体中,人为造成的海水温升不超过当时当地4℃。通过查询环境质量标准,只有部分水标准对热污染有规定,环境空气质量标准尚无相关规定。从理论上讲,排放标准与环境质量标准要密切对应,环境质量标准中有明确规定的热污染标准,污染排放标准中综合标准及行业标准均没有体现,特别是排放热污染的重点行业,如电力工业、冶金、化工、石油、造纸、机械工业及餐饮洗浴等。

参考文献

[1] 谈建国,陆晨,陈正洪.高温热浪与人体健康[M].北京:气象出版社,2014.

[2] 史军,丁一汇,崔林丽.华东地区夏季高温期的气候特征及其变化规律[J].地理学报,2008,12(4):372-375.

[3] 张尚印,张德宽,徐样德.长江中下游夏季高温灾害机理及预测[J].南京气象学院学报,2005,28(6):840-847.

[4] 沈皓俊,游庆龙,王朋岭,等.1961—2014年中国高温热浪变化特征分析[J].气象科学,2018,38(1):28-36.

[5] Russo S,Dosio A,Graversen RG,et al.Magnitude of extreme heat waves in present climate and their projection in a warming world [J].J Geophys Res,2014,19(22):12500-12512.

[6] 秦大河,Thomas Stocker,259名作者和TSU(驻伯尔尼和北京).IPCC第五次评估报告第一工作组报告的亮点结论[J].气候变化研究进展,2014,10(1):1-6.

[7] Yao SL.Luo JJ,Huang G,et al.Distinct global warming rates tied to multiple ocean surface temperature changes[J].Nature Climate Change,2017,7(7):486-491.

[8]　祁新华，程煜，郑雪梅，等.国内高温热浪研究进展及其人文转向[J].亚热带资源与环境学报，2017，12(1)：26-31.

[9]　李双双，杨赛霓，张东海，等.近 54 年京津冀地区热浪时空变化特征及影响因素[J].应用气象学报，2015，26(5)：545-554.

[10]　丁华君，周玲丽，查贲，等.2003 年夏季江南异常高温天气分析[J].浙江大学学报(理学版)，2007，34(1)：100-105，120.

[11]　STOCKER TF，QIN D，PLATTNER GK，et al.IPCC，2013：Climate Change 2013：The Physical Science Basis.Contribution of Working Group I to the Fifth Assessment Report of the Intergovernmental Panel on Climate Change [J].Computational Geometry，2013，18(2)：95-123.

[12]　《第三次气候变化国家评估报告》编写委员会.第三次气候变化国家评估报告[M].北京：科学出版社，2015.

[13]　BASU R，SAMET JM.Relation between Elevated Ambient Temperature and Mortality：A Review of the Epidemiologic Evidence [J].Epidemiologic Reviews，2002，24(2)：190-202.

[14]　BETTS NL.The Economics of Climate Change：The Stern Review [M]//The economics of climate change.Cambridge University Press，2007.

[15]　张霞，刘起勇.高温热浪对心脑血管病影响研究进展[J].中国公共卫生，2014，30(2)：242-243.

[16]　吴凡，景元书，李雪源，等.南京地区高温热浪对心脑血管疾病日死亡人数的影响[J].环境卫生学杂志，2013，3(4)：288-292.

[17]　程义斌，金银龙，李永红，等.武汉市高温对心脑血管疾病死亡的影响[J].环境与健康杂志，2009，26(3)：224-225.

[18]　梁凤超，胥美美，金晓滨，等.不同大气温度指标与居民呼吸系统疾病死亡的相关性比较研究[J].环境与健康杂志，2014，31(5)：377-381.

[19]　冯雷，李旭东.高温热浪对人类健康影响的研究进展[J].环境与健康杂志，2016，33(2)：182-188.

[20]　BASU R，SAMET JM.Relation between elevated ambient temperature and mortality：a review of the epidemiologic evidence[J].Epidemiol Rev，2002.24(2)：190-202.

[21]　GRONLUND CJ，ZANOBETTI A，WELLENIUS GA，et al.Vulnerability to Renal，Heat and Respiratory Hospitalizations During Extreme Heat Among U.S.Elderly[J].Clim Change，2016，136(3)：631-645.

[22]　HANSEN AL，BI P，RYAN P，et al.The effect of heat waves on hospital admissions for renal disease in a temperate city of Australia[J].Int J Epidemiol，2008，37(6)：1359-65.

[23]　KOVATS RS，HAJAT S，WILKINSON P.Contrasting patterns of mortality and hospital admissions during hot weather and heat waves in Greater London，UK[J].Occup Environ Med，2004，61(11)：893-8.

[24]　王海艳.商丘市高温天气的气候特征和预报方法[J].安徽农业科学，2014，14(14)：4343-4344.

[25]　孙庆华，班婕，陈晨，等.高温热浪健康风险预警系统研究进展[J].环境与健康杂志，2015，32(11)：1026-1030.

[26]　王书奎，王自正，王长来，等.热应激蛋白 70 与高温中暑的发生发展关系[J].职业卫生与病伤，2000，20(1)：11-12.

[27]　张玉卓.中国清洁能源的战略研究及发展对策[J].中国科学院院刊，2014，29(4)：429-436.

[28]　刘邦凡，张贝，连凯宇.论我国清洁能源的发展及其对策分析[J].生态经济(中文版)，2015，23(8)：80-83，92.

[29]　杜敏晴，王晨，吴世祥，等.城市绿化面积与城市年平均气温的回归分析[J].安徽农学通报，2018，32(5)：71-73.

[30]　中新.数说中国林业：森林覆盖率达 21.66% 今年拟造林超 1 亿亩[J].中国林业产业，2018，20(3)：19-20.

[31]　胡喜生，洪伟，吴承祯，等.城市绿化与热岛效应的关系研究进展[J].吉林师范大学学报(自然科学版)，2012，33(1)：84-88.

[32]　徐静，彭慧灵，杨清伟.中国“屋顶绿化”研究的特征及发展趋势[J].重庆第二师范学院学报，2015，28(5)：163-166.

[33]　陈易，邓武.上海生态城市建设及绿色建筑发展[J].南方建筑，2017，37(2)：40-44.

(蒋守芳　谢和辉　黄瑞雪　佟俊旺)

第五章　电离辐射健康损害与防护

第一节　概　　述

地球上的生命是在宇宙射线和放射性物质产生的辐射环境中发展和进化的，人类生存在各种天然和人造的辐射环境中，电离辐射对人体的作用伴随整个人类进化史。人们到了19世纪末才认识到电离辐射的存在，20世纪40年代以后，辐射和核技术的应用日渐广泛。现代核科学与电离辐射技术已经在科学研究、医疗、能源、工业、农业、军事等领域广泛应用。在充分利用电离辐射技术造福于民的同时，如何更好地趋利避害以有效控制潜在放射风险，不只是放射性工作人员的职业照射防护问题，而是密切关系到生态环境保护及所有公众成员的医疗照射与公众照射防护。

辐射具有不可感知性，无色、无味，但是过量照射会引起健康损害甚至死亡，人们对辐射感觉既神秘又恐惧。正确认识辐射，对于保护公众健康、保护环境和促进核能和平利用具有重要意义。本章节涵盖了辐射防护学科的重点内容，包括电离辐射剂量学、放射生物学效应和放射防护体系等。本章共分6节，其中第一节是概述，简单介绍了电离辐射的基本概念、电离辐射的量和单位等；第二节介绍了电离辐射的来源，包括主要的天然辐射来源和人工辐射来源等；第三节介绍了电离辐射的生物效应，主要包括电离辐射与物质的作用，电离辐射对生物大分子、染色体和细胞的作用等；第四节介绍了电离辐射的健康损害，主要包括辐射对各器官和系统的作用、内照射危害和辐射致癌作用等；第五节介绍了电离辐射的检测与评价，主要包括辐射相关法律法规、辐射监测和辐射防护原则等。

一、电离辐射的基本概念

(一)原子与原子核

原子是组成物质的基本单位，由原子核(nucleus)和核外电子组成。原子核由质子(proton)和中子(neutron)组成，质子和中子统称为核子(nucleon)。在中性原子中，原子核的质子数等于核外电子数，也代表核电荷数，称为原子序数。原子核内的质子数和中子数之和称为质量数。常见的几个基本概念描述如下。

元素(element)：原子核内具有相同质子数的同一类原子称为元素。

核素(nuclide)：原子核内具有特定数目的中子和质子，且具有相同的能量状态的一类原子称为核素。能够自发发射粒子或射线的核素称为放射性核素，如^{90}Sr和^{239}Pu等。

同位素(isotope)：核内具有相同质子数而中子数不同的核素互称同位素。如^{1}H、^{2}H、^{3}H是氢的同位素。

同质异能素(isomer)：具有相同中子数和质子数，仅能量状态不同的核素称为同质异能素。如^{99m}Tc与^{99}Tc是同质异能素。

(二)辐射的定义和类别

辐射是以粒子或电磁波的形式传递的能量。高速运动的带电粒子，如α粒子、β粒子、质子等，能引起

组成物质的原子或分子电离，属于直接电离粒子；X射线、γ射线等光子、中子和某些不带电粒子，通过与物质作用产生带电的次级粒子，从而引起物质电离，属于间接电离。由直接或间接电离粒子或两者混合组成任何射线所致的辐射，统称为电离辐射(ionizing radiation)。非电离辐射一般不能引起物质原子或分子的电离，而只能引起分子的振动、转动或电子在轨道上能级的改变。电离辐射可分为电磁辐射和粒子辐射两大类。

1. 电磁辐射

相互垂直的电场和磁场随时间变化而交互震荡，形成向前运动的电磁波(electromagnetic wave)。能量以电磁波的形式由源发射到空间的现象称为电磁辐射(electromagnetic radiation)。电磁辐射只有能量，没有静止质量。根据频率和波长，电磁辐射又可分为无线电波、微波、可见光、红外线、紫外线、X射线和γ射线等。在电磁辐射中，由于X射线和γ射线波长极短，频率很高，使其具有很大的光子能量，能在物质中穿行并使物质分子发生电离，所以X射线和γ射线属于电离辐射。

X射线和γ射线具有波粒二象性，又称光子，它们在电磁辐射能谱中所占的范围基本相同，但来源不同。X射线是从原子核外产生的，如高速电子在物质中受阻而减速，其能量以电磁辐射形式释放出来，或当高速电子与靶原子碰撞，把内壳层某一能级上的电子击出原子，然后外壳层某一能级上的电子去填补内壳层留下的空位，这两个能级的能量差值，以光子形式释放出来。γ射线是由原子核内部产生的，处于激发和不稳定状态的原子核由高激发态跃迁回到低激发态或基态时释出的高频电磁波称为γ射线。

X射线和γ射线与物质的相互作用分为两个过程，首先X射线和γ射线通过光电效应、康普顿效应和电子对效应产生次级电子和转移能量，然后次级电子通过电离作用损失能量。

(1)光电效应(photoelectric effect)。即光子撞击一个原子时，可将它的全部能量传递给轨道电子，使其具有动能而发射出去，这种能量吸收过程称为光电效应，所发射的电子称为光电子。

(2)康普顿效应(compton effect)。入射光子将部分能量传递给电子，使该电子从原子中逸出形成反冲电子，而光子同时出现散射，其运动方向和能量发生变化，此过程称为康普顿效应。

(3)电子对效应。能量达到50～100 MeV的光子从原子核旁经过时，入射光子可能转化为一个负电子和一个正电子，从原子中发射出来，这个过程称为电子对效应。被发射出的负电子和正电子还能继续与介质发生相互作用。

2. 粒子辐射

粒子辐射(particulate radiation)是一些高速运动的粒子，具有运动能量和静止质量，通过消耗自身的动能把能量传递给其他物质。主要的粒子辐射有α粒子、β粒子(或电子)、质子、中子、负π介子和带电重离子等。

(1)α粒子。由两个中子和两个质子组成，带正电荷。α粒子质量大，运动较慢，有足够时间在短距离内引起较多电离。α粒子穿入介质后，随着运行距离增加和更多电离事件发生，能量消耗，粒子运动变慢，又引起更多电离，形成布拉格峰(Bragg peak)。峰值后的α粒子能量全部释出，电离能力降至零。在生物组织中1MeV的α粒子只能运行几十微米，然后释放出全部能量，破坏性很大。

有些放射性核素衰变可产生α粒子，如氡及其子体(^{222}Rn、^{218}Po、^{214}Bi等)、钚(^{239}Pu、^{238}Pu)等。

(2)β粒子。β粒子是带有一个单位负电荷的粒子，质量很小。当它们接近介质原子的轨道电子时，运动方向发生偏转，形成曲折的径迹。在其径迹的末端，β粒子使介质产生高密集电离作用。

在放射治疗中由直线加速器产生的电子流，其能量为几到十几MeV(高能电子)，可使深部组织产生最大的电离作用。^{90}Sr辐射源产生的β粒子，其能量为0.53 MeV，在浅层(1～2 mm)组织中产生最大的电离作用。

(3)中子。中子是质量为1.009原子质量单位的不带电的粒子，通过组织时不受带电物质的干扰，与带电粒子相比，在质量与能量相同条件下，中子的穿透力较大。按其所具有的能量不同，中子分为以下几种。①热中子：能量在 0.5 eV 以下，能与周围介质达到热平衡。②超热中子：能量为 1 eV。③慢中子：能量在 0.03 ～100 eV。④中能中子：能量在 100 eV～10 keV。⑤快中子：能量在 10 keV～10 MeV。⑥高能中子：能量大于 10 MeV。

中子与 X 射线或 γ 射线都是通过产生带电的次级粒子引起物质分子电离的，不同之处在于 X 射线或 γ 射线与核外电子发生作用，而中子只与原子核发生作用。中子与物质相互作用有两种方式：碰撞和核反应。碰撞又分为弹性碰撞、无弹性碰撞和非弹性碰撞；核反应包括中子俘获反应和散裂反应。①弹性碰撞(elastic collision)：入射中子将部分能量传给受碰撞的原子核，使其具有动能折向另一方向，形成所谓反冲核，同时入射中子携带剩余动能也偏离原来入射方向，并可继续与物质中其他原子核发生碰撞，中子与靶核的总能量在碰撞前后保持不变。氢反冲核(反冲质子)获得的能量最高，几乎等于入射中子的全部能量。氢是生物组织中含量最多的原子，入射中子与组织中氢原子核的相互作用，具有不可忽视的生物学意义。②无弹性碰撞(inelastic collision)：中子与物质原子核碰撞后，中子的运动方向发生改变，生成一个动能较低的中子，部分能量用于核的能级激发，随后处于激发状态的核恢复至基态，同时发射 γ 射线，入射中子和被碰撞的原子核总能量，在碰撞前后是不相等的，碰撞后的总动能下降。组织中 N、C 和 O 等原子核均能发生这样的无弹性碰撞反应。③非弹性碰撞(nonelastic collision)：中子与原子核碰撞后形成复合核，然后释放出一个次级带电粒子(如 α 粒子)。这种碰撞对组织的损伤是由于次级带电粒子和由于退激反应产生的 γ 射线产生的。非弹性碰撞在较高能量的中子入射时才能显示其重要性。④中子俘获(neutron capture)反应：是指中子被原子核俘获后，由激发态回到基态，释放出 γ 光子。中子俘获与非弹性碰撞复合核形成不同之处在于，前者多发生在中子能量为 0.025～100 eV 时，后者主要发生在中子能量大于 1 MeV 时。某些元素，如锂、硼等，具有俘获慢中子的大截面，俘获中子后发射出带有正电荷的 α 粒子。⑤散裂反应(spallation)：入射中子的动能大于 100 MeV 时，可使原子核碎裂而释放出带电粒子或核碎片。如中子与碳原子核作用下产生 3 个 α 粒子，与氧原子作用产生 4 个 α 粒子。散裂反应一般在重核中发生。

(4)负 π 介子。负 π 介子的质量是电子质量的 273 倍，是质子质量的 1/6。它是高能质子与中子碰撞后发生核反应的结果，一般可用加速器加速质子，使其成为高能质子流来轰击重金属靶产生负 π 介子。负 π 介子靠电离和激发损失其能量，并在组织或介质中穿行一段距离后停止。

(5)重离子。重离子是指比氦重的原子被剥掉或部分剥掉轨道电子后的带正电的原子核。如氮、碳、硼、氖等原子被剥掉或部分剥掉电子后的带正电的原子核。重离子一般具有高传能线密度和尖的布拉格峰，都是带电离子，为直接电离离子。

二、电离辐射的量和单位

(一)放射性活度

放射性活度(activity)是表征放射性强弱的物理量，简称为活度，指放射性核素单位时间内发生的衰变数，通常用符号 A 表示。A 等于放射性核素在时间间隔 $\mathrm{d}t$ 内发生放射性衰变的期望值 $\mathrm{d}N$ 除以 $\mathrm{d}t$ 所得的商，即 $A=\mathrm{d}N/\mathrm{d}t$，国际单位制(SI)单位的专用名称是贝可勒尔，符号为 Bq，简称贝可，1 Bq 等于每秒一次核衰变。

半衰期(half life)：在单一的放射性衰变中，放射性活度降至其原有值的一半时所需要的时间，用 $t_{1/2}$ 表示。

(二)照射量和照射量率

照射量(expose dose)X 定义为：光子在质量为 $\mathrm{d}m$ 的空气中释放出来的全部电子(负电子和正电子)

完全被空气所阻止时，在空气中所产生的任何一种符号的离子总电荷的绝对值 dQ 除以 dm 之商，计算公式如下：

$$X = \mathrm{d}Q/\mathrm{d}m \quad (5\text{-}1)$$

国际单位制(SI)单位为库伦/千克(C/kg)。

照射量率(expose dose rate)$\dot{X}$是单位时间内增加的照射量，计算公式如下：

$$\dot{X} = \mathrm{d}X/\mathrm{d}t \quad (5\text{-}2)$$

式中 dX 为时间间隔 dt 内的照射量增量。其 SI 单位为 C/(kg·s)。

(三)吸收剂量和吸收剂量率

吸收剂量(absorbed dose)D 定义为：电离辐射授予质量为 dm 的物质的平均能量 dε 除以 dm 之商，计算公式如下：

$$D = \mathrm{d}\varepsilon/\mathrm{d}m \quad (5\text{-}3)$$

吸收剂量 D 的 SI 单位为 J/kg，此单位的专用名称为戈瑞，符号为 Gy，1 Gy＝1 J/kg。吸收剂量的旧专用单位为拉德(rad)，1 Gy＝100 rad。

吸收剂率(absorbed dose rate)$\dot{D}$的定义：在单位时间 dt 内吸收剂量D 的增量 dD/dt，计算公式如下：

$$\dot{D} = \mathrm{d}D/\mathrm{d}t \quad (5\text{-}4)$$

其 SI 单位为 J/(kg·s)。

(四)当量剂量和当量剂量率

辐射生物效应受到辐射类型、剂量与剂量率大小、照射条件、生物种类和个体生理差异等因素的影响，因此相同的吸收剂量未必产生同样的生物效应。为了比较不同类型辐射引起的有害效应，在辐射防护中引进了当量剂量的概念。

当量剂量(equivalent dose，H_T)是组织器官 T 中的平均吸收剂量 $D_{T,R}$ 与辐射权重因子(radiation weighting factor，W_R)之积。计算公式如下：

$$H_T = W_R D_{T,R} \quad (5\text{-}5)$$

当辐射场由不同类型、不同能量的辐射组成时，对相应各种类型照射涉及的所有类型辐射 R 进行求和就可得出器官组织 T 的当量剂量 H_T：计算公式如下：

$$H_T = \sum W_R D_{T,R} \quad (5\text{-}6)$$

当量剂量的 SI 单位是 J/kg，专用名为希沃特，符号为 Sv，1 Sv＝1 J/kg，旧的非法定计量单位为雷姆(rem)，1 Sv＝100rem。国际放射防护委员会(International Commission on Radiological Protection，ICRP)推荐的 W_R见表 5-1。

表 5-1　ICRP 推荐的辐射权重因子

辐射种类	能量范围	辐射权重因子 W_R
光子	所有能量	1
电子和介子	所有能量	1
质子(反冲质子除外)	能量＞20 MeV	5
α 粒子、裂变碎片、重离子		20
中子	能量＜10 keV	5

续表

辐射种类	能量范围	辐射权重因子 W_R
中子	10～100 keV	10
中子	能量＞100 keV～2 MeV	10
中子	能量＞2～20 MeV	5
中子	能量＞20 MeV	20

(五)有效剂量

有效剂量(effective dose,E)专指当所考虑的效应是随机性效应时，在全身非均匀照射的情况下，人体所有器官或组织 T 的当量剂量(H_T)与组织权重因数(W_T)的加权值。计算公式如下：

$$E = \sum W_T H_T \tag{5-7}$$

ICRP 根据各种器官或组织对辐射敏感性及该器官或组织受损伤时被诊断和治疗的可能程度，给出了人体各组织器官的组织权重因数(W_T)(表 5-2)。

表 5-2　组织权重因数(W_T)

组织	W_T	$\sum W_T$
骨髓(红),结肠,肺,胃,乳腺,其余组织	0.12	0.72
性腺	0.08	0.08
膀胱,食道,肝,甲状腺	0.04	0.16
骨表面,脑,唾液,皮肤	0.01	0.04
合计		1.00

(六)待积剂量当量

待积剂量当量(committed dose equivalent)是指体内单次摄入放射性物质后，在某一特定组织内接受的剂量当量率的时间积分。ICRP 规定积分时间为摄入后的 50 年，这段时间被认为是一生中的工作年限。可表示为公式(5-8)：

$$H_{50} = \int_{t_0}^{t_0+50} \dot{H}(t)dt \tag{5-8}$$

这是在 t_0 时刻单次摄入某一放射性活度后的待积剂量当量。$\dot{H}(t)$ 是某一器官或组织在 t 时刻有关的剂量当量率。

(七)待积有效剂量当量

待积有效剂量当量是组织的待积剂量当量乘以各自的权重因子求和，公式如下：

$$H_{E,50} = \sum W_T H_{50,T} \tag{5-9}$$

第二节　电离辐射的来源

根据其来源，电离辐射可分为天然辐射和人工辐射两种。联合国原子辐射效应科学委员会(United Nations Scientific Committee on the Effect of Atomic Radiation，UNSCEAR)2008 年和 2000 年报告书

《电离辐射的源与效应》汇总了各类来源的电离辐射所致主要剂量水平，表 5-3 为各种天然与人工电离辐射照射来源及所致全世界的人均年有效剂量。

表 5-3　天然辐射与人工电离辐射照射来源及所致全世界的人均年有效剂量

	照射来源	人均年有效剂量(mSv)
天然辐射	吸入(氡)	1.26
	食入	0.29
	宇宙射线	0.39
	陆地外照射	0.48
	小计	2.42
人工辐射	医学诊断检查	0.62
	大气核武器试验	0.005
	职业照射	0.002
	切尔诺贝利核事故	0.005
	核燃料循环(公众照射)	0.0002
	小计	0.62

一、天然辐射

天然辐射源主要包括宇宙射线(初级宇宙射线和次级宇宙射线)和原生放射性核素。天然辐射源的照射每时每刻都存在，对人既产生外照射，又产生内照射，是人类所受照射的主要来源。人类暴露的天然辐射基本不会引起放射损伤的发生。

(一)宇宙射线

宇宙射线包括银河宇宙射线(galactic cosmic rays，GCR)、太阳宇宙射线(solar particle events，SPE)和地球辐射带(earth radiation belts，ERBs)，以高能粒子为主。银河宇宙射线主要由质子构成，并包含一些氦核和重离子。太阳宇宙射线主要是粒子辐射，组成与银河宇宙射线类似。地球辐射带主要是捕获辐射，由被地球磁场截留在绕地球运行轨道上的质子和电子构成。宇宙射线初级粒子主要是质子，进入大气层时，高能粒子与空气中的原子核(氮、氧、氩等)反应，产生质子、中子、μ 介子、π 介子等次级射线，以及 ^{3}H、^{7}B、^{22}Na 等宇生放射性核素。初级宇宙射线绝大部分在大气层中被吸收，到达地球表面的宇宙射线几乎全是次级宇宙射线。

宇宙射线的剂量率主要受海拔和地磁纬度的影响，分别称之为宇宙射线的海拔效应和纬度效应。宇宙射线中的电离成分(主要是 μ 介子)、光子和中子成分均存在明显的高度效应，即高度增加，剂量率增加。在 2 km 范围内，剂量率随高度缓慢增加；2 km 后，剂量率随高度上升迅速增加；约 10 km 后，剂量率随高度上升又呈缓慢增加的趋势；20 km 后，剂量率基本平稳。宇宙射线纬度效应的产生是由于地球磁场对宇宙射线强度的影响。地球磁场能阻止某些粒子到达地球大气层，这种影响在地球赤道最强，到南北极逐渐减少。因此，在地磁赤道区(低纬度)，宇宙射线强度最小，剂量率最低，而在地磁两极，宇宙射线强度最大，剂量率最高。地磁效应在纬度 15°～50°最显著；60°～90°强度变化很小。地磁纬度效应的大小还与海拔有关，随高度增加，影响增大。

在大气层中不同高度，不同次级宇宙射线对剂量率的贡献也不相同。在地面，对剂量的主要贡献来

自 μ 介子;在飞机飞行高度上,主要是中子、电子、正电子、光子和质子;在更高的高度上,还需要考虑重原子核的贡献。

UNSCEAR2000 年报告,在考虑不同高度和纬度的影响,并对人口分布进行加权后,宇宙射线中直接电离成分及光子成分产生的世界平均有效剂量率为 340 μSv/a;对中子成分,平均有效剂量率为 120 μSv/a,这些结果适用于室外照射。

在假定建筑物屏蔽因子为 0.8,室内居留时间占 80%后,UNSCEAR2000 年报告给出,宇宙射线直接电离成分和光子成分产生的世界平均有效剂量率为 280 μSv/a,中子成分产生的世界平均有效剂量率为 100 μSv/a。宇宙射线产生的总的世界平均有效剂量率为 380 μSv/a。

(二)原生放射性核素

原生放射性核素是陆地辐射,指存在于地球环境中的天然辐射源对人产生的照射,主要包括铀系、钍系和锕系及不成系列的 ^{40}K、^{87}Rb、^{138}La 和 ^{176}Lu 等放射性核素产生的照射。陆地辐射既产生外照射,也引起内照射,其中,外照射主要由铀系和钍系两个天然放射系中的核素及 ^{40}K 的 γ 射线产生。其他一些天然放射性核素,包括锕系的各核素虽也存在于地球环境,但其辐射水平低,对人体的外照射剂量贡献很小。

铀系起始核素为 ^{238}U,经过 14 次连续衰变,最后到稳定核素 ^{206}Pb。铀系核素的特征参数见表 5-4。

表 5-4　铀系核素的特征参数

核素	俗称及符号	半衰期 $t_{1/2}$	衰变常数 $\lambda(s^{-1})$
$^{235}_{92}$U	铀 I(UI)	4.468×10^{9} a	4.91×10^{-18}
$^{234}_{90}$Th.	铀 X_1(UX_1)	24.1 d	3.33×10^{-7}
$^{234}_{91}$Pa	铀 X_2(UX_2)	1.17 min	9.87×10^{-3}
$^{234}_{91}$Pa	铀(Z)	6.75 h	2.85×10^{-5}
$^{234}_{98}$U	铀Ⅱ(UⅡ)	2.45×10^{-6} a	9.01×10^{-14}
$^{230}_{90}$Th	锾(Io)	7.7×10^{4} a	2.85×10^{-13}
$^{226}_{88}$Ra	镭(Ra)	1600a	1.37×10^{-11}
$^{222}_{84}$Rn	氡(Rn)	3.824d	2.10×10^{-6}
$^{218}_{84}$Po	镭 A(RaA)	3.05 min	3.35×10^{-3}
$^{214}_{82}$Pb	镭 B(RaB)	26.8 min	4.31×10^{-4}
$^{218}_{85}$At	砹 ^{218}At[(3.1×10^{-7})%]	2s	0.347
$^{214}_{83}$Bi	镭 C(RaC)	19.7 min	5.86×10^{-4}
$^{214}_{84}$Po	镭 C′(RaC′)	1.64×10^{-4} s	4.23×10^{-3}
$^{210}_{81}$Tl	镭 C″(RaC″)	1.30 min	8.75×10^{-2}
$^{210}_{82}$Pb	镭 D(RaD)	22.3a	9.87×10^{-10}
$^{210}_{83}$Bi	镭 E(RaE)	5.01d	1.60×10^{-6}
$^{210}_{84}$Po	镭 F(RaF)	138.4 d	5.79×10^{-8}
$^{206}_{81}$Tl	铊(^{206}Tl)[(5×10^{-5})%]	4.9 min	2.75×10^{-3}
$^{205}_{82}$Pb	镭 G(RaG)	稳定	

钍系的母体是 ^{232}Th,经过 10 次连续衰变,最后稳定到 ^{208}Pb。钍系核素的特征参数见表 5-5。

表 5-5　钍系核素的特征参数

核素	俗称及符号	半衰期 $t_{1/2}$	衰变常数 λ(s^{-1})
$^{232}_{90}Th$	钍(Th)	1.41×10^{10} a	1.57×10^{-12}
$^{226}_{86}Ra$	新钍($MsTh_1$)	5.76a	3.83×10^{-9}
$^{228}_{89}Ac$	新钍$_2$($MsTh_2$)	6.13 h	3.14×10^{-5}
$^{228}_{90}Th$	新钍(RdTh)	1.913a	1.15×10^{-9}
$^{224}_{85}Ra$	钍 X(ThX)	3.64d	2.21×10^{-6}
$^{220}_{85}Rn$	钍射气(Tn)	55.3s	1.27×10^{-2}
$^{216}_{80}Po$	钍 A(ThA)	0.15s	4.62
$^{212}_{82}Pb$	钍 B(ThB)	10.64 h	1.81×10^{-5}
$^{215}_{85}At$	砹^{216}At[(1.3×10^{-2})%]	35×10^{-4} s	1.98×10^{3}
$^{214}_{82}Pb$	镭 B(RaB)	26.8 min	4.31×10^{-4}
$^{218}_{85}At$	砹^{218}At[(3.1×10^{-7})%]	2s	0.347
$^{212}_{83}Bi$	钍 C(ThC)	60.6 min	1.91×10^{-4}
$^{212}_{84}Po$	钍 C′(ThC′)(66.3%)	3.04×10^{-7} s	2.27×10^{2}
$^{208}_{82}Pb$	钍 D(THD)	稳定	

在室外，外照射主要由土壤、岩石和道路中放射性核素所产生。在室内，外照射主要来自建筑物的建筑材料。人类在室内的居留时间一般都远大于室外，因此，室内年外照射剂量要高于室外。UNSCEAR2000报告给出的全世界范围对人口加权平均的室内、室外空气吸收剂量率分别为 84 nGy/h 和 59 nGy/h。空气吸收剂量转换为成人有效剂量的转换系数(因年龄不同会有所差别)取 0.7 Sv/Gy，室内、室外居留因子分别为 0.8 和 0.2 时，可以得到由天然放射性核素产生的世界室内、室外平均年有效剂量分别是 0.41 mSv 和 0.07 mSv。由此得到，由地面辐射造成的全世界平均的外照射年有效剂量为 0.48 mSv，对于单个国家，结果变化范围在 0.3～0.6 mSv。

各个国家、地区的空气中 γ 辐射剂量率水平是不一样的。UNSCEAR2000 报告的数据显示，塞浦路斯、冰岛、埃及、荷兰、文莱和美国的室外空气吸收剂量率较低，平均值小于 40 nGy/h；澳大利亚、马来西亚和葡萄牙较高，平均值 80 nGy/h；我国的室外空气吸收剂量率介于这两类国家之间，比世界平均值 59 nGy/h大些。

我国环保、卫生及核工业等有关部门和单位对全国范围的陆地 γ 辐射做了广泛的调查。调查结果表明，各省市的陆地 γ 辐射剂量率差别很大，福建最高，北京最低。全国平均室外原野和道路的空气中 γ 辐射吸收剂量率分别为 65 nGy/h 和 60 nGy/h；室内，空气中 γ 辐射吸收剂量率为 95 nGy/h。空气吸收剂量转换为有效剂量的转换系数取 0.7 Sv/Gy，室内、室外居留因子分别为 0.8 和 0.2，计算得到我国居民接受的来自陆地 γ 辐射的外照射年平均有效剂量为 0.54 mSv。

为了确保公众健康和辐射环境安全，2007 年，原国家环境保护总局建立了国家辐射环境监测网，开展的监测包括辐射环境质量监测、国家重点监管的核与辐射设施周围环境监督性监测和核与辐射事故应急监测。2017 年，我国进行了全国辐射环境质量监测，按照《全国辐射环境监测方案》的要求，空气吸收剂量率监测包括 111 个地级及以上城市(含部分地、州、盟所在地)辐射环境自动监测站空气吸收剂量率在线连续监测，227 个地级及以上城市的累积剂量监测；空气监测包括 103 个地级及以上城市的气溶胶监测，

直辖市和省会城市的沉降物、空气(水蒸气)和降水中氚、气态放射性碘同位素监测;水体监测包括十大流域和 20 座湖泊(水库)地表水监测,336 个地级及以上城市集中式饮用水水源地水监测,31 个城市地下水监测,沿海 11 个省份海水和海洋生物监测。本次监测结果,形成了《2017 全国辐射环境质量报告》,该报告以国家辐射环境监测网数据为基础,对全国辐射环境质量监测结果进行了分析和总结,结果表明,2017 年,全国辐射环境质量总体良好,其中环境电离辐射水平处于本底涨落范围内。

地球上有少数地方的空气吸收剂量率明显偏高(可高达几百 nGy/h,甚至更高),称之为高本底地区。如巴西的 Guarapari、印度的 Kerala 和 Madras、埃及的尼罗河三角洲、伊朗的腊姆萨尔和马拉哈都是高本底地区。我国的河北计马店、福建鬼头山、广东阳江、广西花山—姑婆山及四川降札温泉等地区,原野的 γ 辐射吸收剂量率显著高于全国的平均值(65 nGy/h),属高本底地区,其中,福建鬼头山的原野 γ 辐射剂量为 409.4 nGy/h(土壤中^{238}U、^{232}Th、^{226}Ra 和^{40}K 的放射性含量偏高),四川降札温泉的原野剂量率高达 3 940 nGy/h(土壤中^{238}U、^{226}Ra 含量极高)。

内照射主要是吸入的氡及其子体,以及通过食物和水食入的其他天然放射性核素在体内产生的照射。氡及其衰变子体的照射,是最主要的天然辐射源照射。自然界中的氡有三种同位素,即^{222}Rn、^{220}Rn 和^{219}Rn,分别来自铀系、钍系和锕系三个天然放射系。由于^{219}Rn 半衰期极短,故通常所说的氡,系指^{222}Rn和^{220}Rn,其中最主要的是^{222}Rn。^{222}Rn 是放射性同位素^{226}Ra 的衰变子体,故也称镭射气。钍系中放射性核素^{224}Ra 的衰变子体^{220}Rn,称为钍射气。^{222}Rn 的半衰期为 3.82 d,^{220}Rn 的半衰期为 55.6s。由于^{220}Rn的半衰期短,很难有足够的时间从母体材料中逸散到环境中,所以,一般认为环境中^{220}Rn 及其子体的浓度要比^{222}Rn 及其子体的浓度低。

^{222}Rn 释放出粒子后变成固态放射性核素^{218}Po,随后再经过 7 次衰变,最终变成稳定性元素^{206}Pb,其衰变链如表 5-6 所示。氡在衰变过程中所产生的氡子体(radon daughter)既有 α 辐射,也有 β 辐射和 γ 辐射。

表 5-6　^{222}Rn 及其子体的主要辐射特性

核素	半衰期	α粒子		β粒子能量(MeV)	γ射线能量(MeV)
		能量(MeV)	在组织中的射程(μm)		
²22Rn	3.825 d	5.49(100%)	41		0.51(0.07%)
^{218}Po(RaA)	3.05 min	6.00(～100%)	47	0.33(～0.019%)	
^{214}Pb(RaA)	26.8 min			0.65(50%)	0.295(19%)
				0.71(40%)	0.352(36%)
				0.98(6%)	
^{214}Bi(RaC)	19.7 min	5.45(0.012%)		1.0(23%)	0.609(47%)
		5.51(0.008%)		1.51(40%)	1.12(17%)
				3.26(19%)	1.76(17%)
Po(RaC)	164 μs	7.69(100%)	71		0.799(0.014%)
^{210}Pb(RaD)	22.3a			0.018	0.047
^{210}Bi(RaE)	5.0 d			1.16	
^{206}Po(RaF)	138.4 d	5.30(100%)	37		
^{206}Pb(RaG)	稳定				

室外氡主要来自土壤、岩石中的铀、钍放射性的衰变。铀(镭)是自然界中广泛分布的微量元素，在花岗岩中的含量最高，其次是页岩、石灰岩、土壤、火山岩和砂岩。UNSCEAR2000 年报告给出室外^{222}Rn 和^{220}Rn 的典型浓度均为 10 Bq/m^3，但^{222}Rn 的长期平均浓度存在很宽的变化范围，从接近 1 Bq/m^3 到超过 100 Bq/m^3。

室内氡主要来自房基下的土壤和岩石中的氡析出，还可来源于建筑材料、家用燃料等。此外，家庭用水时，氡会从水中析出进入房间。室内^{222}Rn 浓度的算术平均值为 40 Bq/m^3，^{220}Rn 浓度与室外大致相同，也为 10 Bq/m^3。

关于氡及其短寿命子体对人产生的有效剂量，在对有关的计算参数做出假设和推荐后，UNSCEAR 报告计算得到^{222}Rn 引起的室内、室外剂量率分别为 1.0 mSv/a 和 0.095 mSv/a；^{220}Rn 引起的室内、室外剂量率分别是 0.084 mSv/a 和 0.007 mSv/a。该报告给出的因吸入而溶解于全身血液中的^{222}Rn 对有效剂量的贡献为 0.05 mSv/a(其中，室内 0.048 mSv/a，室外 0.003 mSv/a)，食入自来水中^{222}Rn 的贡献为 0.01 mSv/a，血液中溶解的^{220}Rn 的贡献为 0.01 mSv/a。由此得到由镭射气(^{222}Rn)产生的年有效剂量为 1.15 mSv，由钍射气(^{220}Rn)产生的年有效剂量为 0.10 mSv。

我国^{222}Rn 和^{220}Rn 室内、室外照射产生的年有效剂量分别为 0.725 mSv 和 0.230 mSv。由此可见，我国居民接受的氡(指^{222}Rn)及其短寿命子体的年有效剂量 0.725 mSv，低于世界平均值 1.15 mSv；而钍射气(^{220}Rn)及其子体的剂量 0.23 mSv 高于世界平均值 0.10 mSv。

需要指出的是，由于氡的浓度随时间、地点、气候等条件变化很大，获得代表性测量样品困难较大，我国目前关于氡浓度的测量数据还是不充分的。另外，近十几年空调房增多，换气次数明显低于自然通风，加上较大量使用粉煤灰、煤矸石、矿渣等作为建材，可能使室内氡浓度明显增高。已发现不少温泉中含有较高的氡及其子体，应考虑温泉利用可能增加的对公众的照射。

ICRP 于 2014 年 4 月批准通过了第 126 号出版物《氡照射的放射防护》，对如何做好居民住所、工作场所及其他类型场所中公众和工作人员氡照射的防护工作具有指导意义。报告中描述了氡照射的特点、氡的来源和输运机制、健康风险和控制氡照射的挑战，建议尽量依靠建筑物或场所的管理来控制氡照射。报告认为，人们在家中、工作场所及多功能建筑物内均可受到氡的照射，室内氡浓度的差异会导致氡照射的不均匀分布。

由于氡的母体核素普遍存在于地壳中且活度未受改变，氡的照射为现存照射(existing exposure)情况。由于大多数的氡照射发生在居室内，氡照射防护措施可以与其他公共卫生政策相结合，如节省能源、控制吸烟及室内空气质量控制等。

相对于吸入氡及其子体产生的内照射剂量，吸入其他天然放射性核素产生的内照射剂量是很小的，UNSCEAR2000报告给出了吸入空气中的铀钍系放射性核素产生的按年龄加权的年有效剂量约为6 μSv。食入放射性核素的量取决于人对食物和水的消费率和放射性核素的浓度。UNSCEAR 报告给出了世界范围按年龄加权平均的^{40}K 食入剂量为 170 μSv；摄入(主要是食入)铀钍系放射性核素产生的年有效剂量(基于摄入组织中的铀钍系放射性核素)为 120 μSv(主要来自^{210}Po 的照射)。因此，除氡外的其他内照射(不包含宇生放射性核素)产生的年有效剂量为 290 μSv。饮食习惯会影响放射性核素的摄入量。例如，鱼和水生贝壳类生物含有相对高水平的^{210}Pb 和^{210}Po，所以大量食入海鲜的人受到的剂量可能略高于一般人群。

因摄入宇生放射性核素(^{3}H、^{7}Be、^{14}C、^{22}Na 等)产生的年有效剂量：^{14}C，12 μSv；^{22}Na，0.15 μSv；^{3}H，0.01 μSv；^{7}Be，0.03 μSv。按文献提供的数据，由^{40}K 食入产生的我国居民的年食入剂量为 180 μSv，而摄

入其他放射性核素产生的年有效剂量为 240 μSv。由此得到我国居民所受的除氡外的其他内照射产生的年有效剂量为 420 μSv。

水处理过程可去除饮用水中 20%～30%的 U、Th 和 ^{226}Ra，但对 ^{40}K 的去除很少。

(三)人为活动引起的天然辐射源照射的变化

人为活动可能引起天然辐射源照射的增加，如化石燃料及其他放射性伴生矿的开发、利用，以及乘坐飞机等。

煤含有铀、钍、镭、钾等天然放射性核素，不同地方不同煤种的天然放射性核素的含量差别很大。新疆、浙江、广西的煤矿中煤的天然放射性核素含量明显高于全国平均值，而甘肃、福建则明显低于全国平均值。我国石煤中的天然放射性核素比活度较高。煤矿的开采引起氡向环境的释放，煤中所含的铀、钍、镭等放射性核素也会通过大气或水途径向环境释放，引起附近的大气、水、土壤等环境介质中天然放射性核素含量的增加。我国燃煤电厂致全国人口平均的剂量约为 5 μSv。

石油和天然气开采、加工过程有可能使 ^{226}Ra 和 ^{228}Ra 等天然放射性核素积累而超出正常水平。按照美国环保局提供的资料，石油生产设备产生的平均照射水平比本底值高 0.02～0.42 μSv/h，天然气处理设备的照射水平比本底值高 0.02～0.76 μSv/h。磷酸盐岩是生产所有磷酸盐产品的原材料，也是生产磷肥的主要来源，由于磷酸盐岩含有较高水平的天然放射性核素 ^{238}U，其开采及磷肥生产、使用和其他附产品的使用都可能增加对公众的辐射照射。

在我国，伴生天然放射性的其他矿包括：铁矿（如内蒙古白云鄂博铁矿，矿石除富含铁外，伴生钒、稀土等多种金属、非金属矿，天然放射性钍含量较高）、稀土矿（矿物除含稀土元素外，含有较多的 ^{138}La、^{176}Lu、^{238}U 或 ^{232}Th 等天然放射性核素）、有色金属矿（我国有色金属中伴生较多天然放射性核素的有铝、铜、铅、锌、金等）等。对伴生矿开采、利用所致公众照射的资料还不多，有待开展相应的调查。

二、人工辐射

人工辐射是指人为活动引起的照射，其来源主要包括核武器的试验和生产、核能生产、核技术应用和核事故等。电离辐射在医学诊断与治疗中的应用对公众产生的医疗照射，是公众接受的最大的人工辐射源照射。据 UNSCEAR 的估计，医学诊断照射约占人工辐射源照射的 95%。

(一)核试验

从 1945 年起至 1980 年止，世界范围共进行 543 次大气层核试验，造成裂变产物在大气的弥散和沉降。地下核试验次数大大超过大气层核试验的次数，但大多数地下核试验是低当量核爆，仅有裂变气体在核试验后偶尔发生排出和扩散，使局部公众受到照射，与大气层核试验相比，地下核试验对全球公众照射的贡献可以忽略。

大气层核试验产生的放射性裂变产物和其他放射性核素，一部分在试验场附近区域沉积，大部分进入大气对流层和平流层，在大气中迁移、弥散，造成全球性落下灰沉降，并通过外照射、食入和吸入途径对公众产生照射。

表 5-7 列出了大气层核试验产生的放射性核素及其全球释放量估算值。1980 年后，大气层核试验中止，由于放射性核素的衰变及迁移扩散的作用，大气层核试验沉降灰的影响逐渐减弱，目前只存在某些痕量的长寿命裂变产物（如 ^{90}Sr、^{137}Cs）及 ^{3}H、^{14}C 等放射性核素。

表 5-7　大气层核试验中产生的放射性核素及其全球释放量

放射性核素	半衰期	全球释放量(PBq)
^{3}H	12.33 a	186 000
^{14}C	5730 a	213
^{54}Mn	312.3 d	3 980
^{55}Fe	2.73 a	1 530
^{89}Sr	50.53 d	117 000
^{90}Sr	28.78 a	622
^{91}Y	58.51 d	120 000
^{95}Zr	64.02 d	148 000
^{103}Ru	39.26 d	247 000
^{106}Ru	373.6 d	12 200
^{125}Sb	2.76 a	741
^{131}I	8.02 d	675 000
^{140}Ba	12.75 d	759 000
^{141}Ce	32.50 d	263 000
^{144}Ce	284.9 d	30 700
^{137}Cs	30.07 a	948
^{239}Pu	24 440 a	6.52
^{240}Pu	6 563 a	4.35
^{241}Pu	14.35 a	142

以 1999 年为例，大气层核试验产生的全球平均的年有效剂量为 5.51 μSv(北半球为 5.87 μSv，南半球为 2.68 μSv)，其中，外照射剂量为 2.90 μSv，主要来自 ^{137}Cs 的贡献；食入剂量为2.61 μSv，主要是 ^{14}C 的贡献，其次是 ^{90}Sr 和 ^{137}Cs。随着时间的推移，大气层核试验落下灰的影响将继续不断地减弱。大气层核试验落下灰沉降对我国公众产生的年有效剂量约为 6 μSv。

(二)核能生产

核能生产引起的对公众的照射是指整个核燃料循环引起的对公众的照射。核燃料循环包括：铀的采矿、水冶、转换、富集、核燃料组件的制造、通过核反应产生能量(即核电厂运行)、乏燃料的贮存和后处理、乏燃料中易裂变和有用物质的循环利用和回收及放射性废物贮存和处理。此外，核燃料循环还包括不同核设施间的放射性物质运输。

核燃料循环系统引起的对公众的辐射照射剂量由两部分组成。一是核燃料循环各个阶段的气载、液态放射性流出物产生的局部和区域集体剂量；二是流出物中的长寿命核素 ^{14}C、^{3}H、^{85}Kr 和 ^{129}I 全球弥散产生的全球集体剂量和固体废物(包括铀矿山废石、水冶厂尾矿)处置产生的集体剂量。

按照 UNSCEAR2000 报告的数据，核燃料循环各阶段中，对局部和区域集体剂量的贡献，主要来自核电厂、铀矿采矿及后处理厂。核燃料循环释放的全球弥散核素(主要是 ^{14}C)产生的全球年集体剂量为 1 250 人·Sv，按世界人口 62 亿计算，核燃料循环产生的全球平均公众剂量约为 0.2 μSv。

按照5年期平均，中国核燃料循环设施放射性流出物归一化排放量和集体有效剂量见表5-8和表5-9。

表5-8　中国核燃料循环设施及核电厂放射性流出物归一化排放量一览表

辐射源		主要核素	放射性流出物归一化排放量(GBq/GWa)			
			1986—1990	1991—1995	1996—2000	2001—2005
铀矿采冶		^{222}Rn		61.6×10^{3}①	30.8×10^{3}	39.6×10^{3}
铀转化		U				0.14②
铀浓缩		U		0.14	0.55	0.14②
元件制造		U	1.92③	2.30④	0.70	
PWR反应堆运行	气载释放	^{3}H		5.54×10^{2}⑤	7.80×10^{2}	7.28×10^{2}
		惰性气体		3.10×10^{4}⑤	7.55×10^{3}	1.42×10^{3}
		碘		8.38×10^{-1}⑤	4.40×10^{-2}	1.19×10^{-2}
		其他粒子		5.96×10^{-2}⑤	1.45×10^{-2}	4.19×10^{-3}
	液态释放	^{3}H		1.24×10^{4}⑤	1.76×10^{4}	2.32×10^{4}
		除氚外气体		3.60×10^{1}⑤	3.64	1.30
HWR反应堆运行	气载释放	^{3}H				2.29×10^{4}⑥
		惰性气体				1.39×10^{3}⑥
		碘				3.04×10^{4}⑥
		其他粒子				1.92×10^{-2}⑥
	液态释放	^{3}H				1.55×10^{4}⑥
		除氚外气体				5.65×10^{-1}⑥

注：①1994—1995年的平均值；②2001—2004年的平均值；③1988—1990年的平均值；④1991年、1992年、1994年和1995年的平均值；⑤1993—1995年的平均值；⑥2003—2005年的平均值。

表5-9　中国核燃料循环设施及核电厂放射性流出物所致公众归一化集体有效剂量一览表

辐射源		归一化集体有效剂量(人·Sv/GWa)			
		1986—1990	1991—1995	1996—2000	2001—2005
铀矿采冶		1.46	1.73	1.11	0.81
铀转化					3.50×10^{-4}
铀浓缩			1.99×10^{-3}	4.87×10^{-3}	4.81×10^{-3}
元件制造		8.29×10^{-3}	7.31×10^{-3}	2.09×10^{-3}	
PWR反应堆运行			6.94×10^{-2}	2.23×10^{-2}	2.91×10^{-3}
	气载释放		2.49×10^{-3}	4.49×10^{-4}	3.19×10^{-4}
	液态释放		6.69×10^{-2}	2.18×10^{-2}	2.59×10^{-3}
HWR反应堆运行					1.84×10^{-1}
	气载释放				2.59×10^{-3}
	液态释放				2.59×10^{-3}

(三)医疗照射

电离辐射已在医学领域获得广泛应用,并成为医学诊断和治疗的重要工具。主要的医疗照射实践:X射线诊断检查,放射药物诊断检查,远距离和近距离体外照射治疗,以及放射药物治疗与介入治疗。UNSCEAR的报告书明确指出,医疗照射是公众所受最大的并且将不断增加的人工电离辐射照射来源。随着科技进步和经济发展,全民医疗保健需求剧增,医疗照射仍将不断增加。

医学诊断检查中占份额最大的是X射线诊断。按照UNSCEAR建立的医疗照射评价估算模式,以每千人口拥有医师数为特征参数,把世界各国或地区划分为4类医疗保健水平:Ⅰ级(每1 000人至少有1名医生)、Ⅱ级(每1 000～3 000人有1名医生)、Ⅲ级(每3 000～10 000人有1名医生)和Ⅳ级(超过10 000人有1名医生)。中国属于Ⅱ级。不同国家、地区,医疗保健水平不同,用于诊断和治疗的医用辐射配置也不同,同样所接受的医疗照射的大小也不同,仅占世界总人口约24%的Ⅰ类医疗保健水平的国家或地区,其X射线诊断的医疗照射所致公众人均年有效剂量已经达到全世界平均水平的3倍多。全世界含X射线CT在内的X射线诊断检查、牙科X射线检查和核医学诊断检查共计造成的放射诊断医疗照射的年集体剂量已经达到4 213 000人·Sv。表5-10列出了常规X射线检查和计算机断层成像技术(CT)检查产生的辐射剂量大小。

表5-10 常规X射线和计算机断层成像的剂量

检查部位	常规X射线检查剂量(mSv)	计算机断层成像检查剂量(mSv)
头	0.07	2
牙	<0.1	—
胸	0.1	10
腹	0.5	10
骨盆	0.8	10
下部脊柱	2	5
下部肠道	6	—
四肢和关节	0.06	—

放射性药物诊断的剂量大小决定于所使用的放射性核素的活度大小。当采用远距离和近距离放射治疗时,为杀死癌细胞,治疗用剂量很大,一般为40～60 Gy,具体剂量决定于治疗的需要。药物治疗的剂量大小是根据治疗的需要确定的,而治疗的药物剂量同样以对患者注射的放射性药物的活度表示。

按照UNSCEAR报告的统计,全世界每年接受诊断照射的人数为25亿人次,治疗照射为550万人次。在诊断照射中,医学X射线诊断约占70%,牙科X射线诊断占21%,放射药物诊断(也称核医学诊断)仅占1%。在放射治疗中,远距和近距治疗占90%以上,放射药物治疗(也称核医学治疗)只约占7%。诊断照射每年产生的全世界总集体剂量约为250万人·Sv,按60亿人口平均,人均受到的年诊断照射剂量为0.4 mSv,其中,核医学诊断人均年剂量为0.03 mSv。UNSCEAR报告没有给出治疗照射产生的人均年剂量。

我国每年约有2.2亿人次接受X射线诊断检查,按14亿人口计,每1 000人每年接受X射线诊断检查的次数约为170人。按文献的数字,X射线产生的全国集体剂量为9.16×10^4人·Sv,人均年剂量约为0.07 mSv。核医学检查及治疗产生的集体剂量为2.32×10^4人·Sv,人均年剂量约为0.02 mSv。全国平均医疗照射的年均剂量约为0.09 mSv。UNSCEAR、国际原子能机构(International Atomic Energy

Agency,IAEA)、世界卫生组织(World Health Organization,WHO)、国际辐射防护委员会(International Commission on Radiological Protection,ICRP)等国际组织一直强烈呼吁并积极倡导大力加强医疗照射防护。

(四)核技术应用

伴随核技术的广泛应用,在放射性同位素生产、应用等过程会有一定的放射性核素释放到环境中,引起对公众的照射。目前看,释放到环境中的放射性核素量不是太大,与其他人工辐射源的照射相比可能是很小的。有关核技术应用对公众的照射有待进一步监测与评估。我国目前也缺乏这方面的数据。

(五)核与辐射事故

随着科学技术的不断进步,电离辐射在工业、农业、医疗卫生、科研等各个领域获得了广泛的应用。电离辐射在给人类带来利益的同时,在发生事故的时候也可能会造成辐射损害。

1. 核与辐射事故的类型

核与辐射事故包括核突发事件、辐射事件、核武器事故和核恐怖事件等。

核突发事件是指核电站或其他核设施(如铀富集设施,铀、钚加工厂与燃料制造设施、研究堆,核燃料后处理厂,放射性废物管理设施等)发生的意外事故,造成放射性物质外泄,致使工作人员、公众受到超过或相当于规定限值的照射,亦即为核泄漏事故(简称“核事故”)。

放射源的应用存在于社会发展的各行各业,放射源的活度从仪器仪表中的 kBq 到大型辐照装置的 PBq 水平。从辐射事件类别分布来看,高居第一位的始终是放射性物质丢失,其次为超剂量照射。放射性污染事故较少,主要发生在带有小放射源的核仪器使用单位,污染的方式多样,如含源铅罐熔化、生产的钢材等产品出售、污染炉渣铺路等。超剂量照射事故多在辐照行业,源活度很高,事故后果严重。

核武器事故是指一切人为或自然因素导致核武器或核武器组部件损坏事故。

世界恐怖组织活动日益猖獗,除采用剧毒细菌和化学毒物外,利用核辐射技术制造恐怖事件的可能性不可忽视。核恐怖事件的危险主要来自以下 3 个方面:制造“放射性扩散装置”,袭击核设施,制造核武器。

2. 核与辐射事故分级

2005 年国务院发布的《放射性同位素与射线装置安全和防护条例》(国务院令第 449 号),根据辐射事故的性质、严重程度、可控性、影响范围及放射源类别等因素,将辐射事故分为四个等级。特别重大辐射事故:是指Ⅰ类、Ⅱ类放射源丢失、被盗、失控造成大范围严重辐射污染后果,或者放射性同位素和射线装置失控导致 3 人以上(含 3 人)急性死亡。重大辐射事故:是指Ⅰ类、Ⅱ类放射源丢失、被盗、失控,或者放射性同位素和射线装置失控导致 2 人以下(含 2 人)急性死亡或者 10 人以上(含 10 人)急性重度放射病、局部器官残疾。较大辐射事故:是指Ⅲ类放射源丢失、被盗、失控,或者放射性同位素和射线装置失控导致 9 人以下(含 9 人)急性重度放射病、局部器官残疾。一般辐射事故:是指Ⅳ类、Ⅴ类放射源丢失、被盗、失控,或者放射性同位素和射线装置失控导致人员受到超过年剂量限值的照射。

国际核事故分级标准(International Nuclear Event Scale,INES)把核事故共分 7 级,对安全没有影响的事故划分为 0 级,影响最大的事故评定为 7 级。1986 年苏联切尔诺贝利核电站事故和 2011 年日本福岛第一核电站事故属于 7 级核事故。

3. 核与辐射事故的后果

不同核与辐射事件所造成的危害和导致的后果差别很大,取决于事故的严重程度和影响范围。

密封放射源丢失或被盗,在放射活性较低时,仅造成拾捡者或盗窃者本人及周围其他人受照,危害不大,影响范围很小。

核反应堆发生事故,特别是有大量放射性物质泄漏的情况下,由于放射性烟云飘移,致使污染范围

广，受照人数多，后果严重。切尔诺贝利核电站事故是至今核电发展史上发生的最大的灾难性事故，反应堆遭受严重破坏，大量放射性气体和气溶胶向环境释放，各种放射性核素中，锶、钚及其他超铀元素大部沉积于事故堆周围 30 km 范围内；碘和铯等易挥发核素，随烟羽按气流方向，构成事故下风向200 km和500 km 的两条污染带。

非法组织使用“脏弹”爆炸引起的辐射影响范围，根据放射性物质强度的大小，可能仅局限于一个城市的几个街区或离事件发生区域几千米远的地方，也可能危及整个城市及周边地区。

第三节 电离辐射的生物效应

电离辐射作用于机体后，其能量传递给机体的分子、细胞、组织和器官所造成的形态结构和功能的变化，称为电离辐射的生物学效应(biological effect of ionizing radiation)。

一、电离辐射与物质的作用

电离辐射主要通过电离(ionization)和激发(excitation)传递能量。电离辐射作用于生物体大致可分为物理、化学和生物变化三个阶段，引起生物机体分子、细胞、组织、器官的损伤。根据电离辐射产生生物效应的时间进程，可以分为原发作用和继发作用。从作用方式上来看，电离辐射的生物效应可以分为直接作用和间接作用。

(一)电离和激发

1. 电离

当射线照射生物体时，生物体中的原子和分子被粒子或光子流撞击时，其轨道电子被直接或间接击出，产生自由电子和带正电的离子，这个过程称为电离。如果游离的自由电子能量较高还能够导致附近的原子或分子电离，称为次级电离。

2. 激发

当电离辐射作用于组织原子或分子时，能量不足以将原子或分子中的轨道电子击出时，使电子跃迁到较高能级的轨道上，使原子或分子处于激发态的过程称为激发。

(二)电离辐射生物效应产生的三个阶段

电离辐射对任何生物体的照射都将启动一系列的变化过程，这个变化过程时间差异非常大，大致可分为物理、化学和生物变化三个阶段(表 5-11)。

1. 物理阶段

主要指带电粒子和构成组织细胞的原子之间的相互作用。带电粒子主要与轨道电子相互作用，将原子中的一些电子逐出(电离)，或使原子或分子内的其他电子进入更高的能量水平(激发)。如果能量足够，这些次级电子可以激发或电离与其邻近的其他原子，从而导致级联电离事件。X、γ 射线属于电磁辐射，具有波粒二象性，又称为光子。光子不带电荷，不能够直接产生电离或者激发，其与物质的作用分为初级作用和次级作用。在初级作用过程中，光子通过光电效应、康普顿效应和电子对效应产生次级电子，次级电子引起原子的电离或激发。

2. 化学阶段

在这一阶段，受辐射损伤的原子和分子与其他细胞成分发生快速化学反应。电离和激发导致化学键的断裂和自由基的形成。这些自由基是高度活跃的，它们参与一系列的反应，最终导致电荷回归平衡。自由基反应在射线照射后约 1 ms 内即可完成。

3. 生物阶段

这个阶段包括上述两个阶段之外的所有过程。在这一阶段多数的损伤如DNA内的损伤都可以成功地修复,仅有较少的一些损伤不能修复,这些未修复的损伤最后导致细胞突变或死亡,引起组织器官和系统的变化,最终引起机体内一系列功能变化,直至发生多种局部的和整体的、近期的和远期的病理学变化,如细胞分裂受到抑制、死亡,造血功能障碍,中枢神经系统和胃肠道损伤,癌症和遗传变化等。

表5-11 电离辐射生物效应的时间进程

时间(s)	发生过程
物理阶段	
10^{-18}	快速粒子通过原子
$10^{-16}\sim10^{-17}$	电离作用 $H_2O\sim H_2O^++e^+$
10^{-15}	电子激发 $H_2O^+\sim H_2O^*$
10^{-14}	离子-分子反应,如 $H_2O^++H_2O\rightarrow\cdot OH+H_3O^+$
10^{-14}	分子振动导致激发态解离:$H_2O^*\rightarrow H\cdot+\cdot OH$
10^{-12}	离子水合作用 $e^-\rightarrow e^-_{aq}$
化学阶段	
$<10^{-12}$	e^- 在水合作用前与高浓度的活性溶质反应
10^{-10}	e^-_{aq},$\cdot OH$,$H\cdot$ 及其他集团与活性溶质反应(浓度约1 mol/L)
$<10^{-7}$	刺团*(spur)内自由基相互作用
10^{-7}	自由基扩散和自由分布
10^{-3}	e^-_{aq},$\cdot OH$,$H\cdot$ 与低浓度活性溶质反应(约 10^{-7} mol/L)
1	自由基反应大部分完成
$1\sim10^3$	生物化学过程
生物学阶段	
数小时	原核和真核细胞分裂受抑制
数天	中枢神经系统和胃肠道损伤显现
约1个月	造血障碍性死亡
数月	晚期肾损伤、肺纤维样变性
若干年	癌症和遗传变化

(三)直接作用与间接作用

电离辐射可直接使生物大分子(DNA、蛋白质等)发生电离作用,也可以使机体内环境的水分子发生电离作用并产生自由基,进而引发生物学效应。

1. 直接作用

射线的能量或粒子能量直接沉积于生物大分子,引起生物大分子的电离和激发,导致分子结构的改变和生物活性的丧失,这种直接由射线造成的生物大分子损伤效应称为直接作用。

2. 间接作用

电离辐射先直接作用于细胞内外的组织液,使水分子产生一系列原初辐射分解产物(H·、OH·、水

合电子等），这些辐解产物再作用于生物大分子，造成生物大分子的物理和化学变化，这样的作用方式称间接作用。

（四）自由基

生物组织受到电离辐射后会产生自由基。自由基是指含有一个或多个不配对电子的原子、分子、离子或游离基团。氧自由基（oxygen free radical）指含有氧元素的自由基，如O_2^- 和 O^-，其不配对电子位于氧原子。活性氧（reactive oxygen species，ROS）是指含有氧的活性物质，可能是氧的某些代谢产物和一些经过生化反应而产生的含氧基团，活性氧不全是氧自由基。氧化应激（oxidative stress）指具有活性的氧化中间产物所引起的生物反应，是自由基和活性氧损伤机体的主要方式。氧化应激不仅对生物分子产生损伤，而且通过对基因表达的调控，对细胞增殖、分化和凋亡进行全方位调控。

二、电离辐射致生物大分子损伤

生物大分子包括蛋白质、核酸、糖类和脂类，是机体生存的物质基础。生物膜主要由脂质和蛋白质组成，其结构完整性对于细胞和细胞器功能十分重要。电离辐射可引起生物大分子和生物膜的损伤，这些损伤是产生辐射生物效应的基础。

（一）电离辐射对 DNA 的作用

DNA 在细胞生长、增殖、分化和遗传上起着重要的作用，同时 DNA 也是电离辐射重要的靶分子。

1. 电离辐射造成 DNA 损伤的主要类型

（1）碱基变化（DNA base change）。主要包括碱基增加、碱基缺失、碱基脱落、碱基替代、形成嘧啶二聚体等。

（2）DNA 链断裂（DNA molecular breakage）。包括单链断裂（single strand break，SSB）和双链断裂（double strand break，DSB）两种类型。DNA 断裂的分子机制包括脱氧戊糖和磷酸二酯键的破坏、碱基的损伤。

（3）DNA 交联（DNA crosso linkage）。DNA 交联是指一条链上的碱基与另一条链上的碱基以共价键结合的形式产生交联。电离辐射致 DNA 交联有 DNA-DNA 交联、DNA-蛋白质交联、链内交联、链间交联等类型。DNA-DNA 交联是指一条链上的碱基与另一条链上的碱基以共价键结合的形式产生交联。DNA 分子链间交联仅在辐照剂量为 20～100 Gy 的范围内出现。

2. 电离辐射致 DNA 损伤的修复

（1）同源重组（homologous recombination，HR）。是利用细胞内的染色体两两对应的特性，若其中一条染色体上的 DNA 发生双链断裂，则另一条染色体上对应的 DNA 序列即可作为修复模板来恢复断裂前的序列。

（2）非同源末端连接（non-homologous end joining，NHEJ）。修复蛋白可以直接将双链断裂的末端彼此拉近，再在 DNA 连接酶的帮助下，将断裂的双链重新连接。

（3）Fanconi 贫血途径。由一组范科尼贫血（Fanconi anemia，FA）蛋白对 DNA 交联进行检测和修复。FA 蛋白得名于一种罕见的常染色体遗传病——范科尼贫血，在该种患者中 FA 蛋白是各种突变体，导致无法修复 DNA 交联损伤，该种患者会在幼年发病，出现严重的再生障碍性贫血症状、癌症及多发性先天畸形。

（4）碱基切除修复（base excision repair，BER）。是 DNA 碱基修复机制的一种。受损 DNA 通过不同酶的作用切除错误碱基后，由一系列的酶进行正确加工填补而恢复功能。

（5）核苷酸切除修复（nucleotide excision repair，NER）。主要修复那些影响区域性的染色体结构的

DNA 损伤，包括由紫外线所导致的嘧啶二聚体(pyrimidine dimer)，化学分子或蛋白质与 DNA 链之间的交联形成的 DNA 加合物(DNA adduct)，或者 DNA 与 DNA 的链间交联(cross-link)等。

(二)电离辐射对 RNA 的损伤

RNA 主要分为核蛋白体 RNA(rRNA)，转移 RNA(tRNA)及信使 RNA(mRNA)。照射后 RNA 分子发生变化，影响了它的生物功能，如在照射后机体产生 miRNA，参与调节靶基因及其蛋白表达、细胞凋亡、坏死等。

(三)电离辐射对蛋白质和酶的作用

电离辐射照射后，通过直接作用或间接作用引起蛋白质和酶的变化。

1. 结构损伤

蛋白质受照后可导致分子结构的改变，引起蛋白质发生功能失活。

2. 蛋白质合成改变

蛋白质在接受电离辐射后，由于各种蛋白质的功能不同，有些为应对损伤表现为合成增加，但大部分蛋白合成减少，所以总体上合成是减少的。

3. 蛋白质分解增加

照射后机体损伤，对外界食物摄取降低，为保持机体功能的稳定运行，蛋白质会增加分解，释放能量。另外，辐射导致的机体部分组织(如肠道上皮)的脱离，也会导致蛋白质分解代谢增强。

三、电离辐射对染色体的损伤

染色体(chromosome，CS)是细胞有丝分裂时出现的，易被碱性染料着色的丝状或棒状小体，由 DNA、蛋白质和少量 RNA 所组成，是遗传的主要物质基础。细胞在分裂过程中染色体的数量和结构发生变化称为染色体畸变(chromosome aberration)。电离辐射可使染色体的畸变率增高。

(一)染色体数量改变

细胞受到辐射后，在细胞分裂期本应分离的染色体，可能产生染色体不分离现象，或者分裂后的细胞中染色体不能均匀分离，造成非整倍体细胞的形成。也有可能出现在细胞分裂期，染色体分离完毕，但细胞无法分开又重新合并的情况。

(二)染色体结构变化

1. 染色体型畸变

如果细胞在 S 期之前辐射损伤未修复，复制后可导致染色体出现断裂、着丝粒环、双着丝粒体，甚至多着丝粒体、易位、倒位等畸变。

2. 染色单体型畸变

当染色物质复制后受到电离辐射，导致染色单体发生断裂或裂隙，称为染色单体型畸变(chromatid aberration)。单体断片、单体互换等属于染色单体型畸变。

电离辐射诱发的畸变以染色体型畸变为主，尤以断片、环和双着丝粒体等畸变最为常见，在反映辐射损伤的程度方面更有意义。

四、电离辐射对靶细胞的损伤

(一)细胞的辐射敏感性

在研究电离辐射的生物效应时，相同照射剂量引起生物效应程度不同的现象称为辐射敏感性。

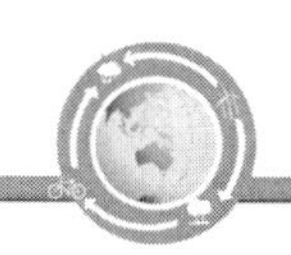

1. 细胞辐射敏感性的规律

不同细胞群体的辐射敏感性基本遵循 Bergonie& Tribondeau 定律，即组织的辐射敏感性与其细胞的分裂活动成正比，而与其分化程度成反比。具有较强分裂能力的细胞属于较敏感的细胞、如淋巴细胞、消化道上皮细胞、精细胞和卵细胞。分裂能力较差的细胞属于辐射不敏感的细胞，如神经细胞、骨骼肌细胞、巨噬细胞、红细胞等。

细胞受到电离辐射损伤导致启动 DNA 修复反应，诱发细胞周期阻滞，但不同物种、不同组织或不同周期时相的细胞敏感性具有明显差异。处在不同细胞周期的细胞对电离辐射的细胞敏感性规律如下：M期＞G_2 期＞G_1 期＞S 早期＞S 晚期。

2. 影响细胞辐射敏感性的因素

细胞辐射敏感性的影响因素分为环境因素和内在因素。

(1)环境因素。细胞所处的内、外环境影响其辐射敏感性，环境中氧分压对细胞辐射敏感性的影响十分明显。比如在 LET 辐射的作用下，氧的存在将增强射线对细胞的杀伤力。

(2)内在因素。当细胞所处环境条件不利于其生长和增殖时，辐射敏感性降低，细胞环境中存在防护或增敏作用的化学因子，将降低或增高细胞的辐射敏感性。

(二)电离辐射诱发细胞周期反应

细胞受到辐照后出现损伤，为了修复损伤使细胞周期循环活动停止在某个细胞周期，称之为辐射诱导的细胞周期阻滞。

真核细胞周期是一个复杂、精细的调节过程，在此过程中 G_1/S、S、G_2/M 和纺锤体等检测点机制有序调节细胞周期进程，并且在维持细胞遗传稳定性中具有十分重要的作用，与细胞死亡机制关系紧密。细胞周期检测点是监控细胞进入有丝分裂期的重要关卡。当环境因素致细胞出现 DNA 双链断裂后，DNA 损伤感受器和效应器 PIK3 家族成员 ATM、DNA-PKcs 和 ATR 激活，调控下游的蛋白如 H_2AX、P53、BRCA1，激活细胞周期检测点蛋白，诱发细胞周期出现阻滞，当辐射损伤的遗传物质修复后，细胞周期循环得以继续进行。如果辐射损伤过重，超出细胞修复能力，损伤无法修复，细胞就会出现死亡。

(三)电离辐射诱发细胞死亡

电离辐射引起细胞死亡是辐射整体效应发生的重要基础。电离辐射致细胞死亡分为细胞凋亡和增殖死亡两种类型。细胞凋亡是一种主动的有基因导向的细胞消亡过程，在保持机体内稳态方面发挥积极作用，在胚胎发生、器官发育与退化、免疫和造血细胞的分化、选择及正常和肿瘤细胞的更新方面都有重要意义。辐射诱导细胞凋亡具有高度的细胞类型依赖性，电离辐射后，造血细胞和淋巴细胞以快速凋亡途径发生死亡，而大多数的肿瘤细胞则以细胞凋亡和增殖死亡两种途径发生死亡，在某些情况下，增殖死亡是辐射致肿瘤细胞死亡的唯一途径。细胞的增殖死亡发生于分裂、增殖的细胞，即照射后细胞不会立即死亡，仍进行生命活动有关的代谢过程，并可能发生细胞分裂，此种细胞死亡的标志是最终丧失继续增殖的能力。在机体的生理过程中，在一定的信号启动下，凋亡相关基因有序地表达，制约着对整体无用或有害细胞的清除，被称为程序化死亡。DNA 是电离辐射致细胞死亡的靶分子。大量证据表明，辐射诱导细胞死亡的敏感区位于细胞核而不是胞浆，染色体 DNA 即是辐射致细胞死亡的主要靶分子。

(四)电离辐射致细胞损伤的修复

1. 细胞损伤后的修复的三个水平

细胞损伤后的修复可发生于组织水平、细胞水平和分子水平。组织水平修复是由于未受损伤的正常细胞在组织中再植，形成新的细胞群体替代受辐射损伤的细胞群体。细胞水平的修复发生于照射后第一次有丝分裂之前，表现为细胞存活率的增高。细胞水平的修复可由两种方式诱导：一是改变照射后细胞

的环境条件，二是分割照射剂量。分子水平的修复是通过细胞内酶系的作用使受损伤的DNA分子恢复完整性。分子修复可通过细胞内恢复过程反应于细胞水平的修复，并可由于细胞存活的提高最终反映组织水平的修复。

2. 影响细胞损伤修复的因素

影响细胞损伤修复的因素主要有射线种类、剂量率、氧效应、辐射增敏剂和细胞增温六大因素。细胞损伤随射线传能线密度(linear energy transfer，LET)的增大而加大，存在着剂量-存活效应关系。在给定剂量下，高LET辐射所致亚致死性和致死性损伤的比例大于低LET辐射。剂量一定时，剂量率越低，照射时间就越长，生物效应就越轻，其机制是在拖延照射的过程中发生亚致死损伤修复和细胞增殖。氧是最好的辐射敏化剂，完全氧合的细胞比低氧细胞对辐射更敏感，通常用氧增强比(oxygen enhancement ratio，OER)描述氧效应的大小，氧增强比是指在有氧条件和无氧条件下达到同样的生物效应所需要的照射剂量之比。辐射增敏剂是指能够增加辐射致死效应的化学物质或药物。辐射防护剂是指机体或细胞受电离辐射照射前给予的能减轻其辐射损伤的某种化学物质。

五、电离辐射生物学效应分类

1. 急性效应和慢性效应

急性效应是指短时间内达到较大剂量，迅速出现的效应。慢性效应是指随着照射剂量增加，效应逐渐积累，经历较长时间表现出来的效应。

2. 早期效应和远期效应

早期效应是指大剂量电离辐射作用于生物机体后，早期出现的以骨髓型、胃肠型和脑型损伤为主的效应。远期效应是指电离辐射作用于生物机体数月乃至数十年后才发生的效应。

3. 躯体效应和遗传效应

躯体效应是指电离辐射对人体细胞的损伤，损伤显现在受照者身上，包括急性损伤、慢性损伤、远期效应三种情况。遗传效应是指生殖细胞受照后产生突变而显现在受照者后代身上的生物效应。

4. 确定性效应和随机性效应

确定性效应是指那些与辐射有必然联系的效应，当剂量达到阈值以上时，效应肯定会发生，在阈值以上，损害的程度随剂量的增加而增加。如照射后造血系统白细胞减少属于确定性效应。随机性效应是指效应发生的概率随照射剂量的增加而增加，其严重程度与剂量的大小无关，不存在阈值。遗传效应和辐射诱发癌变均属于随机性反应。

5. 辐射旁效应

辐射旁效应是指未直接受照射的细胞表现出受照射细胞类似的生物学效应，包括基因不稳定性、突变、炎症反应、细胞凋亡或延迟死亡、基因表达改变、微核形成及肌细胞生长异常等。

六、影响电离辐射生物学效应的主要因素

(一)与辐射有关的影响因素

(1)辐射类型。高LET的电离辐射，电离密度大，射程小，内照射时生物学效应相对较强；低LET的电离辐射，电离密度小，射程大，外照射时生物学效应强。

(2)剂量和剂量率。一般情况下，剂量越大，效应越强。在一定剂量范围内，同等剂量照射时，剂量率越高，生物学效应越强。

(3)照射方式。同等剂量照射时，一次照射比分次照射效应强；全身照射比局部照射效应强。

(二)与机体有关的影响因素

(1)种系差异。一般来说,生物进化程度越高,辐射敏感性越强。

(2)性别。雌性个体的辐射耐受性稍大于雄性,这与体内性激素含量差异有关。

(3)年龄。幼年和老年辐射敏感性高于壮年。

(4)生理状态。机体处于过冷、过热、过劳和饥饿等状态时辐射耐受性降低。

(5)健康状况。体弱者、慢性病患者或合并外伤时辐射耐受性降低。

(三)介质因素

细胞培养体系中或体液中含有辐射防护剂,如含 SH 基的化合物可减轻自由基反应,促进损伤生物修复,能减轻生物效应。反之,如含有辐射增敏剂,如亲电子物质,则增强自由基反应,阻滞分子和细胞修复,增强辐射生物效应。防护剂和增敏剂在放射治疗中都有应用,前者可保护正常组织,后者可提高放疗效果。

第四节　电离辐射的健康损害

一、辐射对各器官、系统的损伤

环境本底水平辐射不会对机体产生明显的有害作用,但是在核与辐射事故情况下,公众受到较大剂量的照射,则会对各器官和系统产生一定的损害作用。电离辐射对组织器官的作用广泛,可以影响到全身所有组织系统。在一定照射剂量水平,由于组织细胞的辐射敏感性不同,各器官的反应程度也不一致。

(一)造血器官

人体受大剂量电离辐射照射后,可发生急性放射病,骨髓型急性放射病是电离辐射损伤的最基本类型。这里以中度急性放射病为基础,阐述急性全身照射对造血系统的损伤特征。电离辐射作用于机体后,造血器官很快便出现以下三项基本变化:

1. 细胞和组织的退行性变

细胞和组织的退行性变包括变性和死亡。一方面由于射线的直接损伤,使组织细胞发生以凋亡为主的死亡;另一方面,通过神经体液因素的调节障碍引起细胞死亡。

造血器官是辐射敏感组织。电离辐射主要是破坏或抑制造血细胞的增殖能力,所以损伤主要发生在有增殖能力的造血干细胞、祖细胞和幼稚血细胞,相对来说,辐射对成熟血细胞的直接杀伤效应并不十分明显。

造血干细胞(hematopoietic stem cell,HSC)有很高的辐射敏感性。当受到>8 Gy 照射后,残留干细胞很难重建造血,需要输入外源性造血干细胞才能造血重建。造血祖细胞(hematopoietic progenitor cell)是造血干细胞分化为形态上可辨认的幼稚血细胞之前的一种细胞阶段。人造血细胞的损伤可通过测定造血祖细胞的状况来确定。人、犬和小鼠 CFU-GM 的 D_0 值分别为 1.27～1.37 Gy、0.59 Gy 和 1.9 Gy。造血基质细胞是造血微环境的重要组成成分,它包括纤维细胞、巨噬细胞、网状细胞、脂肪细胞和上皮样细胞。成纤维细胞被认为是基质细胞祖细胞,对辐射有较高的敏感性。

集落刺激因子(colony forming stimulator,CFS)是调节血细胞增殖分化的一类体液因子,有许多种类。电离辐射照射后可见血清 CFS 含量增加,这可能是一种反馈调节。在有完善的造血干细胞和造血微环境的条件下,CFS 可促进造血恢复。

2. 循环障碍

循环障碍包括血管及血窦的扩张充血、出血及组织水肿等。这些变化的产生，除因造血功能抑制和组织破坏产物的代谢及神经体液调节障碍等因素损伤血小板和血管壁外，射线对血管壁的直接损伤也有部分作用。微血管系统对辐射比较敏感，照射后血管通透性增加，血流缓慢甚至完全中断，影响物质运输，产生的活性代谢产物加重造血损伤。血管系统的变化与造血细胞的变性坏死几乎同步发生，且与照射剂量密切相关。

3. 代偿适应性反应

代偿适应性反应包括炎症性反应、吞噬清除反应、类浆细胞、网状细胞和脂肪细胞的出现和增生等。炎症性反应是指以变质、渗出成分为主的乏细胞反应性炎症为特征的病理变化。

(二)胃肠道

胃肠道也是辐射敏感器官之一，以小肠最敏感，胃和结肠次之。辐射对胃肠道的影响是多方面的，最显著的是照射后早期出现恶心呕吐、腹泻和小肠黏膜上皮的损伤。辐射对胃肠道的运动、吸收、分泌功能也有影响，如胃排空延迟，胃酸分泌减少，早期小肠收缩和张力增高，分泌亢进，肠激酶活力增强，吸收功能降低，后期运动、分泌功能降低等。

小肠上皮干细胞的辐射敏感性很高，D_0值约 1.3 Gy。照射后很快可见隐窝细胞分裂停止，细胞破坏、减少，其破坏程度与照射剂量有关。照射剂量小时，隐窝细胞数轻度减少，但很快修复，对绒毛表面细胞影响不大。照射剂量大时，隐窝破坏，隐窝数减少。更大剂量(＞10 Gy)照射时，可使大部以至全部隐窝被破坏，绒毛被覆上皮剥脱，失去屏障功能。

(三)神经内分泌系统

1. 神经系统的损伤

10 mGy 以下的照射即可引起神经系统功能变化，但较大剂量才会引起形态变化。在亚致死量或致死量照射后，高级神经活动，如条件反射、皮质生物电出现时相性变化，先兴奋而后抑制，最后恢复。各时相长短与剂量有关，较小剂量时，兴奋相较长，或不出现抑制相；剂量较大时，则兴奋相较短，较快转入抑制相。自主神经系统也有类似现象，照后初期丘脑下部生物电增强，兴奋性增高，神经分泌核的分泌增强。

头部受特大剂量照射后，可表现为神经细胞变性坏死，神经胶质细胞增生，胶质细胞包绕变性坏死的神经细胞(卫星现象)，胶质细胞吞噬神经细胞(噬节现象)，局部神经脱髓鞘，血管周围细胞浸润。小脑颗粒层细胞大量固缩。蒲氏神经细胞常变性坏死，这些是脑型放射病的相对特异性改变。神经系统出现严重的功能紊乱，常见的症状有共济失调、肌张力增加、震颤、角弓反张和抽搐等。

2. 内分泌系统的损伤

内分泌腺除性腺外，形态上对辐射不甚敏感。在致死剂量照射后垂体、肾上腺、甲状腺等功能都出现时相性变化，初期功能增强，分泌增多，随后功能降低。损伤的极期，肾上腺功能可再次升高。低剂量率慢性照射时，肾上腺皮质功能常降低，血浆皮质醇含量和尿中 17-羟类固醇排出量减少。增殖的甲状腺或幼年发育中的甲状腺对辐射作用比较敏感。^{131}I 局部累积使剂量达 50～100 Gy 时，甲状腺实质细胞发生间期死亡，以后腺体进行性萎缩，致甲状腺功能低下(甲低)，其发生机制主要是小血管和滤泡间质的片状变性和纤维化，其次是滤泡上皮变性，故在受累较轻的区域可能有增生反应，导致萎缩性结节。在一定范围内辐射剂量与甲低发生率呈线性关系。需要特别注意的是辐射诱发甲状腺癌的问题。

(四)生殖系统的损伤

性腺是辐射敏感器官，睾丸的敏感性高于卵巢。睾丸受 0.15 Gy 照射即可见精子数量减少，照射

2～5 Gy可引起暂时不育，5～6 Gy 以上可引起永久不育。睾丸以精原干细胞最敏感，D_0 值为 0.2 Gy，其次为精母细胞。精细胞和成熟精子则有较高的辐射耐受力。低剂量率慢性照射者，常出现性功能障碍。卵巢属于没有干细胞、不增殖的衰减细胞群。成年卵巢含有一定数量不同发育阶段的卵泡，照射对部分卵泡的破坏可造成暂时不育，若全部卵泡被破坏则会造成永久性不育。人一次照射致暂时不育的剂量为 1.7～6.4 Gy，永久性不育的剂量为 3.2～10 Gy。卵泡被破坏的同时，可引起明显的内分泌失调，出现月经周期紊乱，暂时闭经或永久性停经。

(五)心血管系统

心脏对辐射的敏感性较低，10 Gy 以下照射主要为造血损伤引起的出血和感染。10 Gy 以上照射可引起心肌的变化，包括心肌纤维肿胀、变性坏死甚至肌纤维断裂等。

小血管对辐射敏感，尤其是毛细血管敏感性最高。照射后早期即有毛细血管扩张，短暂的血流加速后，即出现血流缓慢。临床可见皮肤充血、红斑。红斑出现快慢与照射剂量有关，10 Gy 照射后数小时即可出现，照射 1 Gy 则数日后才出现。辐射损伤的血管可见内皮肿胀，空泡形成，基底膜剥离，以后内皮增生突向血管腔，血管壁血浆蛋白浸润，继而胶原沉着，致使管腔狭窄甚至堵塞。小血管的这些病变是受损伤器官晚期萎缩、功能降低的原因。

由于小血管内皮细胞损伤，血管周围结缔组织中透明质酸分解解聚增强，加上照射后释放的组织胺、缓激肽及细菌毒素等的作用，小血管的脆性和通透性都增加。

(六)免疫系统

目前为止发现辐射对免疫系统的作用是双向性的。表现为生物体在受到小剂量辐射时机体免疫力不下降或抑制，反而增强，即刺激机体的免疫功能，主要是提高 T 淋巴细胞的反应性，促进抗体形成，表现为脾脏 PFC 反应增强。但在遭受大剂量照射时，机体免疫功能都呈一定程度抑制和下降，其程度与吸收剂量成正比。

1. 非特异性免疫的变化

(1)细胞数量减少和吞噬功能减弱。由于造血损伤，嗜中性粒细胞和单核细胞急剧减少，残存细胞的吞噬功能和消化异物的功能降低。但也有一定剂量照后吞噬细胞功能增强的报道。

(2)皮肤黏膜的屏障功能减弱。照射后皮肤黏膜通透性增加，分泌酶和酸的抑菌、杀菌能力减弱，肠黏膜脱落等造成屏障功能破坏。

(3)非特异性体液因子杀菌活力降低。照射后血清和体液中溶菌酶、备解素和补体系统的含量减少，杀菌效价降低。照射剂量愈大，下降愈甚，恢复愈慢。

2. 特异性免疫的变化

无论是中枢免疫器官(骨髓、胸腺、类囊器官)或外围免疫器官(淋巴结、脾脏等)都是辐射敏感器官，所以照射后对体液免疫和细胞免疫都有影响。多数实验认为 B 细胞辐射敏感性较 T 细胞高，人外周血中 B 细胞的 D_0 值约 0.5 Gy，T 细胞约 0.55 Gy。故体液免疫的辐射敏感性较细胞免疫高。但也有人发现，即使受数十格瑞照射，也不影响浆细胞抗体的分泌。有文献资料认为机体受到小于 $LD_{50/30}$ 的射线照射，细胞免疫变化不大。大于 $LD_{50/30}$ 照射时，细胞免疫和体液免疫同时受抑制。在免疫活性细胞中，自然细胞毒性淋巴细胞(NK 细胞)对射线不敏感。能杀伤肿瘤细胞的 NK 细胞 γ 射线的 D_0 值为 7.5～8.5 Gy。

3. 调节免疫功能的细胞因子的变化

小鼠全身照射后，脾脏细胞生成白细胞介素 2(IL-2)和干扰素(IFN)的功能受抑，抑制的程度都随照射剂量增加而加重，细胞生成 IL-2 和 IFN 受抑的 D_0 值分别为 2.53 Gy 和 1.91 Gy。

(七)放射性白内障

放射性白内障(radiation cataract)指由X射线、γ射线、中子及高能β射线等电离辐射所致眼的晶状体混浊。

放射性白内障潜伏期长短和严重程度与放射剂量大小和年龄有关。剂量大、年龄小者潜伏期短,损伤严重。根据国家职业卫生标准《放射性白内障诊断标准》(GBZ95－2014),放射性白内障依其表现和后果的严重程度分为四期。Ⅰ期:晶状体后极部后囊下皮质内有细点状混浊,并排列成环行,可伴有空泡。Ⅱ期:晶状体后极部后囊下皮质内呈现盘状混浊且伴有空泡。严重者,在盘状混浊的周围出现不规则的条纹状混浊向赤道部延伸。盘状混浊也可向皮质深层扩展,可呈宝塔状外观。与此同时,前极部前囊下皮质内也可出现细点状混浊及空泡,视力可能减退。Ⅲ期:晶状体后极部后囊下皮质内呈蜂窝状混浊,后极部较致密,向赤道部逐渐稀薄,伴有空泡,可有彩虹点,前囊下皮质内混浊加重,有不同程度的视力障碍。Ⅳ期:晶状体全部混浊,严重视力障碍。初期,晶状体后极部后囊下皮质内有灰细点状混浊,可伴有空泡。细点状混浊逐渐发展为盘状混浊且有空泡。前极部前囊下皮质内出现点状、线状和羽毛状混浊,从前极向外放射。后期可有盘状及楔形混浊,最后形成全白内障。

放射诱发白内障的确切机制尚不清楚。目前认为与晶状体中单个上皮母细胞发生初始损伤,以及通过细胞分裂和分化造成晶状体纤维细胞的缺陷有关。放射性白内障是电离辐射诱发的一种组织反应,其发生存在着阈值,严重程度与照射剂量有关。ICRP 2007年建议书将组织损伤的阈值定义为引起1%的效应发生水平的吸收剂量,给出的导致视力障碍的白内障的阈剂量估计值:单次短时照射总剂量5 Gy,分割多次照射或迁延照射总剂量大于8 Gy,多年中每年以分割多次照射或迁延照射接受剂量时的年剂量率大于0.15 Gy/年;可检出的晶状体混浊对应的阈值则低一些,分别为0.5～2 Gy、5 Gy和大于0.1 Gy/年。由于放射性白内障的严重程度和潜伏期与受照剂量有关,因此设定晶状体剂量限值,做好辐射防护,尽量减小晶状体的受照剂量,是防止放射性白内障发生的有效手段。

放射性白内障的鉴别诊断需要排除其他非放射性因素所致的白内障,如起始于后囊下型的老年性白内障、并发性白内障(高度近视、葡萄膜炎、视网膜色素变性等)、与全身代谢有关的白内障(糖尿病、手足搐搦、长期服用类固醇等)、挫伤性白内障、化学中毒及其他物理性因素所致的白内障、先天性白内障。

放射性白内障的处理原则:按一般白内障治疗原则给予治疗白内障药物;晶状体混浊所致视力障碍影响正常生活或正常工作,可施行白内障摘除及人工晶体植入术;对诊断为职业性放射性白内障者,根据白内障程度及视力受损情况,脱离放射线工作,并接受治疗、康复和定期检查,一般为每半年至一年复查一次晶状体。

(八)胎内照射效应及疾病

胚胎发育过程中受到电离辐射作用,称为胎内照射或宫内照射,它对胚胎发育过程产生的不利影响是一种特殊的躯体效应。胎内照射指精子和卵子结合后,在植入前期、器官形成期和胎儿期任何一段时间受到的照射。胎内辐射效应的严重程度和特点,除了取决于受照剂量、剂量率、照射方式、射线种类和能量外,还与胚胎发育的阶段密切相关。

着床(植入)前期受照,诱发胚胎死亡,表现为显性致死效应,如出生前死亡率增加、出现流产、动物产仔数减少。器官形成期受到胎内照射,就破坏了正常发育过程,导致正在发育的器官组织细胞损伤或死亡,从而造成该器官畸形。胎儿期受照,明显的结构畸形减少,主要是引起胎儿发育障碍,表现为小头症和伴有智力低下发生率高,出现永久性发育延迟等确定效应。

二、外照射急性放射性病

外照射急性放射病(acute radiation sickness,ARS)是机体在短时间内一次或多次受到大剂量(通

常>1 Gy)电离辐射照射引起的全身性疾病，是电离辐射照射所致确定性生物效应中最严重的一种。外照射引起急性放射病的射线主要有γ射线、X射线和中子等。

射线作用于机体后，通过直接(原发)和间接(继发)作用的结果，使机体发生急性放射损伤。由于射线有很强的贯穿性，可使机体的各层细胞和组织均受到广泛损伤，产生复杂的临床表现。机体损伤程度除与射线种类和剂量等有关外，很大程度上取决于该细胞组织的辐射敏感性。根据放射生物学中的Bergonie-Tribondeau定律，按细胞的增殖能力和分化程度，把淋巴组织、胸腺、骨髓、胃肠上皮、性腺列为辐射高度敏感组织。这些敏感组织的辐射损伤是急性辐射引起造血功能障碍、全血细胞减少、出血综合征发生、免疫功能低下及感染、胃肠症状出现及性腺功能障碍的发病基础。

根据其临床特点和基本病理改变，急性放射病分为骨髓型、肠型和脑型三种类型，其病程一般分为初期、假愈期、极期和恢复期四个阶段。放射性核素内污染也可引起急性放射病或机体损害，将在内照射放射损伤中介绍。

1. 骨髓型急性放射病

在骨髓型急性放射病的照射剂量范围内，随着照射剂量的逐渐增大，死亡率明显增高，存活时间相应缩短，临床表现、预后和治疗措施的复杂程度也有所差异。因此，又依病情的轻重将骨髓型急性放射病分为轻度、中度、重度和极重度四度(表5-12)。

表5-12　急性放射病分型与分度

分型、分度	基本损伤	剂量范围(Gy)
骨髓型	骨髓损伤	1～10
轻度		1～2
中度		2～4
重度		4～6
极重度		6～10
肠型	肠道损伤	10～50
脑型	脑损伤	>50

引自GBZ 105—2017职业性外照射慢性放射病诊断

2. 肠型急性放射病

肠型急性放射病(intestinal form of acute radiation sickness)是以胃肠道损伤为基本病变，以频繁呕吐、严重腹泻、血水便及水电解质代谢紊乱为主要临床表现，具有初期、假缓期和极期三阶段病程的严重的急性放射病。

肠道黏膜属辐射高度敏感组织，主要病理表现为小肠黏膜上皮细胞的广泛坏死脱落；隐窝细胞坏死，数量减少或消失，绒毛上皮脱落后得不到修复，造成绒毛裸露且形成巨大的创面。肠黏膜完整性破坏，失去屏障功能，体液向肠腔内渗出，造成血细胞、血浆(蛋白质)、水电解质等营养成分的丢失，肠腔内的细菌、毒性代谢产物等向体内扩散，导致机体感染和中毒。

主要的临床表现有频繁呕吐和反复腹泻，多在照后半小时之内发生。呕吐次数较多，呕吐物除胃内容物外，常含有黄绿色胆汁和褐色血液。腹泻时常伴有腹痛腹胀，里急后重感。严重呕吐和腹泻的后果是使机体严重丢失水和电解质，加重水电解质紊乱，引起酸碱平衡失调，诱发心肺肾等多器官功能衰竭。感染发生早，在照后数天内就可发生菌血症或败血症，感染的细菌多为革兰阴性肠道杆菌，易诱发内毒素性休克。血水便是肠型放射病特征性临床表现，具有诊断学意义。肠黏膜的大量坏死脱落，形成大面积

创面，造成大量体液和血液渗入肠腔、刺激和加强肠道蠕动，故出现血水便。造血损伤更为严重，已不能自行恢复。直至目前，尚无肠型放射病经治疗存活的病例。

3. 脑型急性放射病

脑型急性放射病(cerebral form of acute radiation sickness)是机体受到50 Gy以上剂量照射后发生的以脑和中枢神经系统损伤为基本病变，以意识障碍、定向力丧失、共济失调、肌张力增强、抽搐、震颤等中枢神经系统症状为特殊临床表现，其病情较肠型更严重，发病更迅猛，病程进展快，临床分期不明显，多在照后2～3 d内死亡。

受照射剂量越大，病情越重，临床症状出现的越多、越早且越严重，病程进展越快，预后越差。深入地研究急性放射病的发病规律和机制，将有助于急性放射病的及时诊断和合理治疗。

三、内照射危害

在放射性核素的生产、实验研究、核医学应用及核电站运行时，有可能因防护措施不利或操作失误而使过量放射性核素进入体内。特别是在核武器爆炸及核电站事故情况下，有大量放射性核素释放于环境中，这些核素可通过各个环节和多种途径进入人体，引起放射性核素内污染(internal contamination of radionuclides)。放射性核素内污染是指体内放射性核素超过其自然存在量，它是一种状态，而不是一种疾病，但内照射也可能引起内照射损伤，即放射性核素通过内照射导致机体产生具有临床意义的病理学损伤的总称，包括内照射引起的器官或组织损伤、内照射放射病(radiation sickness from internal exposure)和内照射诱发的恶性肿瘤及遗传危害。

(一)急性内照射放射病

1. 急性内照射放射病诊断

放射性核素滞留在靶器官或靶组织对机体内照射引起的急性全身性疾病，称为内照射急性放射病。中华人民共和国国家标准(GBZ96－2011)内照射放射病的诊断标准(diagnostic criteria)中规定，经物理、化学等手段证实，有过量放射性核素进入人体，致使受照情况符合下述条件之一，可以进行内照射放射病诊断。①一次或短时间(数天)内进入体内的放射性核素，使全身在比较短的时间(几个月)内，均匀或比较均匀地受到照射，使其待积有效剂量当量可能大于1.0Sv，并有个人剂量档案和健康档案。②在相当长的时间内，放射性核素连续多次进入体内，或者较长有效半衰期的放射性核素一次或多次进入体内，致使放射性核素摄入量超过相应的年摄入量限值几十倍。

2. 内照射放射病的临床表现

内照射放射病以全身性表现为主，与外照射急性放射病相似，可有不典型的初期反应、造血障碍和神经衰弱综合征，或以该放射性核素靶器官的损害为主，并往往伴有放射性核素初始进入体内途径的放射损伤(radiation injury)表现。上述临床表现，可能发生在放射性核素进入体内的早期(几周内)和/或晚期(数月至数年)。

内照射对靶器官的损害因放射性核素的种类而异。①放射性碘引起的甲状腺功能低下、甲状腺结节(thyroid nodules)形成和甲状腺癌(thyroid cancer)等。②镭、钚等亲骨性放射性核素引起骨质疏松、病理性骨折和骨肉瘤等。③稀土族元素和以胶体形式进入体内的放射性核素引起网状内皮系统的损害和肝癌发生。

从内照射剂量学上看，一次或短期内数次摄入放射性核素的量超过几十至几百个年摄入量限值(ALI)，才有可能达到引起内照射急性放射病的内照射剂量。实际上，在生产、研究和应用放射性核素过程中，造成人体内污染的事例时有发生，但严重污染者较少，酿成内照射急性放射病者更少。环境中放射

性核素暴露导致严重内污染者更是罕见。急性内照射损伤包括主要靶器官的损伤、物质代谢异常、免疫功能障碍、致畸效应等。

(二)内照射致癌

癌症和遗传疾病被认为是由辐射照射后存活下来的单个突变细胞发展而来的,这些效应称为随机性效应。通常通过对人数众多的受照和未受照人群进行流行病学研究,评价是否有与辐射相联的超额随机性效应。由于电离辐射诱发的随机性效应是线性无阈值的模型,因此对于环境放射性核素暴露来说,这是产生危险的主要方式,也是最严重的后果。

1. 辐射致癌的特点

辐射致癌效应已被人群的辐射流行病学调查,大量动物实验研究和体外诱发细胞恶性转化研究所证实。目前已有的人群调查资料,从事^{226}Ra 发光涂料作业工人及接受^{226}Ra 治疗患者发生的骨骼恶性肿瘤;早年接受钍造影剂检查后患者发生的各种肿瘤;铀矿工吸入氡及其子体发生的肺癌,居室氡所致的肺癌;原爆幸存者的白血病;受氢弹爆炸释放的裂片碘内污染的马绍尔群岛的居民;受切尔诺贝利核电站事故释放物照射的周围居民等。

肿瘤发生的部位与放射性核素的滞留部位符合,即肿癌易发部位多是核素主要的滞留部位。骨骼和肺脏是一些核素的重要滞留部位,也是诱发肿癌的常见部位。实验研究可见,放射性核素内照射诱发肿瘤与化学致瘤相比具有多发性和广谱性,即同一机体内可有几个器官或组织同时发生同类型或不同类型的肿瘤,个别实验动物可同时发生 4~6 种肿瘤。辐射流行病学调查进一步证实,氡及其子体所致剂量高的叶支气管和段支气管基底细胞处,正是矿工肺癌的多发部位。病理研究表明,放射性核素内照射诱发的肿瘤,多是上皮组织的各种癌、间叶组织的肉瘤和造血组织的白血病。

放射性核素内污染诱发肿瘤,都要经过从受到照射至发生肿瘤的潜伏期,其长短受辐射剂量、肿瘤类型、动物种属、性别、受照年龄和组织器官等多因素影响。一般认为白血病的潜伏期平均约为 8 年,而实体瘤(如乳腺癌及肺癌)潜伏期要比此值长 2~3 倍,约相当于动物寿命的 1/3 时间。

2. 影响内照射致癌效应的因素

放射性核素的辐射类型、辐射能量、摄入的放射性活度、摄入途径和方式、分布与滞留的特点、吸收剂量和剂量率、动物种属、性别、年龄及环境综合因素等是影响内照射致癌效应的因素。其中,最重要的是受照射器官或组织对辐射的敏感性、吸收剂量和剂量率。

在一定剂量范围内肿瘤的发生率随内污染剂量增大而增加。如对 780 例发光涂料工人^{226}Ra 内污染的辐射流行学调查结果表明,当骨骼平均吸收剂量达 7.6 Gy 时骨肉瘤发生率为 2.3%;高于该剂量时则发生率相应增高,而低于该剂量的 542 例尚无一人发生恶性肿瘤。当^{226}Ra 的平均剂量高达 233 Gy 时,反而比相对低剂量的骨肉瘤发生率低。放核素内照射诱发的肿瘤似乎有个最适致癌剂量,还有个最低致癌剂量,这可能与大剂量造成对细胞的杀死效应有关,辐射使更多的细胞死亡或失去分裂增殖功能。

在致癌剂量范围内,剂量率的变化对不同传能线密度(linear energy transfer,LET)辐射致癌效应的影响不一。一般说来,低 LET 辐射内照射诱发肿瘤概率随剂量率降低而相应地减少,低至一定程度则不发生。高 LEL 的 α 粒子则与上述不同,其致癌概率不随剂量率的降低而减少,这与 α 粒子所致损伤难以修复、剂量率降低对杀死效应减少而恶性转化的概率增多有关。

3. 内照射辐射致癌的流行病学研究

环境放射性核素暴露中最主要的核素是氡及其子体,居室内的氡也会对居民有致癌危险。基于铀矿工得出的氡致癌风险是在相对较短时间内受到较高水平的氡照射,而环境中考虑的是终生受到较低水平的氡照射。目前,在矿工流行病学调查所获得的危险预测资料之上,建立了几种估算室内氡子体致肺癌

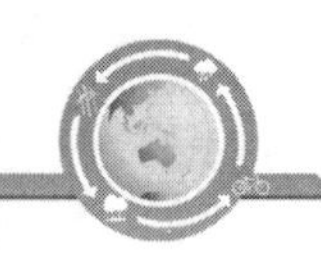

危险的模型。

美国国家辐射防护和测量委员会(NCRP)1984 年基于对矿工相关的研究,制定了一个环境肺癌终生危险预测模型。这个修正过的绝对危险模型降低了肺癌危险,相应照射的半衰期为 20 年。受照人员 40 岁后才被考虑相应肺癌危险,此年龄段也是一般情况下肺癌易发阶段。目前还没有研究表明,在较高氡水平下较年轻的矿工会出现有意义的恶性转化。此模型第一次考虑了照射后时间的影响,时间间隔越长,氡子体所致肺癌危险越小。

国际辐射防护委员会(International Commission on Radiation Protection,ICRP)1987 年建立了两个危险预测模型,即相对危险模型和绝对危险模型。由于随时间变化受氡照射后相应的危险会逐渐降低,所以以上两个模型都不很完善。1993 年,ICRP 简单采用了一个值为 3×10^{-4}/WLM 的终生肺癌致死系数。

有多项研究试图阐明环境中氡照射的效应。Borak(1988)和 Johnson(1989,1992),Neuberger 和 Samet 及助手(1991)对相应资料进行了总结。美国由新泽西卫生局(NJDOH)于 1989 年完成了一项病例对照研究,对象均为女性,其中 433 名肺癌患者为病例组,402 名对照,常年监测室内氡水平,这些人员至少在同一地点居住了 10 年。此项研究对于氡暴露测量十分有用。研究结果呈弱阳性,提示氡照射与肺癌发生之间有某种联系,但即使氡水平达到 80 Bq/m^3,并未发现肺癌发生有统计学意义的增高。另外一项针对密苏里州 538 名不吸烟女性的研究(1 183 名对照)同样未发现肺癌发生有统计学意义的增高,这些女性受到平均水平为 70 Bq/m^{3}的氡照射。

在氡效应研究中已形成下述 4 个结论:①矿井流行病学调查显示,短时间接受氡及其子体照射,肺癌超额会明确发生。②氡对支气管组织的作用,取决于氡子体粒径大小,粒径越小,单位水平相应的吸收剂量越高。③相同氡暴露水平条件下,吸烟者终生肺癌危险比不吸烟者高 3 倍。④全球范围内,城市地区氡水平基本较低。

有关矿工的研究资料表明,短时间接受较高水平氡照射,肺癌危险肯定增加。相对而言,室内条件下终生肺癌致死率却未出现统计意义的增加。

四、低剂量辐射效应

(一)低水平辐射概况

国家标准 GBZ98－2017《放射工作人员健康要求》中对“放射工作人员”的定义:“受聘由全日、兼职或临时从事辐射工作并已了解与职业辐射防护有关的权利和义务的任何人员。”实际工作中,我国涉核人员或放射工作人员接触的辐射剂量基本在国家标准 GB18871－2002 等规定的个人受照剂量限值在20 mSv 范围内,不会引起急性放射损伤。根据我国对医院放射工作人员的个人受照年剂量的统计,2015年以来,人均受照剂量在 0.5 mSv 水平。一些特殊行业的放射工作人员,个人受照剂量稍高一些,可能到 1～2 mSv,个别达到 5 mSv 的平均水平,但很少超过 5 mSv 的危险度约束值。因多种原因,可能导致个别工种受到超过危险度约束值的照射,个别人员甚至受到超过个人剂量限值的照射,形成低剂量辐射或过量照射。

目前,对低剂量辐射、小剂量电离辐射等概念,还没有国家标准来明确定义。一般认为,低剂量辐射(low dose radiation,LDR)指剂量在 0.2 Gy 以内的低 LET 辐射,或剂量在 0.05 Gy 以内的高 LET 辐射,同时剂量率在 0.05 mGy/min 以内的辐射。根据国家标准《过量照射人员医学检查与处理原则》(GBZ215－2009),过量照射是指应急或事故情况下,所受剂量超过年有效剂量限值但又不致造成急性放射病(小于 1 Gy)的照射,以全身均匀照射 100 mSv 为界,分轻度过量照射与明显过量照射。过量照射和

低剂量辐射二者在受照剂量范围方面，互为补充。辐射事故中的工作人员或应急人员，核爆后(核战争或核事故)在沾染区内停留人员，长期从事放射工作的人员和居住在高本底地区的人员，都可能受到低剂量电离辐射，甚至过量照射。

(二)低水平辐射的兴奋性效应

兴奋性效应由 Luckey 在 1982 年提出，指累积剂量在 0.5 Gy 以下的单次或持续低剂量率的 X 射线、γ射线照射，可以诱导产生与大剂量辐射明显不同的效应，低于该剂量水平的辐射可以刺激动物的生长发育、延长动物寿命、提高生育能力、提高机体免疫能力、降低人和动物的肿瘤发生率等，这些现象称为兴奋性效应(hormesis)。

(三)低水平辐射的适应性反应

适应性反应是由 Olivieri 在 1984 年提出的。指经小剂量(0.05～0.75 Gy)预处理的细胞、脏器或整体动物，当它相继受到较大剂量辐照时，能够对损伤产生抗性，尤其在增强 DNA 的修复能力和减轻染色体的损伤方面表现更明显，这种现象称之为适应性反应(adaptive response)。在放射生物学领域中，已经对低剂量电离辐射诱导的适应性反应进行了较广泛的研究，同时观察到电离辐射可以和其他环境因子交叉诱导适应性反应。适应性反应的发生机制涉及 DNA 损伤激发的修复过程增强、细胞信号传递通路活化所致的基因和蛋白表达的变化及免疫功能的改变等方面。

第五节　电离辐射监测与评价

人们生活在辐射环境之中，天然辐射无处不在，人工辐射的应用给人类带来巨大的利益，但在使用不当时，辐射会给人体健康带来一定的影响和危害。为了保护环境、保障人类的健康和安全，必须确立辐射防护的原则，制定辐射防护的标准，做好辐射防护监测工作，采取有效的措施，以减少和避免不必要的辐射危害。

环境电离辐射对健康的影响与环境、工作场所辐射水平及人体受到的辐射剂量有关。依照有关法律法规和技术标准进行辐射环境监测、工作场所监测和个人剂量监测，是辐射防护的重要内容，是保护环境和人类健康的重要措施。

一、电离辐射安全与防护的法律法规体系

建立并不断完善防护法律、法规与标准体系，对促进核能和辐射技术应用，保护环境和公众健康有着举足轻重作用。国际原子能机构把辐射防护法规与标准体系作为国家放射防护基础结构建设的第一要素。我国的电离辐射相关法律法规体系分为四个层次，分别是法律、行政法规、部门规章和技术标准。

法律是由全国人民代表大会或全国人大常委会制定的，以主席令的形式颁布的。辐射安全的相关国家法律主要有《中华人民共和国核安全法》《中华人民共和国放射性污染防治法》《中华人民共和国环境影响评价法》《中华人民共和国环境保护法》《中华人民共和国职业病防治法》等。

《中华人民共和国放射性污染防治法》是针对核与辐射环境的第一部法律，于 2003 年 6 月 28 日由第十届全国人民代表大会常务委员会第三次会议通过。该法规定国务院环境保护行政主管部门对全国的放射性污染防治工作实行统一监管。这部法律的宗旨是防治放射性污染、保护环境和公众健康、促进核能和核技术的开发和和平利用。

《中华人民共和国核安全法》于 2018 年 1 月 1 日正式施行，是国家安全法律体系的重要组成部分，是核安全领域的根本法，其宗旨是为了保障核安全，预防与应对核事故，安全利用核能，保护公众和从业人

员的安全与健康,保护生态环境,促进经济社会可持续发展。这部法律规定了确保核安全的方针、原则、责任体系和科技、文化保障。

行政法规是指国务院制定颁布的规范性文件,其法律地位和效力仅次于宪法和法律。《放射性同位素与射线装置安全和防护条例》经 2005 年 8 月 31 日国务院第 104 次常务会议通过并予公布,自 2005 年 12 月 1 日起施行,2014 年 7 月 29 日和 2019 年 3 月 2 日两次修订。根据本条例,国务院生态环境主管部门为核与辐射安全防护的牵头主管部门,卫生、公安等有关部门承担相应的监管职责。此外,国务院先后颁发《中华人民共和国民用核设施安全监督管制条例》(1986 年 10 月 29 日实施)、《中华人民共和国核材料管理条例》(1987 年 6 月 15 日实施)、《核电厂核事故应急管理条例》(1993 年 8 月 4 日实施)、《放射性物品运输安全管理条例》(2010 年 1 月 1 日实施)、《放射性废物安全管理条例》(2012 年 3 月 1 日实施),以及《突发公共卫生事件应急条例》(2003 年 5 月 9 日实施,2011 年 1 月 8 日修订)等条例,均与辐射防护与安全密切相关。为有效防范包括核与放射性事件在内的突发公共事件,国务院建立了“国家突发公共事件应急预案体系”,并于 2006 年 1 月 8 日颁发并实施了国务院规范性文件《国家突发公共事件总体应急预案》,其中包括有《国家核应急预案》(2013 年 6 月 30 日修订)、《国家突发公共卫生事件应急预案》等。

为了具体贯彻执行国家法律和国务院发布的行政法规,国务院的有关部、委、局根据国家相关法律和国务院行政法规的授权,依照各自职责制定部门规章。与辐射环境安全有关的较重要的部门规章有《放射性同位素与射线装置安全和防护管理办法》(2011 年 5 月 1 日实施)、《放射性同位素与射线装置安全许可管理办法》(2008 年 12 月 6 日实施)、《射线装置分类办法》(2017 年 12 月 5 日实施)、《放射诊疗管理规定》(2006 年 3 月 1 日实施,2016 年 1 月 19 日修订),以及《放射工作人员职业健康管理办法》(2007 年 11 月 1 日实施)等。

技术标准由专业的标准化技术委员会组织制定、审议和更新。技术标准是电离辐射防护监督执法和监测评价的基本依据。技术标准既有国家标准,又有国家职业卫生标准和各类行业标准(如卫生行业标准、环境保护行业标准、核行业标准、医药行业标准等等)。重要的辐射安全标准有《电离辐射防护与辐射源安全基本标准》(GB 18871－2002)、《密封放射源及密封 γ 放射源容器的放射卫生防护标准》(GBZ 114－2006)、《职业性外照射个人监测规范》(GBZ 114－2018)、《放射性物质安全运输规程》(GB 11806－2004)、《放射性废物分类》(GB 9133－1995)以及《放射性废物管理规定》(GB 14500－2002)等。

二、电离辐射防护

辐射防护是研究使人类免受或少受电离辐射危害的一门综合性边缘学科,其研究范围包括辐射防护标准、防护技术、辐射安全评价、辐射安全管理等。

(一)辐射防护的目的

辐射防护的根本任务是既要保护从事放射性工作人员和广大公众及其后代的健康与安全,又要允许正当照射的必要活动,有利于核技术的应用和发展。辐射防护的主要目的:为人类提供适当的防护标准而不过分限制伴有辐射的有益实践,防止发生有害的确定性效应,并限制随机性效应的发生概率,使之保持在可合理达到的最低水平。

(二)辐射防护的三原则

辐射防护的基本原则由三个基本要素组成:①实践的正当性。在施行伴有辐射照射的任何实践之前,都必须经过正当性判断,确认这种实践具有正当的理由,即能够获得超过代价的正的纯利益。②辐射防护的最优化。应避免一切不必要的照射,在考虑到经济和社会因素的条件下,所有辐射照射都应保持在可合理达到的尽量低的水平。③个人剂量限制。用剂量限值对个人所受的照射加以限制。

《电离辐射防护与辐射源安全基本标准》(GB 18871—2002)要求,应对任何工作人员的职业照射水平进行控制,使之不超过下述限值。

(1)由审管部门决定的连续5年的年平均有效剂量(但不可作任何追溯性平均):20 mSv。

(2)任何一年中的有效剂量:50 mSv。

(3)眼晶体的年当量剂量:150 mSv。

(4)四肢(手和足)或皮肤的年当量剂量:500 mSv。

对于年龄为16~18岁接受涉及辐射照射就业培训的徒工和年龄为16~18岁在学习过程中需要使用放射源的学生,应控制其职业照射使之不超过下述限值。

(1)年有效剂量:6 mSv。

(2)眼晶体的年当量剂量:50 mSv。

(3)四肢(手和足)或皮肤的年当量剂量:150 mSv。

实践使公众中有关关键人群组的成员所受到的平均剂量估计值不应超过下述限值。

(1)年有效剂量:1 mSv。

(2)特殊情况下,如果5个连续年的年平均剂量不超过1 mSv/a,则某一单一年份的有效剂量可提高到5 mSv。

(3)眼晶体的年当量剂量:15 mSv。

(4)皮肤的年当量剂量:50 mSv。

(三)外照射防护

外照射指的是放射源在体外对人体的照射。一般来说,外照射主要包括X射线、γ射线和β射线及中子照射等,其防护包括时间防护、距离防护和屏蔽防护三种措施。

(1)时间防护。在照射条件不变的情况下,受照剂量与时间成正比,通过控制接触放射源或受照时间,可以达到减少受照剂量的目的。

(2)距离防护。人体受到照射的剂量率是随着与电离辐射源的距离的增大而减少。对点状源,剂量率与距离平方成反比,也就是说,距离增大1倍,剂量率减少原来的1/4,可见,利用距离进行防护的效果十分明显。

(3)屏蔽防护。为了达到有效的防护目的,在人体与放射源之间设置屏蔽,使射线逐步衰减和被吸收。进行屏蔽防护时,根据辐射源的类型、活度和用途做出合理的设计。对X射线和γ射线照射,一般采用铅、不锈钢、贫铀和钢筋混凝土墙壁进行屏蔽;β射线照射一般用铝、有机玻璃、塑料等材料进行屏蔽;中子辐射的有效屏蔽材料是石蜡和硼。

(四)内照射防护

内照射是指放射性物质经呼吸道、消化道、皮肤、黏膜和伤口及其他各种途径进入机体后,放射性核素发出的射线由体内对机体进行的照射。放射性核素一旦进入体内,就对机体产生连续性照射,直至放射性核素完全衰变成稳定性核素或全部排出体外。大部分的放射性核素在体内呈不均匀分布,按核素或化合物的化学性质被组织和器官选择性地吸收、分布和蓄积,致使蓄积放射性核素的组织或器官受到选择性的照射,产生较大的生物学效应与损伤。进入体内的放射性物质可通过胃肠道、呼吸道、泌尿道及汗腺、唾液腺和乳腺等途径从体内排出。

随着原子能科学技术的发展及和平利用,使用和操作开放源的种类、数量和应用范围都在迅速增加,涉及放射性内照射的工作人员越来越多。放射性环境污染及天然放射性核素的不当摄入也会增加公众内照射风险。内照射防护的原则是防止放射性核素通过口、呼吸道和皮肤进入人体内,并且尽量减少污

染，定期进行污染检查和监测，将放射性核素的年摄入量控制在国家规定的限值以内。内照射防护的基本方法是隔离与稀释。隔离就是把操作人员与放射性物质隔离开，例如为防止放射性物质进入空气而被吸入人体，蒸发放射性液体或操作放射性粉尘时，必须在通风柜或手套箱内进行。为防食入放射性物质，严禁在工作场所吸烟和饮食等。稀释是把空气或水中的放射性物质的浓度降低到容许水平以下，如通风、用水稀释废水、高烟囱排放废气等。

三、电离辐射监测

与常规环境相比，辐射环境具有一定的特殊性，其存在的污染因素为隐形的，看不见、摸不着、闻不到，容易使人发生恐慌，因此电离辐射监测具有重要意义，是确保辐射环境的安全性、保障公众健康不受威胁的重要手段。

辐射监测指为了评价和控制辐射或放射性物质照射而进行的辐射测量或放射性测量，以及对测量结果的分析和解释。辐射监测的对象包括人和环境两大部分。电离辐射监测有四个领域：流出物监测、环境监测、工作场所监测和个人剂量监测。

（一）流出物监测

流出物监测主要是对核设施现场与环境的交界面的放射性流出物的监测，用于评价环境剂量的源项，间接评价公众剂量。流出物的监测包括气载流出物的监测及液态流出物监测两大种类。流出物监测的主要目的：①检验核设施放射性气态和液态流出物是否符合国家标准、管理标准和运行限值。②为环境评价提供源项。③验证核企业运行和流出物处理与控制系统是否按计划进行。④迅速探测和鉴别任何非计划排放的性质和大小，在需要时能触发警报和应急系统。⑤提供用于迅速评价对公众可能危害的信息，并据此来确定应采取何种防护措施或特殊环境调查。

（二）环境监测

环境监测是直接测量环境介质中放射性核素活度浓度或环境辐射剂量，间接评价公众剂量。辐射环境监测是辐射环境管理的重要手段，其主要作用包括：①验证核与辐射设施对环境的实际影响是否处在所控制的范围之内。②发现核与辐射设施的异常排放。③严重事故时可以判定污染的范围和水平。④改善公共关系。我国辐射环境监测实行“双轨制”监测，即产生放射源项的企业开展的辐射环境监测和政府部门进行的定期或不定期监督性监测。环境监测的内容包括环境介质中放射性核素的种类、浓度、γ辐射水平及其变化。

环境监测方法按其取样方式可分为就地监测和实验室监测。就地监测时不改变样品在环境中的状态，实验室监测是取样到实验室进行分析和测量。环境监测完成后要对监测结果进行评价：①根据监测结果和有关模式、参数估算出公众剂量，并将计算得到的剂量与有关剂量限值进行比较。②估计放射性物质在环境中的积累，结果以比活度表示，与核与辐射设施运行前调查及以往监测结果相比较，评价变化趋势。③检查放射源项单位向环境的排放是否满足所规定的排放限值，结果应同时给出排放浓度和排放总量，并与规定的排放导出限值和年排放量限值总量进行比较。

（三）工作场所检测

工作场所监测是通过监测工作场所的放射性核素的活度浓度或辐射水平，间接评价人员所受照射剂量。工作场所监测目的在于保证工作场所的辐射水平及放射性污染水平低于预定要求，以确保工作人员处于合乎防护要求的环境，同时还要能及时发觉偏离上述要求的情况，以便及时纠正或采取补救的防护措施，从而防止或及时发现超剂量照射事件的发生。

工作场所的外照射监测包括β射线、γ射线和中子的外照射监测，监测工具包括固定或可移动的辐射

监测仪(电离室、G－M计数管、闪烁体等)。监测完成后,根据不同工作场所的放射性限值标准,对监测结果进行评价,如《医用X射线诊断放射防护要求》(GBZ130－2013)规定CT机、乳腺摄影、口内牙片摄影、牙科全景摄影、牙科全景头颅摄影和全身骨密度仪机房外的周围剂量当量率控制目标值应不大于2.5 μSv/h;其余各种类型摄影机房外人员可能受到照射的年有效剂量约束值应不大于0.25 mSv。

工作场所的内照射监测包括对放射性物质的化学物理形态、粒子大小、空气浓度、表面污染水平的测量,以及对测量结果的分析。

(四)个人剂量监测

个人剂量监测是针对放射性工作人员和特殊人群进行的监测,用来直接评价人员受照剂量,包括外照射监测、内照射监测和表面污染监测。

外照射个人剂量监测参照《职业性外照射个人监测规范》(GBZ128－2019)进行,指通过工作人员佩戴的个人剂量计对其所接受的辐射剂量进行测量,包括γ射线、X射线、中子和电子的外照射剂量。外照射个人剂量监测的目的是评定、记录和限制工作人员的剂量,或当事故发生时,测出并估算受照人员所受的剂量。外照射个人剂量监测用的仪器有电子剂量计、热释光剂量计、光致发光剂量计、中子剂量计等。最常见的是热释光剂量计,是一种佩戴在人体上用于测量个体受照累积剂量的监测仪器,定期收回测量这段时间的累积剂量,一般每2个月测量一次,最长不超过3个月。

内照射个人监测是指通过对人体生物样品的分析或整体测量技术来测定体内放射性物质的污染情况,从而估算个人所受的内照射剂量,并判断是否超过国家规定的年摄入量限制或年待积有效剂量限值。内照射个人监测参照的法规标准《职业性内照射个人监测规范》(GBZ129－2016)进行。内照射监测的目的:①估算待积有效剂量,必要时估算受照器官或组织的待积当量剂量,以达到并维持可接受的安全而又满意的工作条件。②为安全评价和辐射防护评价提供内照射剂量资料,以验证是否符合管理和审管部门的要求。③为设施的设计和运行控制的优化提供资料。④在异常或事故照射情况下,为启动合适的健康监督和医学处理提供可靠的资料、支持和协助。

内照射个人剂量监测分为直接测量法和间接测量法。直接测量法(活体测量)是指全身计数测量,通过体外测量来估算体内放射性核素的量,适合X射线、γ射线发射体的内污染监测。对某个器官进行测量,称为器官计数检查。间接测量法(离体测量)是指通过对工作人员排泄物和其他生物样品分析来估算体内的污染量,进而估算内照剂量的方法。

表面污染监测是指用表面污染监测仪来监测工作人员身体表面是否被放射性物质污染。

个人剂量监测完成后,根据《电离辐射防护与辐射源安全基本标准》(GB 18871－2002)规定的职业照射剂量限值和公众照射剂量限值对监测结果进行评价。

四、辐射环境评价

辐射环境评价是防治放射性污染,改善辐射环境质量,预防和减轻环境电离辐射危害的重要措施。《电离辐射防护与辐射源安全基本标准》(GB18871－2002)中环境影响评价的定义为:对源的利用或某项实践可能对环境造成的影响所进行的预测和估计,包括对源或实践的规模与特性的概述,对场所环境现状的分析,以及对正常条件下和事故情况下可能造成的环境影响或后果的分析。

核技术利用项目的环境影响评价主要包括:①阐明项目的主要污染源,包括放射性及其他有毒有害物质的来源、形态、浓度(含量)、年用量;污染物的种类、形态、排放量、排放方式和最终去向;说明放射性物质和能量流对环境的影响途径、影响程度、和影响范围。②给出拟采取的放射性污染防治措施,涉及污染物包容、过滤、排放和处理方式等。③分析核技术利用项目对周围地区环境质量及重点人群的影响。

④估算放射性污染对公众关键居民组及群体所致的有效剂量。⑤分析辐射事故期间的环境影响，对各种可能发生的事故概率和后果进行分析，并给出预计的环境影响和防止及减轻事故后果的应对措施。

五、结语

电离辐射是不以人的意志为转移的客观事物。在我们赖以生存的环境中，辐射无处不在。人体受照射的剂量超过一定限度，会对人体产生有害作用。了解电离辐射的本质，熟悉辐射生物效应和健康影响特点和规律，掌握辐射防护的基本方法，完善辐射防护体系，加强辐射监测和防护，在利用电离辐射的同时，预防和减轻辐射的健康损害。

参考文献

[1] 刘树铮.医学放射生物学[M].北京：原子能出版社，2006.
[2] 吴德昌.放射医学[M].北京：军事医学科学出版社，2001.
[3] 郭力生.防原医学[M].北京：原子能出版社，2006.
[4] 郭洪涛，彭明晨.电离辐射计量学基础[M].北京：中国质检出版社，2011.
[5] 夏寿萱.放射生物学[M].北京：军事医学科学出版社，1998.
[6] 郭力生，葛忠良.核辐射事故的医学处理[M].北京：原子能出版社，1992.
[7] 郑钧正.放射防护领域的新进展[J].辐射防护，2016，36(6)：939-407.
[8] 郑钧正，曾志.电离辐射量与单位的体系演进述评[J].原子能科学技术，2009，49(3)：177-183.
[9] 郑钧正，卓维海.各相关领域实用的六类电离辐射量[J].辐射防护，2011，31(2)：115-128.
[10] 石雷.从切尔诺贝利到福岛核事故看核应急行动[J].职业卫生与应急救援，2012，30(2)：63-65.
[11] 联合国原子辐射效应科学委员会.电离辐射源与效应[M].中国核学会辐射防护学会译.太原：山西科学技术出版社，2000.
[12] E R Benton，E V Benton. Space radiation dosimetry in low-earth orbit and beyond[J]. Nucl Instrum Methods Phys Res B，2001，184(1-2)：255-294.
[13] 潘自强，刘森林.中国辐射水平 [M].北京：原子能出版社，2010.
[14] 涂彧.放射卫生学 [M].北京：原子能出版社，2014.
[15] 郑钧正.我国电离辐射防护学科与事业的历史演进梗概[J].辐射防护通讯，2015，35(4)：1-15.
[16] 《注册核安全工程师岗位培训丛书》编委会.核安全综合知识[M].北京：中国环境科学出版社，2009.

（曹 毅 李 蓉 顾永清 黄 波 崔凤梅）

第六章　环境电磁场暴露健康损害与防护

环境电磁场通常是指存在于职业或生活环境中的非电离辐射，其频率范围在0～300 GHz，其中，日常接触暴露的电磁场主要集中在静场(0 Hz)、极低频电磁场(< 300 Hz)及射频电磁场(100 kHz～300 GHz)三个频段。随着电力业迅猛发展及电气化设施的普及，尤其是无线技术的广泛应用，使得环境电磁场覆盖范围不断扩大，强度日益增强，电磁场暴露可能产生的健康影响也越来越受世人的关注。本章主要对环境电磁场的暴露特征，健康效应与机制，检测与评估，以及防护等内容加以阐述。

第一节　概　　述

一、静场

静场包括静电场和静磁场，通常是指电场或磁场的方向不随时间变化，即频率为0 Hz的电场或磁场。根据静电场或磁场来源，可以分为自然和人工两类。

(一)自然静场

1. 静电场

由于地球和电离层之间被电导率极低的空气隔开，因此，在地球表面形成了天然的静电场，其强度通常随着高度降低而降低。接近地球表面的电场强度约为130 V/m，距地球表面1 km处电场强度为45 V/m，20 km处电场强度则低至1 V/m。电场强度的实际值取决于当地的温度、湿度和离子污染物等，变化很大。普通云层和雷云都包含电荷，因此对地面电场有很强的影响。当云接近地面时，由于地面带正电荷，地面场强可能先增强，然后反向变化。在此过程中，即使没有闪电，也可测到100～3 000 V/m的场强。有雾、雨和自然产生的大小离子存在的情况下，电场强度与天气良好时的偏差可高达200%。即使在完全晴朗时也会有电场的变化，这与局部电离、温度或湿度的变化及由此引起的地面大气电导率的变化，以及局部空气运动引起的机械电荷转移等因素有关。

2. 静磁场

自然磁场是由于地球充当永久磁铁而产生的内部场和由太阳及大气的活动等因素在环境中产生的外部场的总和。该场域内的场强存在显著的局部差异，其平均幅度从赤道处的约28 A/m到地磁极上的约56 A/m。

(二)人工静场

除了自然静场，环境中的一些场所也存在人工静场，其强度甚至会高于自然静场很多。下列是人工静场常见的主要来源。

1. 静电场

(1)电力传输。自20世纪50年代后期以来，直流电已逐渐被许多国家用于长距离高效电力传输。我国目前已建成并投入使用电压高达1100 kV特高压直流输电线路。直流输电线路可以产生静电场，其强度与电压、距离等因素有关。有测量显示，500 kV直流输电线下最大静电场强度可高达20 kV/m，距离管

线 400m 处约 2 kV/m，800m 处为 1 kV/m。450 kV 高压直流线下测得的电场平均值为 13.7 kV/m。

(2)运输系统。许多传统的电气轨道系统也能产生静电场，包括使用直流电的快速公交和轻轨系统。由于车厢的金属结构屏蔽，因此，车内电场通常并不高，一般不超过几十 V/m。另有报道，距离 600 V 直流地下输电系统和电车轨道线路 5m 处的静态场强约为 30 V/m。在电压为 1.5 kV、3 kV 和 6 kV 直流运行的列车内部可能出现高达 300 V/m 的静电场。

(3)其他。摩擦是环境人工静电场产生的一个主要来源。在非导电地毯上行走可以累积出高达几 kV 的电压，此时人体周围的场强可达 10～500 kV/m。视频显示器(video display unit，VDU)产生的静电场场强取决于环境湿度、显示器的接地条件及 VDU 和操作员之间的电位。研究表明，距显示器 5 cm 处测得的电场强度约为 100～300 kV/m，30 cm 处降至 10～20 kV/m；当 VDU 显示器外部有良好接地时，其表面几厘米处的电场强度可显著降低至几百 V/m 的水平。塑料的焊接和压模等处理过程也可产生高达几百 kV/m 的静电场。

2. 静磁场

(1)运输系统。一般而言，电气化铁路系统产生的静磁场为人群日常暴露的最高水平。据报道，在 30 kV直流电的高速列车内，最高速度为 250 km/h，磁通密度高达 1 mT。现代磁悬浮列车系统直接在轨道上使用的磁场强度约为 1 T。然而，列车内的场强在 50 μT 和 1～2 mT 变化。在电流为 500 A 的有轨电车内，静磁场可达几十 mT。

(2)输电系统。高压直流输电线可产生高达几十 μT 的磁场。有报道在 500 kV 线路下的磁场为 22 μT，埋设在 1.4 m 深处且承载最大电流约 1 kA 的地下传输线的最大磁场低于 10 μT，不过这些暴露源比较少。

(3)工业。使用大强度直流电的企业，其作业环境往往会产生较高的静磁场。国内外的检测结果表明，电解铝的冶炼池周围的磁场强度为 4～30 mT，但工人一般都暴露在 20 mT 以下。生产设施中测定的磁场可达 57 mT；挪威工厂的测量结果显示最大值为 63 mT。我们在烧碱生产电解槽导线周围检测到的静磁场值为 3～80 mT。使用直流或脉冲电流的电弧焊也可产生磁场。金属惰性气体或金属活性气体焊接时，在离焊接电缆 1 cm 处可产生高达 5 mT 的静态磁场。

(4)磁共振成像(MRI)。科技的发展使 MRI 系统得到广泛应用。该技术利用强大的均匀静磁场，较小的时变梯度磁场和射频辐射进行成像。其中，静磁场由永磁体和超导磁体产生。临床上日常使用的 MRI 系统的静磁场强度一般为 0.2～3 T。静磁场高达 9.4 T 的 MRI 也开始研究性地应用于患者全身扫描。Stuchly和 Lecuyer 于 1987 年首先绘制了四台 MRI 机器周围的静态磁场分布图(范围为 0.15～1.9 T)。磁体附近磁通量密度可高达约 1 T，但是在 2 m 处已降到小于 30 mT。操作员控制台位置的磁场强度小于 5 mT。

(5)超导技术及研究。大型超导磁体应用于各种研究，包括：①粒子加速器，如日内瓦 CERN 的 LEP (大型正负电子对撞机)，由成千上万的磁体组成，包括大型超导磁体；②热核聚变研究需要大量的磁体(约 4 T)用于等离子体遏制；③涉及高达 5 T 的超导磁体的磁流体动力学研究；④用于亚原子粒子检测的气泡室；⑤用于获得分子物理和化学性质的核磁共振(NMR)光谱法，涉及使用大型超导磁体(12～22 T)等。

(6)其他。在家庭内部或不同家庭之间的地球静磁场变化可高达 20%以上，钢铁建筑材料是家庭场强变化的重要因素。不过，家庭内的静态磁场源往往很小，只能在局地会产生较高强度磁场。钢带子午线轮胎具有磁性，可在汽车乘客车厢内产生静态和低频交变磁场，其强度在距轮胎约 10 mm 处约为 150 μT。在时速为 50 km/h 的车内测得的静磁场通常不超过 0.01 μT。

另外，耳机和电话扬声器表面产生的磁场为 0.3～1.0 mT。用于治疗的磁石膏、毯子和床垫表面的

磁通密度约为 50 mT。小磁棒磁铁可以在 1 cm 处产生 1～10 mT 的磁场。

二、极低频电磁场

(一)极低频电磁场的定义与特征

极低频电磁场(extremely low frequency-electromagnetic fields,ELF-EMFs)通常是指频率为 0～300 Hz的交变电磁场,广泛存在于日常生活中,主要由高压输电线、变压器、大功率电机及家用电器等电力设施产生。工频电磁场是电荷量和电流量随时间作频率为 50 Hz 或 60 Hz 周期变化产生的电磁场,也是极低频电磁场中最具代表性、最受关注和国内外研究最多的频段。发电厂、供电企业、电力炼钢、焊接作业等行业和工作岗位均可能接触较高水平的工频电场或磁场。我国和一些欧洲国家工频电磁场的频率为 50 Hz,而美国、加拿大等国则为 60 Hz。

极低频电磁场是极低频电场、极低频磁场和狭义极低频电磁场的总称。上述三种场是有区别的,电场是由电荷产生,磁场是由电流产生,电磁场是由变化的电场与变化的磁场交替感应所产生。电场强度随电压或电势的升高而增强,磁场强度随电流的升高而增强,两者都随距离发生源的远近而迅速变化。电场很容易被建筑物遮挡,其穿透能力很弱。而磁场的穿透能力较强,即使被建筑物遮挡也不容易减弱,因此人们更关注磁场对健康的影响。

(二)极低频电磁场的来源

对极低频电磁场而言,自然环境中的电磁场强度很弱(电场和磁场强度分别为 10^{-7} kV/m 和 10^{-6} μT),而 50 Hz 高压输电线下的电场和磁场为 1～10 kV/m 和 1 ～10 μT,人工电磁源已经大大超过自然电磁源。因此,本节主要介绍极低频电磁场的人工来源。

随着输变电系统的广泛分布和各种电气设备的广泛使用,人们无时无刻不暴露在极低频电磁场环境中。家用电器(如计算机显示器、电视机、电热毯、微波炉等)及电力传输线或电力设施如配电所、电线、高压输电线路等均是极低频电磁场的主要来源。在不同来源的极低频电磁场中,以高压输变电系统所产生的电场强度最大,可达到 5 kV/m 或更高;而感应炉和焊机附近的磁场强度最高,达到几个 mT。需要强调的是,针对同一电磁源,个体最大暴露剂量与平均暴露剂量间可达几个数量级的差异。

1. 住宅暴露

室内极低频电磁源主要包括家用电器、居室各类输电线路、多接地载流管道和/或电气电路等。这些设施可向环境释放电磁能量,使生物体或人体暴露在电磁环境之中。家用电器包括电视机、微波炉、电磁炉、空调、热水器、烤箱、电热毯、电灯、电吹风机、电脑和电熨斗等。对大多数人而言,居室内高强度磁场暴露的电磁源通常是小区附近的发电机、变压器和加热器等。随着与家用电器间距离的增加,磁场强度会急剧下降。通常,距离家用电器 1 m 的位置,其磁场强度与磁场本底值相当。不同家电的特点决定了人们电磁场暴露强度的差异,距离常用家用电器表面 5 cm 处的磁场磁感应强度范围为 0.21～164.75 μT,50 cm处为 0.03～1.66 μT,100 cm 处为 0.01～0.37 μT,距离家用电器 30 cm 处的电场强度为 2 ～250 V/m。常用家用电器表面不同位置处的磁感应强度如表 6-1 所示。

家居环境中电磁场强度在人群中呈对数正态分布。由于供电电压、人均用电量和布线方式,特别是与中性线接地设置的差异,使得居室内外电磁场值差距很大。美国的研究数据显示,居室内极低频磁场的磁感应强度(几何均数)为 0.06～0.07 μT,英国为 0.036～0.039 μT。居室中央位置的电场强度为 1～20 V/m,越靠近电器和电线的位置,电场强度越大,最大电场强度可达到数百 V/m。

家用电器导致的电磁场暴露必须与输电线路所致电磁场暴露区分考察。输电线路产生的电磁场通常相对强度较低,场梯度较低,但在居室环境中持续存在;而家用电器产生的电磁场则与之相反,人们暴露的机会也比较少。

表 6-1　常用家用电器表面不同位置处的磁感应强度(μT)

家电类型	5 cm	±SD	50 cm	±SD	100 cm	±SD
电视机	2.69	1.08	0.26	0.11	0.07	0.04
电热水壶	2.82	1.51	0.05	0.06	0.01	0.02
录像机	0.57	0.52	0.06	0.05	0.02	0.02
吸尘器	39.53	74.58	0.78	0.74	0.16	0.12
吹风机	17.44	15.56	0.12	0.1	0.02	0.02
微波炉	27.25	16.74	1.66	0.63	0.37	0.14
洗衣机	7.73	7.03	0.96	0.56	0.27	0.14
电熨斗	1.84	1.21	0.03	0.02	0.01	0
电子闹钟	2.34	1.96	0.05	0.05	0.01	0.01
Hi-Fi 系统	1.56	4.29	0.08	0.14	0.02	0.03
烤面包机	5.06	2.71	0.09	0.08	0.02	0.02
中央供暖锅炉	7.37	10.1	0.27	0.26	0.06	0.05
集中供暖控件	5.27	7.05	0.14	0.17	0.03	0.04
冰箱、冰柜	0.21	0.14	0.05	0.03	0.02	0.01
收音机	3	3.26	0.06	0.04	0.01	0.01
集中供暖泵	61.09	59.58	0.51	0.47	0.1	0.1
炉灶	2.27	1.33	0.21	0.15	0.06	0.04
洗碗机	5.93	4.99	0.8	0.46	0.23	0.13
冰箱	0.42	0.87	0.04	0.02	0.01	0.01
烤箱	1.79	0.89	0.39	0.23	0.13	0.09
沐浴器	30.82	35.04	0.44	0.75	0.11	0.25
防盗报警器	6.2	5.21	0.18	0.11	0.03	0.02
食品加工机	12.84	12.84	0.23	0.23	0.04	0.04
排气扇	45.18	107.96	0.5	0.93	0.08	0.14
抽油烟机	4.77	2.53	0.26	0.1	0.06	0.02
扬声器	0.48	0.67	0.07	0.13	0.02	0.04
手持式搅拌机	76.75	87.09	0.97	1.05	0.15	0.16
烘干机	3.93	5.45	0.34	0.42	0.1	0.1
食品搅拌机	69.91	69.91	0.69	0.69	0.11	0.11
鱼罐泵	75.58	64.74	0.32	0.09	0.05	0.01
电脑	1.82	1.96	0.14	0.07	0.04	0.02

续表

家电类型	5 cm	±SD	50 cm	±SD	100 cm	±SD
电子时钟	5	4.15	0.04	0	0.01	0
电动刀	27.03	13.88	0.12	0.05	0.02	0.01
滚刀	2.25	2.57	0.08	0.05	0.01	0.01
深炸锅	4.44	1.99	0.07	0.01	0.01	0
开罐器	145.7	106.23	1.33	1.33	0.2	0.21
荧光灯	5.87	8.52	0.15	0.2	0.03	0.03
暖风机	3.64	1.41	0.22	0.18	0.06	0.06
榨汁机	3.28	1.19	0.29	0.35	0.09	0.12
奶瓶消毒器	0.41	0.17	0.01	0	0	0
咖啡机	0.57	0.03	0.06	0.07	0.02	0.02
剃须刀插座	16.6	1.24	0.27	0.01	0.04	0
咖啡研磨机	2.47	0.28	0.07			
电动剃须刀	164.75	0.84	0.12			
卡式录音机	2	0.24	0.06			

SD：标准差。

2. 高压输电系统

高压输电线路产生的电场通常是人类日常生活环境中暴露强度最大的。研究表明，400 kV 高压输电线路正下方 7.6 m（最小离地距离）处的最大无扰动电场强度约为 11 kV/m。树木和接地导体能够起到屏蔽作用，降低其周围地带的电场强度。建筑物本身也具有电场屏蔽作用，建筑物内部的电场强度要低于外部几个数量级。

765 kV 高压输电线路下方的平均磁场强度可达 30 μT，380 kV 下方约为 10 μT。高压输电线路下方的平均磁场强度理论极值可达 100 μT。高压输电线路承载的电流及其磁场强度可随电能消耗周期和测量位置的变化而改变。通常情况下，高压输电线路产生的磁场会在距离线路 50～300 m 的范围内衰减至与背景值相当的水平。

虽然各国高压输电线路的架设遵循类似的原则，但细微的差异仍能使其产生的电磁场发生明显变化。例如，与美国等国家相比，英国的高压输电线与地面间的距离更低，承载的电流更大，因此高压输电线下方的电磁场强度也更高。当输电线承载两个及以上电路时，输电架线塔上可以有不同的输电线排布方式。如“相位转置法”能够使空间场强随距离的增加快速下降，英国高压输电线的架设经常使用此方法。此外，由于高压输电线路的离地距离和承载电流与标准位值间通常有足够大的预留范围，因此，实际上高压输电线路产生的电磁场强度是不可能达到理论极大值的。

3. 变电站

变电站的电磁源主要是变压器及其与变电站部件的连接处。户外变电站通常不会增加住宅内部的电磁场暴露，即便是建筑物内的变电站，也仅仅在距离变电站 5～10 m 以内的区域才会出现磁场强度的增大，为 10～30 μT。

4. 校内暴露

在加拿大79所学校范围内开展的43 009次测量中，仅有7.8%的磁场强度测量值超过0.2 μT，磁场强度平均水平为0.08 μT。各类房间中，仅文印室内的磁场强度超过0.2 μT，门厅和走廊超过0.1 μT，各类型房间内部的磁场强度均低于0.1 μT。8所靠近高压输电线的学校的平均磁场强度与学校间没有明显差异。

5. 职业暴露

不同职业的磁场暴露差异很大。表6-2显示了不同职业磁场暴露的时间加权平均水平。

表6-2　不同职业的磁场时间加权平均暴露水平(μT)

职业类型	暴露均值	±SD
火车驾驶员	4.0	NR
架线工	3.6	11.0
缝纫机用户	3.0	0.3
测井工	2.5	7.7
焊机	2.0	4.0
电工	1.6	1.6
电站运营商	1.4	2.2
钣金工	1.3	4.2
电影放映员	0.8	0.7

(1)电力工业。在电力工业中，靠近强电流时会遭遇强磁场暴露。强电流主要见于架空线、地下电缆及发电站和变电站的母线中。电站发电机端母线承载的电流强度可高于400 kV输电线路达20倍。有些工种会直接暴露于强电流磁场，如架线员和电缆接线工，也有些是因工作地点靠近强电流发生场所进而遭遇强磁场暴露，如发电站或变电站内部职工。通常电力行业各工种的磁场平均暴露剂量如下：发电站员工0.18～1.72 μT；变电站员工0.8～1.4 μT；电线、电缆检修员工0.03～4.57 μT；电工0.2～18.48 μT。同一工种之间，个体的暴露水平也可能有很大的差异，如维修通电或未通电的线路，其磁场暴露水平显然是不同的，因此，通过工种平均暴露水平判定个体的暴露情况，其作用相对有限。

(2)电弧焊。在电弧焊接中，金属部件通过两个电极或电极与待焊金属间的等离子体电弧撞击产生的能量被熔合在一起。虽然工频电流能够产生电弧，但为提高点火效率或维持电弧强度，通常都使用频率高于工频的电流。电弧点焊工作中，承载几百安培电流的电缆通常会直接接触到焊工的身体，焊工的躯干外侧10 cm位置的磁场强度可达几百mT，手部也可超过1 mT。点火成功后，焊工会在相对较低的电压下工作，但同时要承受数十V/m的电场暴露。

(3)电磁感应炉。电磁感应炉产生的磁场随距离增加而迅速衰减，因此，靠近线圈的位置，职业人员可能会遭受较高强度的磁场暴露。在50～10 kHz频率范围内运行的电磁感应炉和电磁加热器外表面的磁场强度如表6-3所示。

(4)电气化运输。公共交通中的诸多环节都需要电能，许多欧洲国家如奥地利、德国、挪威、瑞典和瑞士等国公共交通配电系统终端为16.7 Hz的交流电，车载整流器最终将其转换为直流电为公共交通工具提供动力。检测结果表明，火车驾驶室内部工频磁场强度范围为25～120 μT，日平均磁场暴露强度为2～15 μT，其强度与牵引电机的型号和使用年限有关。其他类型的公共交通工具如飞机、有轨电车等，其内

部的磁场强度也显著高于背景值。

表 6-3　电磁感应炉和电磁加热器外表面的磁场强度

机械类型 测量位置与外表面距离	频率带	磁感应强度(mT)
钢包精炼炉与 1.6 Hz 磁力搅拌机接口 0.5～1 m	1.6 Hz,50 Hz	0.2～10
电磁感应炉		
0.6～0.9 m	50 Hz	0.1～0.9
0.8～2.0 m	600 Hz	0.1～0.9
沟形诱导炉 0.6～3.0m	50 Hz	0.1～0.4
电感加热器 0.1～1.0 m	50～10 kHz	1～60

(5)电动缝纫机。有报道,电动缝纫机操作工胸骨位置的磁场强度范围为 0.32～11.1 μT,纺织工日平均磁场暴露强度为 0.21～3.20 μT。

三、射频电磁场

(一)射频电磁场的定义

不同国际组织对射频电磁场的定义有一定的差异。国际非电离辐射防护委员会(the International Commission on Non-Ionizing Radiation Protection,ICNIRP)将射频电磁场(radio-frequency electromagnetic fields,RF-EMF)定义为频率 100 kHz～300 GHz 的电磁场;WHO 把射频电磁场定义为 10 MHz～300 GHz 的电磁场;而电气和电子工程师协会(Institute of Electrical and Electronics Engineers,IEEE)则把射频电磁场定义为3 kHz～300 GHz 的电磁场。国际通讯联盟(ITU)根据射频电磁场的应用把射频电磁场划分为低频(LF)、中频(MF)、高频(HF)、甚高频(VHF)、特高频(UHF)、超高频(SHF)和极高频(EHF)(图 6-1)。

射频电磁场主要来源于广播电视、雷达、导航、高频感应加热、无线局域网络、电子防盗、安检、跟踪识别和医疗诊断等仪器设备。

(二)射频电磁场的物理参数

1. 射频电磁场的计量单位

射频电磁场一般用功率密度(S)进行计量,单位时间(每秒)、单位面积垂直于电磁场传播方向的电磁能量称为功率密度。功率密度等于电场强度乘以磁场强度(公式 6-1),单位为 W/m^2。功率密度随距离增加而减小。真空环境(free space)在远场中功率密度的大小符合反平方法则,即功率密度与辐射源的距离平方成反比。

$$S=EH \tag{6-1}$$

2. 波形

射频电磁场一般以两种不同的形式传播:连续波或间断式辐射波(也称脉冲波)。射频电磁场的波形与健康影响有密切的关系。

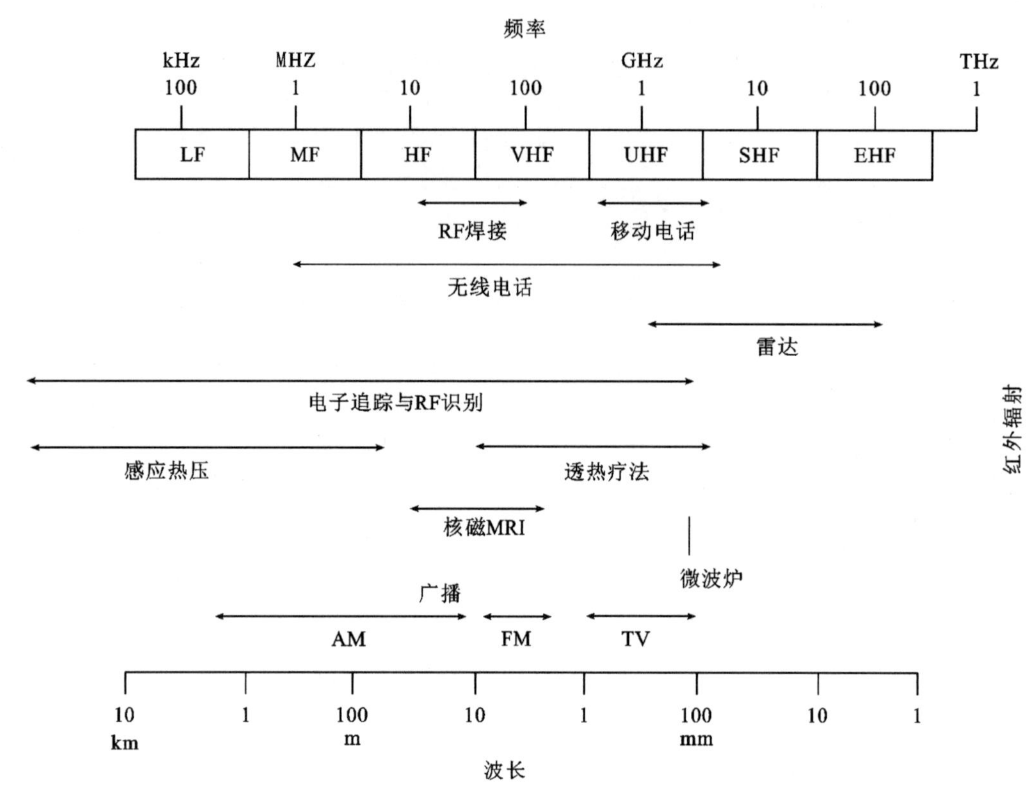

图 6-1　射频电磁场的频段及辐射源

图片来源：Health Effects from Radiofrequency Electromagnetic Fields，HPA 2012

3. 调制方式

射频电磁场的调制方式一般分为调幅（AM）和调频（FM），并根据其对信号调制的连续性分为连续性或脉冲式调制。射频电磁场一般以正弦波（电信号）的形式从辐射源向外传播，并通过调幅或调频后加载信息信号（如文字、语音等）进行通讯联络。加载了信息信号的射频信号被称为载波。现代数字式信号在同一种通信中可能同时使用不同的调制方式。

早期的模拟信号通信方式主要使用连续波调制信号，如甚高频广播的声音信号通过调频方式进行信号编码，长波和中波广播则使用调幅编码信号，而现代的数字式通信方式则通过交替使用一定的频道以脉冲方式调制信号。射频信号通常以一组短的脉冲形式进行传播，脉冲调制是指脉冲本身的参数（幅度、宽度、相位）随信号发生变化的过程。

4. 无线通信信号

（1）时分多址。GSM（global system for mobile communication）手机和 TETRA（terrestrial trunked radio）手持设备的信号都使用时分多址（time division multiple access，TDMA）脉冲信号，即利用脉冲信号获得时分多址，使每一个频道可由几个用户共同使用。GSM 的手机和基站平均每 4.6 ms 发射 1 个 0.58 ms 的脉冲，因而 GSM 脉冲调制的频率为 217 Hz，有时也使用 8.34 Hz 和某特定频率的脉冲调制；TETRA 手持设备及移动终端的主要脉冲频率为 17.6 Hz，但 TETRA 基站的信号是连续信号而不是脉冲信号。

（2）码分多址。第三代移动手机使用了码分多址技术（code division multiple access，CDMA）。CDMA 通过给每个用户分配一个特定代码允许不同的用户同时使用同一频道。CDMA 在手机和基站通

讯时使用频分双工(frequency division duplex,FDD)模式,FDD 模式对手机和基站的信号发射采用不同的频道,CDMA 信号的传输是连续的而不是脉冲的。

5. 信号衰减和多途径传播

衰减是射频信号在环境中传播的基本特征。射频信号在遇到建筑物或其他物体后发生反射,也因此导致射频信号从源到接收器的传播可能经由很多途径。上述不同途径传递的信号因传播距离不同而到达接收器的时间略有不同。由于路径的长度大于波长(一般约为 10 cm),因而在某一点位的信号可能增强或减弱。多途径传播的结果使得在不同距离的场强产生较大的差异。即便人本身不运动,由于信号衰减而使人体的暴露量呈动态变化,因而评估人体的暴露量应考虑随时间和空间衰减的特征。

6. 场强分布

电磁场的特性随着与辐射源的距离而异,可分解为两个成分,即辐射场与感应场。辐射场是从辐射源向外传播能量的场,而感应场则可认为是存储在辐射源周围的能量。感应场一般是存在于辐射源附近的感应近场(near-field),而辐射场则主要是位于远离辐射源的远场(far-field)。感应场对辐射源的能量辐射没有贡献,其存储的能量被吸收,主要对位于近区场的人产生暴露。由于在近区场放置探头可能使场强发生很大的变化,因此感应场的测量非常困难。

大体上距离辐射源约 1/6 波长($\lambda/2\pi$)以内的区域定义为感应近场,而当距离大于 $2D^2/\lambda$ 时为远场区(D 是天线的最大直径)。由于通常 D 与波长相似或略大,因此 $2D^2/\lambda$ 通常用 λ 来估计。介于 $\lambda/2\pi$ 和 $2D^2/\lambda$ 之间的区域视为过渡区,在此区域以辐射场为主,但辐射角因与辐射源距离而异,这一区域也称为辐射近场区。增益高的天线,如碟形天线在其周围有相对较大的辐射近场区。频率大于 300 MHz(波长小于 1 m)的射频电磁场人类暴露主要位于远场区,此频段的射频电磁场的近场区暴露只发生在距离辐射源特别近时,如使用人体穿戴设备等。

如上所述,某电磁场的功率密度 S 等于电场(E)和磁场(H)的乘积。当与辐射源距离大于感应近场区时,电场与磁场呈一定的比例关系:

$$E=377H \tag{6-2}$$

在此区域,功率密度可用电场强度或磁场强度进行估计:

$$S=E^2/377=377H^2(\mathrm{W/m^2}) \tag{6-3}$$

$$E=19S(\mathrm{V/m}) \tag{6-4}$$

$$H=0.052S(\mathrm{A/m}) \tag{6-5}$$

感应近场区的场强比远场区复杂。一般来说,在空间同一位点感应近场区的电场和磁场不呈直角,也达不到最大值。因此在该区域估计组织的能量吸收率更加复杂。远场区常用功率密度与场强换算(表 6-4)。

表 6-4　远场区功率密度与场强的换算表

功率密度(S,W/m^2)	电场强度(E,V/m)	磁场强度(H,A/m)
0.1	6.1	0.016
1.0	20	0.052
10	61	0.16
50	140	0.36
100	200	0.51

第二节　电磁场暴露的健康影响

一、静场的健康影响

人类一生都会或多或少地暴露于静电场和静磁场中，尤其是后者。因此，静场暴露是否会产生健康效应是公众所关注的问题。本节通过相关的动物实验和人类的研究，来讨论静场对生物系统效应和对人体健康可能产生的影响。虽然某些生物效应的研究结果难以直接外推至人体上，但可以为我们理解静场效应、制定及应用环境健康标准等提供数据支持。

(一)动物健康效应

1. 静电场

静电场可诱导生物体产生表面电荷，这一现象可经表面电荷效应(如毛发运动)而被感知。早期关于静电场暴露的动物研究，提示静电场通常不会对健康产生负面影响。然而，当电场强度超过 55 kV/m 时会导致大鼠产生厌恶行为，当强度不高于 42.5 kV/m 时，暴露大鼠不会有明显的异象。

2. 静磁场

地球上所有生命体都时时处于地磁场的作用之下。一些生物甚至进化出对磁场高度敏感的感觉器官，因此，静磁场是生物界赖以生存的因素之一。然而，包括人类在内的生物，除暴露于地磁场外，还会受到高强度的人工静磁场暴露。相对于静电场容易被屏蔽的特性，磁场难以屏蔽，作用的范围会更广，因此，静磁场暴露对健康影响的关注度也更高。

1)神经行为学影响：

(1)神经生理学研究。众所周知，洛伦兹力能作用于移动的电荷载体，如离子流，因此，静磁场暴露可能会对离子通道的传导效能产生影响，进而干扰神经系统的正常功能。然而有学者认为，强度高达 24 T 的静磁场才能使钠、钾离子通道的传导性产生 10%的变化；而对于更重的离子，所需的场强可能更大。有研究表明，1.2 T 的静磁场对虾的巨大轴突动作电位的传导速度和离子通道电流无影响；2 T 静磁场暴露对离体蛙坐骨神经的传导速度、不应期和兴奋阈无影响；1.2 T 和 1 T 的静磁场暴露分别对麻醉大鼠和受试志愿者(清醒)的神经传导速度无影响；1.5 T 的静磁场暴露不会影响志愿者躯体感觉诱发电位的振幅和潜伏期。1 T 静磁场，12 h/d，持续暴露 4 W，未发现暴露大鼠的神经再生速度有明显改变。上述研究结果表明低强度的静磁场通常不会对神经生理功能产生明显的影响。

然而，也有学者发现 120 mT 的静磁场暴露可使猫的视觉诱发电位的最大振幅逐渐减小，并伴随着可变性的下降，认为静磁场改变了离子环境或是对突触处神经递质产生了影响。俄国学者也发现大鼠暴露于 0.4 T 的磁场 10～30 min 后，其诱发电位振幅呈可逆性的提高，并且有附加波产生。用 0.1～1.6 T 不同强度的静磁场暴露后观察到，诱发电位的振幅呈强度依赖性提高，而且在海马体中的效应比在皮质中的效应更强，这可能与物种及不同生理指标的敏感性差异有关。

一些物种会利用地磁场来定向和迁移，这些动物对静磁场的改变会更敏感。基于此，有研究设计了一种可以改变磁场方向的实验装置，并将一种海产软体动物 Tritonia diomedea 置于该装置中，反复处理 26 min 后，确实观察到两个特定脑神经中产生的动作电位会受到影响。有实验将电鱼暴露于 10 T 的静磁场 20 h，结果发现其发出的电信号的振幅会发生改变，而且在 10 T 磁场作用下，这一效应几乎持续存在。

(2)感觉器官(眼和耳)。眼和耳是人体重要的感觉器官，与中枢神经系统紧密关联。有学者认为视

网膜可以感知到地磁场的改变，其在定向和迁移行为中起到重要作用。虽然相关机制还不明确，但有学者提出，光敏感分子（如隐花色素）中的自由基对参与了地磁场的感知过程。Olcese 等通过人为磁场，在大鼠身上观察到夜间视网膜内的多巴胺和去甲肾上腺素水平下降，而视网膜本身褪黑激素的合成则不受影响。进一步在夜行性动物和昼行性动物上的研究显示磁场暴露在视锥细胞和视杆细胞间的效应不同。目前相关机制及其意义仍不清楚，但作者推测磁场暴露可能会影响到昼夜节律。另外有研究将豚鼠暴露于 8.5 T 的静磁场 3 h，但未观察到豚鼠耳蜗动作电位的明显改变。

(3)镇痛。有学者以小鼠为对象探究了亚地磁场（hypogeomagnetic field）对压力诱导镇痛的影响，结果发现暴露于 4 μT 亚地磁场 90 min 的动物，其痛觉反应的潜伏期显著降低，而且该抗镇痛效应强度与注射 1.0 mg/kg 剂量的盐酸纳洛酮的效应相当。随后，研究人员在抗镇痛效应研究前对小鼠进行预压力暴露处理，再屏蔽地磁场使环境中场强下降并暴露 2 h 后，仍能观察到抗镇痛效应。然而，在暴露于强度接近零的磁场中却未观察到相应效应。作者认为磁场环境中极弱的时变部分可能是导致这一结果的原因。Ossenkopp 等发现小鼠暴露于静场强度为 0.15 T 的磁场中，可以改变吗啡引起的对热刺激的镇痛效果，认为磁场暴露改变了神经元中的钙结合和/或夜间松果体的活性。

(4)行为。中枢神经系统通过外周神经系统作用于机体的肌肉组织，控制着大部分行为，包括无意识的本能行为和对环境刺激的应答行为。

有研究将成年小鼠持续暴露于 1.5 T 磁场 72 h 后，分别用电击记忆、一般自发性活动和对戊四氮诱导癫痫的敏感性三种方法检测小鼠行为的变化，结果未观察到磁场暴露引起小鼠明显的行为学改变。Hong 等将出生后的鼹鼠置于 0.5 T 的磁场中暴露 14 d，其后 1 个月也未发现鼹鼠的学习能力有显著变化。

然而，也有不少研究表明磁场暴露可以影响动物的行为。有学者发现 0.6 T 强度的磁场暴露 4 d，16 h/d，可使大鼠的回避反应行为有不同程度的衰弱；将大鼠暴露于 0.49 T 的磁场中，2 h/d，持续20 d，可致大鼠对被触摸反应的易感性下降。当大鼠暴露于强度为 4 T 的磁场时，97%的大鼠会尝试逃离有磁场暴露的迷宫，而且将暴露组和对照组颠倒时，这一效应还会持续一段时间，提示一定强度的磁场可导致大鼠感知并产生厌恶行为。将大鼠暴露于 9.4 T 的磁场中 30 min 后给予其气味刺激，结果发现停止磁场暴露 8 d后还能检测到厌恶反应。Tsuji 等报道了小鼠暴露于 5 T 磁场 24 h 或 48 h 后，会导致其摄食量和饮水量减少，提示磁场暴露可能会影响小鼠的胃纳或食欲。

此外，还有一些研究探索了动物对磁场的感知和空间识别，发现啮齿动物能感知并应用地磁场识别空间方向；红海龟在大洋中游动时，其游动方向与磁线方向相一致；126 mT 磁场暴露可使草履虫的游动速度下降，并且移动路线杂乱无章。

2)肌肉骨骼系统：

(1)肌肉。机体对肌肉生物力学活动的调节是一个复杂而统一的过程。通过一些动物模型，可以研究静磁场暴露对体内肌肉活动调节过程的影响。

有研究表明，长期暴露于 0.02 T 的静磁场可使大鼠膈肌中钠-钾-ATP 酶和钙-ATP 酶的平均活性显著升高。Hong 等发现磁场暴露不仅使大鼠神经传导、动作电位及静息膜电位均呈现显著差异，而且还能使肌肉的痉挛力显著性下降，表明静磁场暴露可影响肌肉组织的生理特性。用 1.2 T 的磁场刺激麻醉大鼠尾神经 60 s 后，不会导致其末梢潜伏期和复合肌肉动作电位的振幅有显著性改变；然而，在 0.5 T 的静磁场中暴露超过 30 s 后，可使复合肌肉动作电位的最大振幅发生改变，神经兴奋性显著升高，提示静磁场可能存在非线性效应。

(2)骨骼生长。成骨细胞和破骨细胞间的动态平衡在骨重塑过程中起重要作用。许多环境因素可直接或间接地作用于骨组织中的这两种细胞，从而对骨的生长重塑或是骨折康复产生影响。有实验发现

2 226 mT的永磁体暴露兔子 4 W 后，骨单位的抗折断力明显增强，推测静磁场暴露可以促进组织的成熟，诱导骨小梁变厚进而提升了愈合组织的强度。

Tengku 等研究了畸齿矫正磁体对大鼠牙齿移动的影响。这种磁体发出的最大磁通量密度为 10～17 mT。动物暴露 7 d 后，可观察到短暂的牙根吸收，牙周韧带宽度变大，骨重塑必需的碎屑细胞活性增强。当磁场强度在第 7d 时减小到零，但仍然保留装置直至 14 d 时，结果未观察到两组之间的牙齿移动有显著差异，提示静磁场诱导的效应可能与其强度有关。有研究将包含骨形态生成蛋白(BMP)2 的芯块植入到小鼠中，并将它们暴露在强度高达 8 T 的磁场中 60 h，发现受暴露的小鼠芯块附近骨生长显著提高，而且，骨形成的方向平行于静磁场。提示骨形态蛋白和强磁场的联合暴露可促进骨愈合。有学者通过放射自显影和液体闪烁法检测 MRI 暴露在小鼠骨形成和牙本质中的急性效应，结果提示 MRI 产生的磁场(0.05 T)能影响骨细胞活性。

3)循环系统：

(1)心脏功能。心脏的节律性搏动维持着血液循环，这一过程由电刺激的周期波所驱动，故任何干扰心电活动的因素均有可能会对心脏功能产生影响。生物体暴露在静磁场时，血液在血管中流动会产生电势。多种动物暴露在超过 100 mT 的磁场时都检测到了该电势。因此，磁场暴露对心脏功能的影响也备受关注。研究表明，多数种类的动物，包括大鼠、兔子、狗、猴子和狒狒等暴露在强度大于 0.1 T 的磁场，即能在 ECG 中检测到电势。当强度上升至 1.0 T 时，电势大小与磁场强度呈线性相关，总电势也随着动物的体型而提升，如大鼠在 1.0 T 的磁场中 T 波信号的振幅平均提高 75 μV，而在青年狒狒中为 175 μV。人类暴露于强磁场中，ECG 也有相似的改变。为了阐明磁场暴露下电势的改变是否会影响心脏功能，有研究以猪为对象，将其暴露于 MRI 机器中 3 h，在心脏部位产生的磁场通量密度为 8 T，结果发现对心率、血压或其他一些重要参数均无影响。将狗暴露于 1.5 T 静磁场，其心脏异位搏动阈值无显著改变。将大鼠和豚鼠暴露于 0.16 T 静磁场后，发现血压、心率或 ECG 都未出现明显改变。600 mT 磁场暴露 33 min 对兔子各种心率参数亦无效应。表明静磁场急性暴露虽可改变心脏的电势，但对心脏功能参数影响不大。

然而，也有研究表明暴露于静磁场对心血管调节有一定的影响。将兔子暴露于 0.45 T 磁场中 30 min 或 3 h 后，观察到瞬时的低血压，呼吸速率下降和心动过缓的趋势。另外有报道，兔子颈动脉压力感受器暴露在 0.35 T 的静磁场中 40 min，可以降低压力感受器敏感性，导致血压失调。

(2)血压。有研究将雄性自发性高血压大鼠暴露于 3.0～10.0 mT 或 8.0～25.0 mT 的静磁场 12 W，发现暴露组大鼠的高血压发展受到显著抑制。另有研究发现 5 mT 的静磁场暴露也可延缓大鼠高血压的发展，同时减少了 NO 代谢物、血管紧张素Ⅱ和醛固酮的血浆浓度。以 5.5 mT 静磁场全身暴露兔子 30 min，可以抵抗去甲肾上腺素诱导的升压效应，然而其机制尚不清楚。

(3)血液流动。血液组织中含有移动电荷，静磁场暴露对这些移动电荷会产生影响进而可能对机体产生潜在效应。Ohkubo 等将兔子暴露于磁通量密度分别为 1 mT、5 mT 或 10 mT 的静磁场 10 min 后，结果观察到皮肤微循环血管运动产生了非剂量依赖的双向改变：在运动剧烈的血管中，静磁场可以引起血管收缩；而在运动平和的血管中，静磁场可以引起血管舒张。这种效应的生理学机制目前仍不清楚，可能是静磁场影响自主神经系统调节功能的结果，也可能是在与耗氧量改变有关的组织中，静磁场对正常代谢的刺激或抑制而导致的结果。

有学者将麻醉的兔子暴露于 0.2 T 和 0.35 T 静磁场，发现磁场暴露时及暴露后血液的流动速度加快。Xu 等同样观察了静磁场的局部暴露对兔子皮肤微循环的亚慢性效应，发现暴露于 180 mT 的磁场 1～3 W可显著持久地提高血管舒张的振幅，并增强了血管舒缩运动。然而，将麻醉小鼠全身暴露于强度为 1 mT 或更高的磁场 10 min，却发现血液流速显著提高，而且效应可持续 35 h。有学者以更高强度的静

磁场(8 T,20 min)处理麻醉小鼠后,发现暴露过程中皮肤血液流动和温度都会下降;停止暴露后,两者都会逐渐恢复。提示静磁场对血流的影响不仅与磁场暴露参与有关,还与物种有关。

(4)血脑屏障。大脑中阻止血液和脑脊液物质交换的屏障被称为血脑屏障。有研究报道短时的临床MRI暴露(0.15 T)会导致大鼠血脑屏障暂时性功能紊乱,15～30 min后,血脑屏障功能恢复正常。Prato等利用放射性示踪剂,证实了相同暴露参数的静磁场可以显著提高大鼠血脑屏障的通透性。然而,此后的研究并没有获得预期的重复结果,而且高强度的静磁场提高通透性的幅度很小,仍处在正常生理浮动范围之内。提示静磁场对血脑屏障通透性的影响主要表现为短时的应激反应。

(5)血细胞。有学者研究报道了0.4 T的磁场暴露10 min可对血红蛋白结构和功能产生影响,检测到其自氧化反应率有所下降;1.4 T的磁场暴露小鼠60 min后,其网状内皮细胞的吞噬活性(phagocytic activity)在37℃时提高,27℃时下降;0.2～1.4 T静磁场暴露5～30 min,可致小鼠骨髓细胞的胸苷激酶活性增强。有报道指出,1.4 T的静磁场暴露30 min后,小鼠骨髓细胞中乙酰胆碱酯酶活性被抑制了约20%。然而,这些研究都或多或少的存在一些问题或缺陷,结果甚至相互矛盾。这可能因不同的检测系统,以及不同的磁场暴露(静磁场、静磁场和射频电磁场联合暴露等)条件所致。

(6)血清酶。早期的系列研究发现,0.005～0.3 T磁场暴露可导致动物血浆中血清蛋白浓度呈下降趋势,酸性磷酸酶活性增加,谷丙转氨酶(GPT)活性下降,纤维蛋白降解产物(FDP)水平增加和相应的纤维蛋白原浓度下降。然而,另有研究发现,多种磁场强度,不论暴露时间多长(1～7 W),结果都显示Wistar大鼠的GPT活性增加、谷草转氨酶(GOT)活性增加、乳酸脱氢酶活性增加、碱性磷酸酶活性增加及胆碱酯酶活性下降。

Osbakken等研究了1.89 T超导磁体暴露对成年小鼠及其后代的影响时发现,血浆肌酸磷酸激酶和乳酸脱氢酶等无一致性的差异。Papatheofanis等的研究也未发现1 T均质静磁场每天暴露30 min,连续暴露10 d,对骨骼和血液中酸性及碱性磷酸酶活性有明显影响。总之,关于静磁场暴露对血清酶活性的影响,目前还没有明确的结论。

4)内分泌系统:

(1)松果体。德国Mainz大学的学者利用豚鼠和大鼠研究了静磁场暴露对松果体褪黑激素的合成和细胞活性的影响。结果发现,大多数细胞(豚鼠80%的细胞,大鼠67%的细胞)并没有产生反应,剩余的细胞则表现出不同的结果。Welker等在午夜前将大鼠暴露于磁场中15 min或2 h后发现,其松果体血清素-N-乙酰转移酶(NAT)活性和褪黑激素含量下降。有研究报道了40 μT静磁场间歇暴露对实验室动物血清素和褪黑激素的影响,结果发现磁场暴露影响了褪黑激素的分泌,并导致日间褪黑激素水平波动的改变。然而也有研究表明磁场暴露并未对NAT活性或褪黑激素含量产生影响。Kroeker等将大鼠暴露于强度在5×10^{-5} T和0.08 T的静磁场中,并设置了日间和夜间对照组,结果也未发现磁场暴露对褪黑激素水平有影响。这方面的效应还有待进一步确定。

为了验证磁场暴露对NAT活性和褪黑激素的影响是否与眼部色素有关,有实验将盲鼠暴露于磁场30 min,发现体内NAT活性和褪黑激素含量不受影响,然而,在正常动物中却呈现下降,提示与色素有关。然而,在另一项研究中却发现,这一效应依赖于物种,与眼部色素无关。

(2)其他内分泌腺效应。静磁场对其他内分泌腺功能的影响也有少量的研究。将大鼠暴露在1 mT和10 mT的磁场中10 d后测量大鼠的血糖稳态水平,可观察到血糖水平提高,胰岛素释放下降等一些幅度小、但显著且始终一致的改变。Teskey等将大鼠暴露于MRI场,20 min/d,持续5～21 d,暴露后13～22个月,未见对大鼠的存活能力、激素水平及重要参数有显著影响。

5)生殖和发育:

(1)雄性生育能力。有研究将小鼠暴露于0.3 T的磁场中66 h,未观察到对精子发生产生影响;0.7 T

的磁场，每天暴露 24 h，连续暴露最多 35 d 后，不影响小鼠精子的能动性、成熟及其产生。将小鼠暴露于 1.5 T 磁场中 30 min 后，精子发生和胚胎形成有微小改变，但精子头部形状未有畸形发生。Tablado 等系列研究发现小鼠精子运动、成熟及后天睾丸和附睾的发育，既不受单次短期暴露的影响，也不受间歇(1 h/d)或连续长期暴露的影响。现有的研究结果表明，静磁场暴露对雄性生育能力不会产生明显的效应。

(2)哺乳动物发育。Sikov 等学者研究发现，无论在胚胎植入前，还是在器官形成或是胚胎发育期，1 T的静磁场暴露对小鼠先天或后天的发育都没有影响。Konermann 等也未发现 1 T 磁场暴露对小鼠大脑皮质发育有影响。有研究将小鼠的整个妊娠期间都暴露于 3.5 T 静磁场，未发现发育的明显异常。后来的一些研究将小鼠暴露于 4.7 T 和 6.7 T 静磁场，同样证实磁场宫内暴露对子代小鼠的器官形成没有明显影响。

然而，Mevissen 等报道大鼠在整个妊娠期暴露于 30 mT 静磁场中，每一胎的活产数显著下降，认为该水平的暴露可能会产生胚胎毒性。此外，报道还指出骨骼发育异常的胚胎数和胚胎吸收数显著提高。由于该研究基于单个胚胎的发现，其重要性很可能被高估。因此，静场暴露对胚胎发育的作用尚需新的研究数据。

(3)MRI 暴露对哺乳动物发育的影响。有研究将小鼠在妊娠第 9 天暴露于 4.7 T 的静磁场、快速转换的梯度场和 200 MHz 的射频电磁场(SAR 大约为 0.015 mW/kg)后，可致胚胎体重显著下降。然而，妊娠第 12 天(器官形成期)的暴露或是妊娠第 9 天和第 12 天联合暴露都未产生效应，胚胎死亡数也不受影响。在后续研究中，研究人员发现小鼠暴露于 4 T 的静磁场、转换梯度场和 170 MHz 的射频电磁场(平均全身 SAR 为 0.2 W/kg)，在妊娠第 12 天暴露组中，同胎生仔数未受影响，但胚胎死亡量和胚胎吸收量显著增加；在第 9 天或第 9 天和第 12 天联合暴露中则未见此效应。此外，妊娠第 9 天暴露的小鼠，运动技能获得的比例显著增加；而在妊娠第 12 天暴露的小鼠，运动技能获得的比例却有所下降。由于 MRI 磁场暴露源包含静磁场、梯度场和射频电磁场，因此，其效应属于复合效应，而非静磁场的单独效应。这三种场的不同组合可以产生不同的发育效应。

6)基因毒性和癌症：

动物研究可以用来筛查自发性肿瘤发病率的变化，其结果有助于对人类可疑致癌物进行评估。

(1)基因毒性和突变形成。基因毒性和突变通常与肿瘤的发生密切相关。有学者将黑腹果蝇暴露于 1.3 T 的磁场 10 d，未检测到基因突变率的改变；将磁场强度增至 3.7 T 并暴露 7 d 亦未见效应。将黑腹果蝇及其幼虫暴露于 0.6 T 磁场中 24 h，观察到存活的基因型突变成体数目下降；5 T 静磁场暴露 24 h，观察到体细胞重组增加，补充维生素 E 可抑制该效应。由于这些基因毒性相当微弱，还不清楚是否具有明显的临床意义。

有学者发现小鼠暴露于 2 T、3 T 或 4.7 T 的静磁场中 24 h、48 h 或 72 h 后，血细胞的微核率呈显著的、时间依赖和剂量依赖的增高，尤其是 4.7 T 强度磁场三个时段的暴露都能诱导微核率显著增高，3 T 场只在暴露 48 h 或 72 h 有效应，2 T 场则不会产生显著影响，该研究者认为高强度磁场暴露可能诱导应激反应，或是直接影响染色体结构及细胞分裂过程中染色体的分离。

(2)肿瘤。有学者将化学诱导表皮肿瘤的小鼠暴露于 800 mT 的磁场中，1 h/d，每周 5 d，直至死亡，结果发现磁场暴露对其生存时间无影响；将大鼠暴露于 15 mT 的磁场中 13 W，发现磁场暴露对化学诱发的乳房肿瘤的发病率无显著影响，对每只动物的肿瘤数量也无影响。

Bellossi 等将移植了 Lewis 肺肿瘤的小鼠暴露于 1 T 的恒定静磁场中，8 h/d，每周 5 d，直至死亡，未发现对存活期有影响。暴露于非均匀、强度最大为 1 T，梯度最大为 3 T/m 的静磁场中亦未产生影响。然而，他们在研究静磁场暴露对小鼠淋巴细胞白血病自发性发展的影响时发现，间歇暴露于 600～800 mT

的磁场后，可观察到小鼠寿命有轻微延长。由于研究所用动物数量相当少，而且所有这些研究中，对实验过程和数据分析的描述内容不多，因此结论尚有待进一步确认。

（二）人体效应

1. 实验室研究

1）静电场：

有学者通过将健康志愿者（23 名男性，25 名女性）暴露于 50 kV/m、300 nA/m^2 的高压直流输电线附近，研究人对电场和电流的感知阈值，结果发现在无电流的情况下，人体对电场感知阈值约为 45.1 kV/m；存在高强度电流的情况下，感知阈值约为 36.9 kV/m。同时发现感知阈值存在较大的个体差异，33%的研究对象的感知阈值低于 40 kV/m，66%则低于 50 kV/m，另外有两个个体的阈值甚至低于 20 kV/m。在伴有高电流密度（120 nA/m^2）的情况下，33%的研究对象可以感知到低于 20 kV/m 的电场，10%的研究对象可以感知到 10 kV/m 的电场。Clairmont 等通过实验探究了直流电场和交流电场间的交互效应，结果表明，与单一电场相比，直流和交流电场的联合暴露增强了对电场的感知，提示两者间可能存在交互作用。

2）静磁场：

（1）神经行为学研究。

Ⅰ.人类外周神经功能。有学者将 10 位志愿者短暂暴露（5 s，10 s，15 s）于 1 T 的静磁场中，结果发现，神经传导速度未受影响，但观察到复合肌肉动作电位有瞬时性的提高，这一效应在暴露 5 s 之后即可被观察到，3 min 后该效应消失，提示静磁场暴露可短暂提高运动神经的兴奋性。

Ⅱ.诱发性和自发性大脑活动。有研究将 11 位正常受试者暴露于 1.5 T 的静磁场中，结果未发现躯体感觉诱发波的潜伏期和振幅有明显改变。Dobson 等研究了暴露在 mT 级磁场中的 9 位癫痫患者，结果发现有 6 位受试者的癫痫症状增强；在一项对 10 位中央颞叶性癫痫患者的研究中发现，5 位患者的癫痫样活动发生改变。此后，他们对三位中央颞叶性癫痫患者进行磁刺激，发现 2 位患者的癫痫样活动显著增强，另外 1 位患者的癫痫样活动却减弱了。提示磁场对癫痫患者的脑电活动可能存在影响，而且癫痫患者比正常人群对磁场有更高的易感性。

Müller 等将 11 位患者暴露在 2 T 的 MRI 场中，并测量了脑干听觉诱发电位可能的延时，结果未发现有显著改变。一项以健康志愿者为对象的研究中，受试者暴露在 MRI 场中长达 3 h，场强从 0 逐步增强至 2 T，结果受试者的脑干反应并未有明显的异常。Vogl 等将志愿者暴露在 1 T 的静磁场和 MRI、RF 的联合暴露场中，并记录了暴露前、暴露中、暴露后的听觉、视觉和躯体感觉诱发电位，结果也未发现有明显效应。表明 MRI 对正常人群的脑电影响不明显。

Ⅲ.感知觉。Schenck 等发现，暴露于 1.5 T 和 4 T 的静磁场或 1.5 T 的 MRI 系统中，志愿者产生了剂量依赖的眩晕感、恶心感，口腔有金属样异味。头部在梯度场中移动时就会产生这种感觉，在强度高于 2 T 的磁场中移动时，眼睛有时会产生光幻视。通常认为，在梯度场中移动时诱导电势产生可能是导致这些效应的原因，也有学者认为眩晕感可能是由磁流体动力作用于半规管中的内淋巴所致。

Ⅳ.认知研究。有学者通过研究 25 位健康志愿者暴露于 8 T 静磁场对短期记忆、工作记忆、注意力和听觉反应时间等 7 项神经心理指标的影响，结果发现除了短期记忆测试的结果有稍许下降外，没有任何其他影响。有学者将 10 位志愿者暴露于 8 T 静磁场 1 h 后，立即对其执行、认知、语言和运动功能进行测试，结果未发现有任何改变。由于上述的研究在实验设计中未考虑到学习效应可能对研究结果产生的影响，De Vocht 等将 17 位健康志愿者暴露在 1.5 T 的静磁场，并在开始研究对志愿者的感觉功能、认知功能和运动协调等方面的影响前，先进行了所有的测试，以减少学习效应。结果发现，当受试者暴露在静态

或梯度场中后，手眼协调测试(4%)和视觉对比敏感测试(16%)的表现有显著下降。有学者在低强度静磁场(0.5 mT)的研究中未发现磁场暴露对认知功能有影响。

除了单纯的静磁场，有学者研究发现 MRI 暴露可导致受试者的面孔和名称识别能力下降，表明 MRI 暴露可以影响记忆功能。Besson 等发现 7 位受试者在 MRI(0.04 T 的静磁场，分别暴露 1～5 d，10 min/d)暴露前后的心理计量参数有了提高。然而，相似的研究也存在阴性结果。有研究对 150 位志愿者持续暴露于 MRI(0.15 T 静态场和射频电磁场)47 min，并分别在暴露前、暴露后及暴露 3 个月后对受试者进行心理测试，结果未发现明显的效应。

上述研究结果表明，受试者静止暴露于静磁场中基本不会对神经生理反应和认知功能产生影响；在超过 2～3 T 的静态场中移动时，会产生剂量依赖的眩晕感和恶心感；1.5 T 的 MRI 暴露可使眼手协调和视觉对比敏感性下降。提示各种神经生理反应可能与磁场梯度的存在有关系，机制还有待进一步探索。

(2)循环系统。动物研究已知，在高通量密度情况下，磁流体动力将会阻碍大血管中的血液流动，因而，静磁暴露对人体循环系统的影响自然备受关注。

Ⅰ.心脏功能、血液流动和血压。有研究表明，8 T 磁场暴露 1 h，不会对志愿者的心率、舒张压或收缩压和心电图产生明显的影响。随后，通过对 25 位受试者研究发现，低于 8 T 的磁场暴露对受试者的心率、呼吸速率、收缩压和舒张压、指脉氧水平及核心体温等均无显著影响。然而，随着磁通量密度的增加，收缩压有随之增加的显著趋势，8 T 磁场暴露下，增加量大约为 4 mmHg。当停止暴露后，血压即恢复至正常水平。

在较低强度的研究中，Hinman 报道了 75 位健康成年人短期暴露于 100 mT 永磁体静磁场对心率和血压无显著影响。有研究在 12 位健康志愿者中发现，2 T 磁场暴露 10 min 后，可致心动周期长度显著提高了 17%，并且该效应在之后的暴露期内都一直存在。暴露结束后，心动周期长度恢复至暴露前的水平。而暴露于 1 T 的受试者中未观察到上述效应。

另外，也有学者通过对 50 位患者的研究评估了临床上使用的 MRI 成像(静磁场约为 1.5 T，射频部分对全身的平均 SAR 为 0.4～1.2 W/kg)对心率和血压的影响，结果发现 MRI 暴露前后心率和血压未发生明显改变，提示全身暴露于 1.5 T 的 MRI 场中对心率和血压无显著影响。

Ⅱ.血清蛋白和激素水平。男性志愿者的研究表明，暴露于 9.6 mT 的静磁场中 40 min，可导致血清和尿液中的肌酸酐水平提高，而钙离子水平不受影响。健康男性志愿者整夜暴露于 MRI 静磁场(磁场强度为 1.2～13.7 mT)中，发现暴露当天、暴露后 1 d 及暴露后 7 d 的尿液中 6-羟基硫酸褪黑素的水平均未发生变化。

(3)体温和皮肤温度。Shellock 等将健康志愿者暴露于 1.5 T 静磁场，结果发现暴露 20 min 或60 min 皮肤温度和体温均无显著的变化。有研究将 25 位年龄在 24～53 岁的健康志愿者分别暴露于 1.5 T、3.0 T、4.5 T、6.0 T 和 8.0 T 静磁场，结果也未发现中心体温的改变。

有学者通过对 50 位患者的研究评估了临床 MRI 成像(磁场强度为 1.5 T，射频电磁场全身平均 SAR 为 0.4～1.2 W/kg)对中心体温和皮肤温度的影响，结果发现中心体温平均提高了 0.2℃。有意思的是体温的变化与 SAR 无相关性，提示为静磁场效应。然而，Vogl 等未发现该强度的磁场暴露对中心体温或表层体温存在影响。

(4)牙齿暴露。口腔正畸磁铁和植入物是当今牙科和口腔医学中常用的工具。这些植入物产生的静态场是否会导致潜在的不良健康影响，目前仍不明确。有学者研究了 15 位患者口腔正畸磁铁对口腔黏膜、牙髓和牙龈组织形态学和组织学的影响，磁体产生的静磁场强度在 10～140 mT，最大观察周期为 9 个月，结果发现静磁场暴露并无额外的不良反应。

(5)治疗处理。磁体对人体组织和人体健康的影响及其在治疗中的应用是一个古老而有争议的话

题，至今仍是如此。许多关于静磁场治疗效果的研究都有不少方法学上的局限性，包括安慰剂效应。另外，应用的磁场强度没有明确，也会影响效应的评估。

2. 流行病学研究

流行病学研究是获得静磁场暴露对人体健康影响最直接证据的有效方法之一，世界卫生组织(WHO)和国际癌症研究机构(IARC)在对静磁场进行风险评估时也都参考了大量的流行病学研究结果。

1)癌症：

(1)电焊工。虽然有不少的研究调查了电焊工的癌症发病风险，然而，至今基本上没有一项研究充分评估过静磁场的暴露，因此也难以得出有意义的分析结果。此外，除了静磁场暴露，电焊工还会受到其他潜在有害因素的影响，如焊接烟尘、射频磁场等。而大部分研究中都未提供有关焊接类型的信息，这进一步限制了研究数据的有效性。即便如此，这些研究也不乏其重要的参考价值。有学者整理了基于38项职业电磁场暴露的研究，发现电焊工的肿瘤发病风险有微小但显著的提升(RR=1.25;95%置信区间：1.06～1.47)，但未发现电焊工的职业性白血病发病风险有提高。

(2)铝厂工人。多项调查对铝厂工人的癌症风险进行了研究。Andersen等研究了挪威4家铝厂中7 410位男性员工的总体死亡率和癌症发病率，结果发现，长期雇佣员工的肺癌发病率高于短期雇佣员工。由于健康工人效应的存在，以及对吸烟史的调查不完整，对结果的解释在一定程度上受到了限制。Rockette等跟踪调查了在1946－1977年美国14家铝厂中工作超过5年的27 829位男性员工的死亡率，发现铝厂员工死因构成中胰腺癌、泌尿生殖系统癌症和淋巴癌的比例相对较高，但统计学上并无显著性差异。由于没有测量静磁场的强度及其他暴露因素(如多环芳烃)，因此，难以归因于单一静磁场的效应。Mur等跟踪研究了1950－1976年间法国6 455位铝工的死亡率，结果发现，尽管缺乏统计学意义，但肝脏、脑、骨骼、皮肤和膀胱处恶性肿瘤的全因死亡率(SMR)达到了2.0；参与电解、维护或冶炼的工人的SMR分别为1.09、1.03和0.80。除了静磁场，环境的化学性因素，如煤焦油沥青、多环芳烃等也会增加某些癌症的风险；同时，其他可能的混杂因素如吸烟等信息的收集情况也相当有限，都制约着研究的可信度。

Spinelli等对加拿大不列颠哥伦比亚于1954－1985年在铝厂工作超过5年的4 213位男性工人开展了队列研究。该厂运作过程中产生的静磁场强度在1～10 mT。通过工种-暴露模型对每一个工种的磁场和煤焦油沥青挥发物的潜在暴露进行评估，死亡率和发病率与一般男性居民进行比较，并在分析过程中对吸烟等混杂因素做了控制。结果发现，癌症的发生或死亡与静磁场的暴露无关。

Rønneberg等跟踪研究了1922－1975年在冶炼厂中至少工作6个月的1 137位男性工人的癌症发病率，并评估了该冶炼厂各个工种的煤焦油沥青挥发物、石棉、废气排出、热应力及磁场的暴露强度。将队列中的癌症发病率与一般男性居民的发病率相比较，结果发现神经系统或血液系统癌症与静磁场暴露无关联。此外，他们还对在挪威一家铝厂中工作过的人群做了癌症发病率的调查研究，该人群包括2 647位男性短期工人和两组由至少工作4年的男性组成的队列，结果发现，静磁场暴露与脑或淋巴造血组织肿瘤也没有关联性。

(3)氯碱厂工人。Barregård等研究了瑞典一家氯碱厂的157位男性工人的癌症死亡率和癌症发病率，并将之与瑞典的普通男性相比较。这些雇员于1951－1983年定期或固定在该厂的电解室里工作至少1年，工作过程中可能接触到平均强度为14 mT的静磁场暴露，研究结果未发现死亡率或发病率有升高。

2)免疫学指标：有学者研究了铝厂23位工人志愿者的免疫状态，结果发现，电解车间工人的T8和T4细胞水平均显著高于非电解车间工人或正常值。然而，Tuschl等在对工作过程中可能接触到电磁场暴露的医护工作者的免疫指标的研究中发现，MRI工作者(静磁场为0.5 mT)的免疫指标和对照组相比

并没有差异。Marsh 等对大型电解槽进行化学分离作业的员工进行调查。暴露组工作环境中的静磁场强度平均值为 7.6 mT，最大达到 14.6 mT。结果虽未发现暴露者有明显的健康问题，但随着水平磁场强度的提高，白细胞计数呈下降趋势，淋巴细胞和单核细胞的比例增加。

由于上述的调查研究均存在诸如对象的筛选过程不详、暴露剂量不确定、研究人群规模偏小、研究时间短、混杂因素多等问题。因此，其效应尚需进一步确认。

3)染色体畸变：有研究分析比较了高电压实验室员工的淋巴细胞染色体畸变情况，结果未发现有显著差异。然而，与非暴露组的吸烟者相比，暴露组中吸烟者有更多的染色体断裂，因此，不排除磁场与吸烟对染色体畸变存在联合效应。由于该研究样本量少，限制了结论的可靠性。

4)生殖发育：Mur 等研究了 692 位在铝厂电解车间(静磁场强度 4～30 mT)工作的男性员工子代的出生率，并与同一工厂中其他未受暴露的 588 位员工的出生率相比较。结果发现暴露组员工的出生率显著上升，认为静磁场暴露或热效应不会抑制男性员工的生育能力。有研究分析了 1970－1993 年金属冶炼厂工人、焊接工及电线生产工人中男性后代的比例，研究结果表明，男性铝工或焊接工的男性后代比例与未暴露人群类似；在冶炼行业工作的女性员工，后代中男性比例显著减少，铝厂女性员工中该现象尤为明显，提示磁场暴露的阳性作用。然而，这些研究都缺乏对混杂因素的控制，存在一定的局限性，势必会影响结果的可靠性。

有学者通过横断面调查对美国的 MRI 仪操作者的不育和妊娠结局进行了研究。结果发现，MRI 仪工作期间的流产风险相比于其他工作有轻微增高，与家庭主妇相比则明显增高；和家庭主妇相比，MRI 仪操作者的妊娠结局中早产和低出生体重有细微差别，但和其他工作相比则无不同；后代性别比例没有受到影响。Myers 等探究了 MRI 母体暴露对胎儿宫内生长的影响，结果发现 MRI 暴露组的未调整出生体重和胎龄显著降低，但对胎龄进行调整后则无明显差异。Clements 等对儿童暴露于 MRI 的情况做了随访，结果发现，暴露组儿童的体长相对较低，而粗大运动功能则相对较强。

虽然这些研究均或多或少的提供了磁场暴露可能存在的生殖健康效应，但研究的局限性和缺陷依然明显，总体的可信度不强。

5)肌肉骨骼症状：Moen 等对在 1986－1991 年在铝厂工作的 342 位暴露组员工和 277 位非暴露组员工的肌肉骨骼症状进行了回顾性队列研究。电解车间工人暴露的磁场强度为 3～20 mT；非暴露组工人则由铸造车间、辊轧车间的员工和运输工人组成。在排除其他一些可能导致肌肉骨骼疾病的危险因素后，结果未发现暴露组和非暴露组之间有差异。肌肉骨骼疾病可能导致员工申请休假，进一步分析显示，员工休假与静磁场暴露间无关联。由于铝厂在招募电解车间工人时可能格外注意健康问题，因此，该研究可能存在选择偏倚。

总之，目前涉及静磁场效应的流行病学研究数量还较少，静磁场暴露是否会提高癌症的发病风险，目前仍不能确定。同时，一些研究的暴露评估不够详尽，受试者数量也比较少，难以检测出微弱的效应。此外，大多数研究局限在铝厂或其他冶炼厂，其工作环境中存在许多其他已确定的致癌因素，多数研究未能消除这些混杂因素，导致其结果的可信度下降。至于其他有关非肿瘤健康效应的研究则更少。而且这些研究同样存在样本小，方法学上有诸多限制，暴露剂量不明确及混杂因素偏倚等问题。MRI 仪产生的磁场强度较高，其可能的健康效应也没有研究透彻。总体上，目前仍缺乏足够的证据来进行科学的健康评估。

二、极低频电磁场的健康影响

1979 年，美国科罗拉多州立大学的流行病学专家 Wertheimer 和物理学家 Leeper 在《美国流行病学杂志》发表的“电线配置和儿童癌症”一文引起了人们对极低频电磁场对人类健康影响的关注，极低频电磁场是否会对人体造成不良影响成为广泛争议的焦点。迄今，现有的关于极低频电磁场健康效应的研究

采用了流行病学调查、人体实验、动物实验、细胞实验、生物化学实验、生物物理实验等方法，涵盖致癌、致突变作用、生殖毒性、免疫系统、循环系统、内分泌功能及神经系统等领域。

(一)与肿瘤发生的相关性

2002 年，国际癌症研究机构(the International Agency for Research on Cancer，IARC)通过对极低频电磁场暴露与儿童白血病发病关系的流行病学研究结果进行荟萃分析，认为极低频磁场暴露增加儿童白血病的发病风险，并将其归类为 2B 类致癌物(即人类可疑致癌物)。此后，对极低频磁场长期暴露可能的致癌风险又进行了大量的研究。

1. 儿童白血病与淋巴瘤

自 1979 年首次发现极低频电场磁场暴露与儿童白血病发病相关以来，儿童白血病即成为极低频电磁场健康效应的中心议题之一。2002 年，国际非电离辐射防护委员会(ICNIRP)研究发现，没有证据表明磁感应强度＜0.4 μT 的极低频磁场暴露与儿童白血病之间有关系，但当磁感应强度＞0.4 μT 时，暴露于极低频磁场的儿童患白血病的风险增加 1 倍，0.4 μT 成为极低频磁场暴露与儿童白血病相关性研究中的重要磁感应强度切点。迄今，国内外学者的流行病学调查显示，OR 值范围集中在 1～2，研究结论阴性与阳性共存。基础研究虽多为阳性结果，如极低频磁场可影响细胞膜及信号系统或改变酶活性水平等。然而，儿童居住在电力设备附近与肿瘤关系研究的 Meta 分析结果显示，接触极低频磁场并不会增加儿童患淋巴瘤的风险。

2. 成人白血病

相比儿童，成人白血病与极低频电磁场暴露关系的流行病学研究中，阳性结论的比例更高。Villeneuve 等对工作在 60 Hz 电磁场中的工人做了病例对照研究，发现电场和白血病之间存在关联，工作在电场强度 20 V/m 以上、工龄超过 20 年的工人患白血病的风险增加，OR 值为 8.23，但没有发现磁场和白血病之间存在关联。Minder 等队列研究却发现，白血病与暴露于高强度工频磁场有关，铁道工程师白血病死亡率 RR 值为 2.4，且其风险随工龄延长而增加。Wuett 等通过病例一对照研究发现，长期暴露于工频电磁场的工人发生急性白血病的风险增加。因此，确定极低频磁场暴露与成人白血病之间的因果关系还需深入研究。

3. 神经系统肿瘤

目前，针对极低频电磁场与成人神经系统肿瘤的关系，不同研究结果间存在较大差异。多数研究并未发现二者之间有显著关系，但有研究发现极低频电磁场暴露可能会增加多形性成胶质细胞瘤、听神经瘤和神经胶质瘤等脑部肿瘤的风险。一项对 543 例恶性脑肿瘤病人进行的病例-对照研究发现，与0.3 μT 以下相比，工作场所平均磁场强度在 0.6 μT 以上的男性工人患脑肿瘤的风险增加，且患多形性成胶质细胞瘤的风险最高，OR 值达到 5.36。

4. 乳腺癌

近年来大多数流行病学研究显示，接触极低频电磁场对乳腺癌的发生风险没有影响或影响很小，这与早期开展的多项同类研究结果差异很大。早期有研究发现电热毯、电热垫的使用可能与女性乳腺癌发病有关，而近期多数研究结果并不支持这一结论。对于电磁场暴露导致乳腺癌发病率增高的可能作用机制，有研究认为是由于体内褪黑素的分泌受到了电磁场的影响，而褪黑素对乳腺癌的发生具有保护作用。虽然高电磁场强度暴露的工人其体内褪黑素水平降低，但是其特异性还有待于进一步明确。

5. 其他肿瘤

研究提示电磁场暴露与其他肿瘤的发生也可能存在关联。Hakansson 等病例对照研究结果提示，暴露于高强度电磁场环境的焊接工人，发生内分泌腺肿瘤的危险性增加，肾上腺肿瘤和垂体肿瘤的发生可

能与电弧焊有关，副甲状腺肿瘤的发生可能与电弧焊和电阻焊有关。Chades 等在其研究中指出，长期暴露于电磁场的工人患前列腺癌的危险性增加。TYNES 等发现，女性恶性黑色素瘤的发生与居住环境接触 0.2 μT 以上的工频电磁场有关。

(二)生殖毒性与不良妊娠结局

流行病学调查提示妊娠期极低频电磁场暴露与低出生体重、流产等不良妊娠结局的发生存在一定的相关性，但是其剂量-效应关系尚不明确。

1. 低出生体重

低出生体重(出生体重小于 2.5 kg 的新生儿)是胎儿营养不良和发育迟缓的重要评价指标，也是成年人慢性病如高血压、2 型糖尿病、冠状动脉疾病和肥胖等发病的危险因素。研究发现孕期居住地距离高压输电线路、变电站等电磁场源≤50 m 出生的新生儿，平均体重低于对照组(距电磁场源>200 m 的新生儿)212 g，尤其是女婴体重的差异更为明显，但该研究的缺陷在于样本量过少。

2. 早产

早产儿(妊娠时间超过 28 W 但不满 37 W 的分娩)出生体重较轻，各器官发育不够健全。目前，尚无研究发现高压输电线路产生的环境极低频电磁场暴露会增加早产风险，但视频显示终端暴露对不良出生结局的影响依然是学术界的热点问题之一。有研究认为，孕期使用电脑会增加早产发生风险，并将妊娠时间从 38.9 W 缩减至 38.5 W，但该研究没有发现孕期观看电视会增加早产发生风险的证据。一方面，视频显示终端辐射的强度、操作时距离辐射中心的距离及接触电磁辐射时胚胎发育的阶段可能都会影响到极低频电磁场暴露的生殖健康效应；另一方面，孕期进行电脑操作时，孕妇注意力高度集中、精神紧张及工效学等原因也可能对妊娠结局产生不利影响。总之，电脑等视频显示终端极低频电磁场暴露是否能增加早产发生风险，还有待于进一步验证。

3. 流产

流行病学研究表明，孕期环境极低频电磁场暴露水平会增加自然流产的发病风险，且两者间可能存在剂量-效应关系。我国开展的两项队列研究中，一项发现暴露组(测得最大磁感应强度暴露值≥21.6 μT)发生自然流产的危险度显著高于对照组(<1.6 μT)；另一项研究发现暴露组(平均磁感应强度暴露值≥0.1 μT)的自然流产发生风险显著高于对照组(<0.1 μT)，并且高暴露组(平均磁感应强度为 0.4～4.26 μT)的发病风险高于低暴露组(磁感应强度为 0.1～0.4 μT)，提示不论是瞬时暴露还是时间加权暴露，当暴露剂量超过特定限值就有诱发自然流产的可能。也有研究发现孕早期长时间暴露于视频显示终端会增加孕妇流产率，且二者间存在剂量-效应关系。此外，有研究证明电热毯的使用与自然流产率增加有密切联系，但也有研究发现极低频电磁场暴露与自然流产无关。

4. 出生缺陷

极低频电磁场暴露可能与新生儿出生缺陷有关。少数流行病学研究发现，极低频电磁场暴露会增加新生儿出生缺陷的发病率。瑞典的一项回顾性研究表明，在高压变电站工作的工人，其子女发生先天性畸形的比例明显增加，并认为这种差异无法用混杂因素加以解释。挪威的一项队列研究发现孕期长时间暴露于极低频电磁场，其娩出的新生儿患脊柱裂和马蹄内翻足的风险增加；另一项病例-对照研究发现，孕期居住地靠近电磁场源，其新生儿发生食管、呼吸系统和心脏缺损的风险增加。但令人意外的是，研究者在上述两项研究基础上开展的巢式病例-对照研究，并未发现极低频电磁场暴露与新生儿出生缺陷间有统计学相关性，该研究采用更为准确的地图测距法而非最初的 GIS 法，进而推翻了先前得出的阳性结论。

5. 死胎

孕妇极低频电磁场暴露与死产相关的流行病学研究非常有限。Auger 等人发现，与对照组相比，高

压输电线路附近居住的孕妇娩出死胎的风险显著增加，但未观察到二者间存在剂量-效应关系。总体而言，孕期极低频电磁场暴露增加死胎发生风险的证据太少，尚需要进一步研究证实。

6. 其他生殖效应 除流产、早产、先天畸形、死产和子代生长受限等健康结局外，也有少数研究关注宫外孕和子代出生后生长发育状态的研究。研究发现长期从事计算机操作的女工发生宫外孕的风险高于行政管理人员，但是这也可能与作业姿势及精神因素有关，混杂因素不易排除。还有研究发现孕妇妊娠期使用电热毯或男性工人职业暴露于极低频电磁场会增加后代的脑瘤或急性淋巴细胞性白血病的发生率。然而，这类研究数量较少，时间跨度长，涉及的不可控因素也更多。

（三）对中枢神经系统的影响

现有研究表明，极低频电磁场暴露可能与神经行为改变和神经退行性病变的发生有关。然而，针对神经行为改变的研究，大多数对志愿者进行电磁场接触评价的研究结果为阴性，但也有个别报道电磁场暴露可导致失眠、紧张及轻度生理节律改变等效应。此外，有流行病学研究显示职业接触极低频电磁场与一些神经退行性病变的发生可能存在联系，但该结论目前存在较大争议。

1. 神经行为改变

多项流行病学研究报道极低频电磁场暴露能引起人群神经衰弱综合征或自主神经功能紊乱发生率的增加，如 1 mT、50 Hz 的电磁场可降低注意力、理解力和记忆力。长期暴露于高压输电线产生的电磁场环境可使作业人员产生疲惫感，导致他们的即时记忆力和注意力集中程度及手部运动速度和准确性明显下降，提示工频电磁场长期暴露对职业人群的心理状态、手部作业能力和作业效率可产生明显影响。研究也发现长期低强度高压输变电线工频电磁场暴露可能与儿童神经行为功能下降存在关联。但一些对接触高强度电磁场的职业人群的调查并没有发现行为及认知功能的改变。

职业接触极低频电磁场可能会增加工人的自杀率。一项针对 138 905 名男性电力行业工人开展的巢式病例-对照调查研究发现，接触工频电磁场的电工、线路工的自杀率明显高于其他工种，最高暴露组在接触早期阶段存在一定的剂量-效应关系，并且在 50 岁以下的工人中这种关联更强。但同类研究并未发现有显著联系。

此外，有研究表明高压牵引电力所产生的工频电磁场可使暴露者自觉症状（如情绪改变、神经衰弱、多汗、脱发及性欲减退等）的发生率增加。发现居住在工频电磁场强度较高的老校区大学生出现自觉困倦乏力和多梦等神经系统症状的阳性率均较高，但除电磁场暴露水平外，新老校区所处环境差异较大，混杂因素难于控制。有学者发现，靠近高压输变电线的居民更易出现头痛或头晕、失眠和乏力易疲劳等神经系统症状。

2. 神经退行性病变

神经退行性疾病是一类由大脑和脊髓神经元发生退行性病变而导致的疾病，包括阿尔茨海默病、肌萎缩侧索硬化、帕金森病、多发性硬化症等。

关于阿尔茨海默病与极低频电磁场关系的研究已有很多报道。系统综述和 Meta 分析结果显示，职业极低频电磁场暴露与阿尔茨海默病发病风险存在正关联，由于选择性偏倚和不同研究间异质性的存在，该研究结果还有待进一步验证。有队列研究曾对 83 997 名发电和输电工人随访 30 年，发现高电磁场暴露组（年平均暴露强度为 10.0～19.9 μT）死于阿尔茨海默病的风险是低暴露组（0～2.4 μT）的 1.93 倍。但也有研究显示职业极低频电磁场暴露与阿尔茨海默病发生风险不存在相关性。

1986 年，Deapen 和 Henderson 首次报道了电力行业从业者肌萎缩侧索硬化患病风险高于非电力工作者，此后，国内外学者对职业性极低频电磁场暴露和肌萎缩侧索硬化的发病关联进行了大量流行病学研究。2000 年以前的研究报道多显示工频磁场职业暴露会增加肌萎缩侧索硬化的发病风险，但近 10 年

的研究报道多支持两者间不存在关联性。职业环境中极低频电磁场暴露水平评估方式分为极低频电磁场作业工种和工种暴露矩阵两类。国内有学者对既往研究报道进行 Meta 分析发现，极低频电磁场作业工种与此病发病风险相关，而采用工种暴露矩阵评估的极低频电磁场暴露水平与肌萎缩侧索硬化发病风险不相关。因此，极低频电磁场暴露水平的评估方法及分组不同是研究结果不一致的重要原因。

现有的职业性极低频电磁场暴露与帕金森病发病相关性流行病学研究结果提示，两者不存在相关性。由于帕金森病通常出现于 30 岁以上的成年人，而多数队列研究随访人群的平均年龄约在 40 岁，因此研究人群的年龄可影响极低频电磁场暴露与帕金森病发病的关联性。

另外，目前仅有两项病例对照研究发现职业性极低频电磁场暴露会增加多发性硬化症的发病或死亡风险。其中一项研究表明，高暴露剂量（$\geq 0.30\ \mu T$）的工人患多发性硬化症的风险是对照人群（$< 0.10\ \mu T$）的 1.5 倍。然而，绝大多数流行病学研究均支持两者无相关性。

（四）对心血管系统的影响

心血管系统因其电生理活动和心肌节律性收缩等特性，容易受到外界刺激的影响。许多研究结果表明，电磁场的作用可能对机体的心血管系统造成影响。

1. 心率改变

总体上，有关极低频电磁场对心率影响的研究结论尚有争议。有研究发现，观察对象在接触 60 Hz、9 kV/m、16 A/m 的电磁场 2 h 和 14 kV/m、15.43 μT 的电磁场 1 h 后均出现了明显的心率下降。但另一项相似研究中，只有中剂量暴露组（9 kV/m、20 μT）的志愿者出现有统计学意义的心率下降，而低剂量组（6 kV/m、10 μT）和高剂量组（12 kV/m、30 μT）均未发现类似结果，因此认为心率改变与磁场暴露的强度呈非线性相关。另有研究发现，靠近高压输电线学校的小学生心率明显高于附近无强电磁场源的学校的小学生。但也有流行病学研究并未发现这种相关性。研究差异的原因可能与机体的补偿机制减低了极低频电磁场对心率的作用有关，如自主神经系统的兴奋性可以抑制电磁场对心脏产生的不利影响，有研究通过观察电磁场暴露期间的心率变异性证实了这种假设。

2. 心电图异常

有研究发现，高压电工作场所作业人员长期接触工频电场，其心电图检查异常率显著增加，主要表现为传导阻滞、心电轴偏及节律异常等。与无职业性接触电磁场的研究对象相比，电气化铁路工人心电图异常率显著增高，类型涵盖窦性心动过速或过缓、窦性心律不齐、束支传导阻滞、房室及心室内传导阻滞等，但亦有研究并未发现极低频电磁场暴露与心电图异常间存在关联。

3. 心血管疾病

一项纳入 138 903 名电力工人的调查研究发现，长期暴露于工频电磁场可引起心律失常和急性心肌梗死死亡率上升，但对动脉粥样硬化和急性、慢性冠心病没有影响。有研究则发现，高压输电线电磁场暴露的小学生与对照组相比，舒张压更低，心率更高。然而，亦有研究通过尸检发现电磁场源附近作业工人脑血管病的死亡率与磁场暴露间并无明确相关性。一项队列研究发现，长期暴露于 16.7 Hz 的低频电磁场与心血管死亡率间并无关联，接触电磁场不会增加急性心肌梗死或心律失常的发生。有学者认为，极低频电磁场暴露的心血管效应可能是长期慢性作用的结果，并且其作用可能存在窗口效应，电磁场暴露对心血管系统的作用可能是双向的。因此，在研究二者关系时，需要对电磁场的种类、强度和接触时间进行分层分析。

（五）其他健康效应

1. 对免疫系统和血液的影响

有研究发现铁路电力牵引工频电磁场暴露可使接触工人的白细胞、淋巴细胞数目及 IgA 和 IgG 水平

降低，外周血淋巴细胞 DNA 损伤率明显增高，且呈一定剂量-效应关系，表明工频电磁场可影响人体的免疫系统功能。也有研究发现极低频电磁场暴露可能影响血液成分，主要表现在红细胞、血小板数增高，白细胞、淋巴细胞及 IgA，IgG 水平明显降低。

2. 对内分泌系统的影响

褪黑素是一种抗肿瘤因子，可以防止癌症的发生和发展。研究发现静态脉冲磁场和人工正弦低频磁场均降低人和动物夜间褪黑素水平。如果电磁场暴露可导致肿瘤的发生，那么褪黑素降低也是一种可能的机制。但也有研究发现，50 Hz、10 mT 强度的磁场无论是持续急性暴露还是间歇暴露均不影响正常人褪黑素的分泌水平。因此，极低频电磁场暴露是否会降低正常人褪黑素的分泌尚需进一步研究证实。此外，有学者对极低频电磁场暴露与内分泌功能相关指标的关系进行调查研究，结果未发现暴露组志愿者与对照组间的甲状腺刺激激素、FSH、LH、三碘甲状腺素、甲状腺连接球蛋白、皮质醇有显著差异。

三、射频电磁场的健康影响

（一）对肿瘤发生的影响

手机辐射是日常生活中最主要的射频辐射来源。自 1993 年在美国首次出现手机致癌的诉讼争议之后，手机微波辐射对健康及环境的影响日益引起人们的关注，各国研究机构、世界卫生组织及 IARC 等均为此组织了大量的研究。由于低强度射频电磁场不能够直接导致 DNA 损伤，多数大型研究均未发现微波辐射与脑肿瘤或中枢神经系统肿瘤存在关联，但也有少量研究提示手机的微波辐射能显著增加脑胶质瘤及听神经瘤的风险。

关于手机致癌性的流行病学研究，由国际癌症研究机构(IARC)组织开展的 INTERPHONE 项目是迄今为止最大规模回顾性成年人病例对照研究项目，其目的是探明移动电话的使用与成年人脑癌和头颈癌之间有无关联。共有 13 个国家参与了该项目，研究结果未发现长期使用移动电话(10 年以上)可导致罹患胶质瘤和脑膜瘤的风险显著增加，但在移动电话累计时间最长的 10%使用者中罹患胶质瘤的风险有所增加。此外，法国的 CERENAT 研究虽然未发现一般手机用户有胶质瘤和听神经瘤风险，但也发现通话时间超长的手机用户脑胶质瘤和脑膜瘤的风险显著增加。然而，由美国 NCI 发起的多中心病例对照研究并未发现手机使用可显著增加脑胶质瘤、听神经瘤或脑膜瘤的风险。CEFALO 病例对照研究也未发现 7～19 岁儿童使用手机会显著增加脑癌的风险。

丹麦队列研究是手机射频电磁场研究的一个大规模的队列研究，随访了约 36 万手机用户，但未发现手机使用可显著增高胶质瘤、脑膜瘤、听神经瘤的风险。英国的前瞻性女性队列随访 100 万女性，研究结果显示自诉的手机使用量与听神经瘤的风险有显著的相关性，但在补充后续的随访结果后，其相关的显著性消失。除了上述研究外，美国 NCI 的 SEER 项目对美国癌症的发病趋势进行了分析，结果显示在 1992－2006 年美国手机的使用有了特别显著的增长，但脑癌及中枢神经系统癌症的发病率并未显著增加。丹麦、挪威、瑞典和芬兰等国也对癌症的发病率进行了趋势分析，结果也未发现 1974－2008 年年龄调整的脑肿瘤发病率有显著增高。

如上所述，手机等射频电磁场对脑肿瘤的影响还存在一定的争议。IARC 于 2011 年对因手机使用而致的脑肿瘤和中枢神经肿瘤进行了重新评估，并结合 INTERPHONE 和瑞士 Hardell 等的两个流行病学研究结果将手机射频电磁场定义为人类 2B 类致癌物。为了进一步证实手机射频电磁场与脑肿瘤的相关性，欧盟于 2010 年启动了 COSMOS 前瞻性队列研究，预期随访 29 万手机用户，随访 20～30 年，然而，2015 年欧盟的新兴污染物健康风险科学委员会指出手机的射频电磁场可能不会显著增加脑肿瘤及头颈部肿瘤的风险。

(二)神经与认知影响

1. 电磁超敏综合征

1970年,苏联操作射频或雷达设备的军人中出现一种“微波综合征(microwave syndrome)”,主要表现为疲劳、嗜睡、头痛、注意力和记忆力减退及睡眠障碍等症状。同样,1980年瑞典的CRT屏工作人员也出现了类似的症状,工人主要表现为皮肤尤其是面部皮肤的痛、痒、肿等症状,而且这些工人无论是工作场所还是在家都对荧光灯、电炉和其他电器过敏。上述问题引起欧盟和WHO的关注,WHO将其定义为电磁超敏综合征(EHS),泛指与EMF暴露相关的非特异性症状,主要包括皮肤红、痒、灼痛,神经衰弱和紊乱症状,如心律失常、睡眠障碍、肌肉和关节疼痛及注意力和记忆力问题等。人群调查显示EHS的发病率不同地区差异较大,瑞典为1.5%,台湾为13.3%,而WHO统计的人群发病率低于百万分之十。EHS缺乏特异的症状,有人认为EHS与多重化学物过敏(MCS)类似,都是因低剂量暴露而引发的。

2. 神经行为影响

随着手机、基站和Wi-Fi的普及,射频电磁场对认知能力的影响受到广泛关注。射频电磁场对认知能力及脑电图等的影响目前还存在一定的争议。丹麦国家出生队列研究分析了母亲手机使用对儿童发育的影响,结果显示妊娠期间每天通话0~1次、但每天都携带手机的孕妇,其子女未见显著的语言能力和运动能力等改变;荷兰关于母亲孕期使用手机的队列研究也未见子女神经行为变化显著增加,但上述均为回顾性调查研究,因此可能有一定的回忆偏倚。与此不同,丹麦孕妇手机暴露的调查则是在孕妇怀孕期间进行的,并且孕妇子女在14个月时的神经发育由心理学家用相关仪器进行测试,但结果也未见母亲的日均电话量与其子女脑力或心理运动得分有显著关联。西班牙的环境与儿童队列研究显示,生活在相对较高射频电磁场暴露环境的儿童,其语言表达能力、阅读理解能力得分低于暴露水平低的儿童;而其内向性、过度强迫和创伤后压抑等得分则显著高于暴露水平低的儿童。

3. 神经生理影响

射频电磁场对中枢神经的影响主要分为两类,一是对静息大脑的影响,一是对“思考中”大脑的影响。对“思考中”大脑的影响一般常用事件相关电位(ERP)或认知功能进行评价,而对于静息大脑的影响则主要用睡眠脑电图及与脑电相关的睡眠质量进行评价。Danker Hopfe等进行的双盲随机的、以假暴露为对照的病例交叉研究显示睡眠时8 h手机脉冲电磁场暴露可导致睡眠宏观结构变化(macrostructure)。研究表明,无论是在睡眠时还是在清醒时脑部手机射频电磁场暴露均可导致短暂的脑电图的功率谱变化,并提示在射频电磁场暴露的同时及随后的一段时间脑电图功率的增加主要是非快速眼动睡眠(non-rapid eye movement,NREM)纺锤频率(11~15 Hz)功率增加,并与射频电磁场暴露存在剂量—效应关系。Huber等发现强度不变的连续波并不影响脑电,GSM手机射频电磁场的脉冲调制可能是导致脑电活动变化的关键,但不同研究结果仍有一定的差异。

4. 其他神经系统影响

除了对认知能力和行为影响外,还有一些研究探索了手机射频电磁场暴露与早老性痴呆、癫痫和脊柱侧索硬化病等疾病的相关性,但现有研究均未见显著关联。

(三)生殖影响

射频电磁场对生殖影响仍存在一定的争议。由于人们通常习惯将手机放在腰部(距离睾丸较近),这使得生殖器官暴露于相对高强度的射频电磁场中,因而射频电磁场对精子有影响。近年研究结果显示,射频电磁场可能主要通过影响精子的运动能力、活动和DNA的完整性等,从而影响精子的质量与功能。

孕期射频电磁场暴露对胎儿发育和妊娠结局的影响也是近年关注的研究热点。但无论是动物试验还是人群研究结果都不尽一致。早期流行病学研究主要关注了孕妇在妊娠期间手机射频电磁场暴露对

胎儿发育的影响，其中土耳其队列研究提示手机使用可能增加早产风险，伊朗队列和挪威队列研究都关注了手机使用与出生体重的关系，这两个队列研究均未发现手机射频电磁场暴露与低出生体重相关。近年以人群为基础的大规模出生队列研究(GERoNIMO)进一步探索了孕妇手机使用对出生体重和胎龄的影响，包括丹麦的国家出生队列(DNBC)、荷兰的阿姆斯特丹出生儿童与发育队列(ABCD)、西班牙的环境与儿童项目(INMA)和韩国的母亲与儿童环境健康研究队列(MOCEH)。上述4个队列汇总分析结果显示，手机使用较为频繁的孕妇其生产小于胎龄儿的风险较高，另外西班牙INMA的队列显示手机使用频繁的孕妇早产的风险较高，丹麦和韩国的队列研究也发现了同样的风险，但荷兰的队列研究未发现手机使用与早产相关。

射频电磁场对生殖和生育力的影响可能主要与其诱导产生的活性氧(ROS)相关，900 MHz诱导的ROS可进一步导致子宫内膜的损伤。1 800 MHz和2 450 MHz的射频电磁场可能导致睾丸生精细胞DNA断裂，2 450 MHz的射频电磁场还可导致大鼠睾丸DNA的重排。由于生殖机能受神经和内分泌系统调控，因而很多关于射频电磁场生殖影响的研究均涉及了神经内分泌效应，如对发情周期、LH和FSH的影响等，另外射频电磁场对睾丸和附睾重量、精子数量、精细胞凋亡和动物出生体重的影响研究也较多，虽然很多研究都发现射频电磁场可能主要通过精子而影响生育力，但研究结果仍存在一些差异和不确定性。

(四)其他影响

由于有人习惯将手机放在胸前口袋，因此射频电磁场可能对心血管功能存在影响。关于射频电磁场对心血管影响(心电图等)研究仍存在争议。雷达和微波炉发射的低功率微波可能导致白内障，关于低强度射频电磁场对晶状体混浊的影响还待进一步研究。

第三节 电磁场生物学效应及机制

一、静场生物学效应及机制

(一)电磁机械作用机制

电场通常以力的方式被带电物体感知。由于身体组织相对于空气的高导电性，暴露于静电场不会产生显著的内部场，但会导致机体表面电荷的累积。如果积累的电荷释放到接地物体，感应的表面电荷就可能被感知。体内的磁场强度则与外部相同。这些场将直接与磁各向异性材料和移动电荷相互作用。

活组织暴露于静态磁场可能会产生许多物理和化学效应。在大分子和较大结构的层面上，固定磁场与生物系统的相互作用可表征为电动力学或磁力学性质。电力效应来源于磁场与电解质流的相互作用，导致电势和电流的感应。磁力学现象包括对场中大分子集合体的定向效应，以及强磁场梯度中顺磁性和铁磁性分子的移动。磁场相互作用可以发生在生物系统的原子和亚原子水平，包括核磁共振和对电子自旋状态的影响，以及它们与活组织中某些类型的电子转移反应的相关性。由于静电场几乎不能穿透人体，基本不考虑类似磁场的交互作用机制。

1. 电力相互作用

除了一些小例外，所有的化学和生物学过程都只能通过电磁场作用于电荷产生的力来起作用。

(1)洛伦兹力。带电粒子在电磁场中会产生洛仑兹力。施加的洛仑兹力(F)可由洛伦兹力方程得出公式(6-6)：

$$F=q(E+v*B) \tag{6-6}$$

式中，E 是电场（矢量）；B 是磁场（矢量）；q 是粒子的电荷；v 是质点速度（表示为矢量）。

由于洛伦兹力施加在移动的电荷载流子上，离子电流可与静态磁场相互作用。此作用可发生在涉及电解质在含水介质中流动的若干生物过程中，如循环系统中的血液流动、神经冲动传播和视觉光传导过程相关的离子电流。

一个导致可测量生物效应的电动力学相互作用的例子是在静态磁场存在的情况下由血流引起的电流感应。这些是洛伦兹力施加于移动的电子流的直接后果，因此流过直径为 d 的圆柱形血管的血液将产生电势，由公式(6-7)给出：

$$\psi=|E_i|\mathrm{d}=|v||B|d\sin\theta \tag{6-7}$$

θ 是 B 和速度矢量之间的角度。也就是说，感应电势与血流速度和磁场强度成正比。这个方程最初由 Kolin 用来描述血流与外加磁场的相互作用，它形成了使用电磁流量计分析血流速度的理论基础。强静磁场中的动物和志愿者的心电图中有很多流动电位的记录。有研究表明，这些影响对心脏及其周围的血管最明显。

(2)磁流体动力学作用模型。流动感应电流也通过磁流体动力学作用产生对血流的阻滞力。志愿者研究表明，收缩压在 8 T 静态场中增加了约 4 mmHg，这与血流磁流体动力减少的血液动力补偿一致。

Schenck 认为，MRI 患者经常出现轻微的眩晕和恶心感，可能与内耳前庭半规管内淋巴的导电流体在磁场作用下产生的磁流体动力有关。也可能是当头部转动时，通过半圆形通道的磁通量的变化在淋巴液内产生附加力，这就是磁流体动力来源。

2. 磁机械相互作用

有两种基本机制可以通过静态磁场在物体上施加机械力和扭矩。在第一种类型的磁机械相互作用中，物质的旋转运动在均匀场中发生，直至最小能量状态。第二种机制涉及施加在放置于磁场梯度中的顺磁性或铁磁性物质的平移力。磁场会对含有生物磁铁矿沉积的各种生物体中的趋磁细菌和组织结构施加力。

(1)磁力学(磁偶极矩扭矩)。具有高度磁各向异性的大分子和结构有序的分子组合体将在均匀磁场中经历扭矩并旋转，直到它们达到代表最小能量状态的平衡定向。

外部磁场 B 中的有力矩 m 的磁偶极子扭矩为公式(6-8)：

$$\overline{N}=\overline{m}\times\overline{B} \tag{6-8}$$

与系统相关的潜在能量为公式(6-9)：

$$U=-\overline{m}\cdot\overline{B} \tag{6-9}$$

因此，场的效应是旋转偶极子以使其倾向于与场对齐。这是各种交互机制的基础。但对于响应于施加的磁场在各向同性反磁性或顺磁性材料中形成的磁偶极子，不会发生这种情况，因为它们的磁矩将与局部场平行(或反平行)排列。如果一种具有固有磁化或具有各向异性磁化率的材料，那么就有可能存在该作用机制。

(2)磁电泳(磁偶极矩力)。静磁场在物体上施加机械力和扭矩的第二种机制涉及平移力。静态梯度磁场中的磁偶极子(m)产生(最低阶)的力可表示为公式(6-10)：

$$F=(m\cdot\nabla)B \tag{6-10}$$

磁偶极子可以是永久偶极子或者由场本身引起。在磁化率为 χ 的磁场 B 中体积为 V 的物体的磁矩为公式(6-11)：

$$m=\chi VB/\mu_0 \tag{6-11}$$

其中 μ_0 是真空的渗透率。

这种效应可表现在高梯度的铁磁材料，如磁共振成像。另外，对一些植入医疗器械，如动脉瘤夹、牙

科汞合金、假体和起搏器等也可产生显著的磁力。强静磁场梯度对顺磁性和铁磁性物质施加的力为许多生物和生化过程提供了物理基础。磁力的应用实例包括磁性微载体药物，从全血中分离脱氧红细胞，从骨髓细胞悬液中分离抗体分泌细胞，以及从水中去除微生物等。强磁场梯度甚至会影响血细胞流动悬浮液中脱氧顺磁性红细胞的分布。当磁通密度和磁场梯度的乘积超过 100 T^2/m 时，这种影响可能会延缓血流速度。

(3)各向异性的反磁性。如果材料具有各向异性的反磁化系数，由于平行和垂直的方向会引起磁化的差异，静态磁场将会在系统上施加扭矩。磁场可产生这种机制，如研究发现，5 μm 长的微管能被 10 T 的磁场完全排列。当材料相互结合时可以产生更大的抗磁性，被称为超抗磁性。这种机制可对钙离子释放及磁场影响有丝分裂结构，最终导致胚胎发育异常等效应进行解释。

3. 自由基重组率

自旋相关的自由基化学过程一直是化学和生物学中磁场效应的考虑因素。由于磁场会对反应中间体的电子自旋态产生作用，因此一些有机化学反应会受到 10～100 mT 静态磁场的影响。自由基对的磁场效应已被用作研究酶反应的工具，有超过 60 种酶使用自由基或其他顺磁性分子作为反应中间体。有研究表明，在高达 0.3 T 的磁场中，一些酶催化速率的变化高达 30%。但生物体内磁场对自由基浓度的影响或通量变化引起的长期效应还有待深入研究。

4. 生物形成磁铁矿

生物磁铁矿(biogenic magnetite)是一个证据充分的磁场影响生物体的机制。Blakemore 等解释了一些细菌如何利用磁场来获得进化优势。一串磁小体可提供足够大的磁矩，以致整个有机体可沿着地磁通量线定向和游动，为该细菌向上或向下游动提供可靠的方向来源。

有学者对基于磁铁矿的磁感受器进行了研究，并认为它是能够感知地磁场微小变化的高度发展的感官系统。而且，基于磁铁矿的机制在生物电磁研究中被模拟，并且已用于几种不同的动物模型。

(1)单域晶体。单域磁铁矿晶体(single domain magnetite crystals)只能沿着一个轴被磁化，并且该晶体可保持磁化。单域磁铁矿或硫复铁矿是趋磁细菌的要素，被认为是高磁敏动物的功能组分。重复磁化实验为永久性铁磁体参与物理转导提供了良好的依据，而且提出了利用单域晶体的相关物理模型。

(2)超顺磁性磁铁矿。超顺磁性(superparamagnetism)是指在温度低于居里温度且高于转变温度时表现为顺磁性特点，在外磁场作用下其顺磁性磁化率远高于一般顺磁性材料磁化率的现象。由于超顺磁磁铁矿晶粒太小而不能产生稳定的磁矩，但它们确实对外部施加的磁场有响应。有报道归巢鸽上喙中存在超顺磁性纳米晶簇(直径为 2～5 nm)的团簇(直径 1～3 μm)。这也是构成磁场与机体作用的机制之一。

(3)其他铁磁内含物。除了磁铁矿外，在细菌和古细胞中可能存在铁磁包含体。有报道这些结构可以通过特斯拉水平的磁电泳来进行检测，但不显示磁铁矿的结晶特征。

(4)铁磁材料引起的局部放大。当施加磁场进行局部放大时，可以在磁铁矿颗粒附近发生磁转导。如果一个粒子的磁导率大于 1，它将产生一个局部增强的场，同时这个次生场可以被检测到。此外，永久磁化的单域颗粒可以通过磁场旋转，并将其本身相对较大的局部场“照射”到附近的磁场敏感结构上。

5. 机械协同因素和其他机制

(1)光协同因素。现已明确波长特异性效应可发生在鸟类和爬行动物的磁导航和磁场探测中。蝾螈就是一种很好的模型，两个分离和拮抗的磁场敏感系统可分别被短波长和长波长的光激活，可以通过在不同波长和偏振光条件下动物训练、测试和行为反应的差异来研究磁场探测和光照之间的关系。蜗牛的疼痛反应通过磁场来调节的行为模型也需要光的存在。然而，目前还不知道生物机制中的光依赖部分是否能与磁场转导整合。

(2)状态依赖。除了光可以作为生物体与磁场作用的影响因素外,有学者在酶系统的自由基反应模型中对酶状态或活化依赖性因子进行了理论检验。有实验观察到,Na^+-K^+-ATP 酶对磁场的反应依赖于其活化状态。

6. 物理检测的限制

无论是磁场直接作用或通过磁感应电场来影响生物系统,与这些系统的相互作用通常必须大于与内源性生理和热噪声的相互作用。热噪声的干扰作用限制了在单一生物系统中对信号的检测。目前,对磁场作用可能下限的检测工作大多都集中在作用能量与一个开放生物体在克服环境平均热能的比较。然而,与热能相比,磁场与自由基的相互作用通常更弱。

7. 静磁场与生物系统的物理相互作用

在实验数据的基础上,目前至少已经很好地显示了静态磁场与生物系统间存在以下三类物理相互作用:

(1)与离子传导电流的电力学相互作用。

(2)磁力学效应,包括均匀场中磁各向异性结构的定向及顺磁和铁磁材料在磁场梯度中的平移。

(3)对反应中间体的电子自旋态的影响。

此外,组织中的电场和电流的感应也值得关注。其他交互机制在这个阶段似乎不受关注。研究表明磁场急性或慢性暴露的影响似乎存在差异,然而在这方面没有合适的流行病学研究,迄今没有讨论过这方面的机制。

(二)离体生物效应机制研究

细胞实验是相对廉价且快速的研究手段,常用于探索电磁场与生物体相互作用的机制。由于静电场会产生表面电荷,不适宜进行体外研究,因此,体外研究主要针对静态磁场效应机制进行探索。

1. 无细胞系统

(1)膜结构。Liburdy 等早期研究了温度和磁场暴露对脂膜分解的影响,发现 15 mT 的磁场能够适当降低相变点温度。抗磁各向异性模型的直接应用表明,该阈值强度大约低至克服热噪声的两个量级。有报道从理论角度提出了一个接近脂质相转变温度的膜破裂崩溃模型,该模型解释了对磁场暴露的敏感性。

(2)酶活性。磁场暴露直接影响酶动力学的可能性长期以来一直备受关注。有学者广泛研究了 Ca^{2+}-钙调蛋白依赖性肌球蛋白磷酸化对钙浓度和各种磁场特性的依赖性。Bull 等的研究支持静磁场可影响 Ca^{2+}-钙调蛋白依赖性反应的结论。Engströmet 等使用相同测定方法发现静态磁场强度和梯度的组合能够影响磷酸化的速率,进一步表明磁场对酶活性的影响。Liboff 等对环核苷酸磷酸二酯酶的实验发现,该酶对极低强度的磁场敏感。Nossol 等研究了 50 μT～100 mT 范围内静磁场对细胞色素 C 氧化酶氧化还原活性的影响,结果发现,在 300 μT 和 10 mT 强度时,静态磁场能引起酶活性高达 90%的可逆性变化。然而其他强度下没有类似结果。这些数据表明,只有在特定的“通量密度窗口”才能观察到静态磁场的效应,提示磁场对酶活性的影响存在强度“窗效应”。有学者发现,0.3 T 的磁场能使辣根过氧化物酶对过氧化氢的还原作用的催化速率提高 30%。纤溶酶活性在 8 T 的磁场中也观察到一定的变化,磁场效应的阈值约为 4 T。

(3)自由基化学。目前已有证据清楚揭示了在酶催化的代谢反应中,磁场是如何通过反应中间体的短暂的自由基对来进行调节的。Eveson 等展示了磁场对自由基重组率效应的研究,分别显示 2 mT 磁场效应与自由基理论的一致性和 100 mT 范围的超精细相互作用。Harkins 等发现,磁场可影响维生素 B_{12} 乙醇胺氨裂解酶活性。尽管在化学结构上存在着广泛的相似性,但另外两种维生素 B_{12} 依赖的辅酶对磁

场不敏感，表明磁场对自由基化学存在选择性。

(4)生物学相关分子的结晶。有研究表明，0.1～10 T 范围内的静态磁场会影响蛋白质和胆固醇的结晶过程。生物大分子的结晶与生物效应存在密切的相关性，一些细胞结构如核内 DNA-蛋白质-NA 的复合物就具有液晶的性质。

2. 磁力学对大分子和细胞的效应

具有高度磁各向异性的大分子和结构有序排列的分子聚集体在均匀磁场中会产生扭矩，它们将会发生旋转直到最小能量的平衡定向状态。具有这种性质的大分子，如 DNA，通常具有圆柱对称性。磁化方向取决于沿着轴向和径向坐标的抗磁性张量的各向异性。单个分子在强磁场中的取向程度对于大分子来说非常小。例如，13 T 的磁场才能使溶液中小牛胸腺 DNA 产生 1%的分子取向。然而，也有一些分子在 1 T 的磁场内可被完全定向。另外，当这些分子聚合形成结构耦合单元时，可表现为较大的总和磁各向异性，并由此会产生大的磁相互作用力。

除了生物大分子，完整的细胞也可被磁性定向，如脱氧镰刀红细胞。目前已知这些脱氧血红蛋白的细胞是顺磁性的。有学者利用磁共振成像研究了 0.38 T 磁场暴露情况下镰状红细胞流动的情况，结果发现完全脱氧情况下的镰状红细胞显示出与磁场垂直的方向明显对齐，即使在流动时也是如此。而且，定向的镰状红细胞难以通过毛细血管分支点。Higashi 等通过系列实验研究发现，1 T 磁场即可影响红细胞的定向；4 T 强度时几乎所有的红细胞都被定向；8 T 的磁场可使红细胞的水平面与磁场方向平行，取向度不受血红蛋白状态的影响。研究数据与抗磁性物质的磁性取向的理论方程相一致。相反，戊二醛固定的红细胞的定向却垂直于磁场，这主要归因于膜结合的高铁血红蛋白的顺磁性。固定的公牛精子由于细胞膜、头部中的 DNA 及微管具有反磁性特性，研究发现精子随磁场强度的增强而变得越来越垂直于磁场，并在约 1 T 强度时达到了 100%。

Hirose 等将人胶质母细胞瘤细胞暴露于 10 T 磁场，结果发现只有嵌入胶原蛋白凝胶和胶原纤维中的细胞受到影响，并且这些细胞垂直于磁场。显然这种效应归因于磁性定向胶原纤维影响微管的排列。同样有研究在探索胶原纤维对大鼠施万细胞和小鼠成骨细胞在磁场中的取向影响时发现，没有胶原纤维时，8 T 磁场暴露需要 60 h 才能使细胞平行于磁力线；而存在纤维时仅暴露 2 h 即可导致细胞垂直排列。这是由于胶原纤维的垂直取向诱导细胞沿着纤维的生长而产生的。这种机制可能有助于组织再生的应用。

3. 细胞代谢活性

有研究探索了 0.1 T 静态磁场暴露 30 min 时对人类多形核白细胞(PMN)溶菌酶脱粒和细胞迁移的影响，结果发现磁场暴露增加溶菌酶和乳酸脱氢酶的释放，并抑制细胞迁移。而钙通道拮抗剂则能抑制暴露于静磁场的 PMNs 上述效应，提示钙通道可能参与静磁场对酶活性的影响。Aldinucci 等发现，暴露于 4.75 T 静磁场 1 h，人外周血单核细胞(PBMC)中白细胞介素(IL-1，IL-2，IL-6)、干扰素(IFN-γ)和肿瘤坏死因子(TNF)的浓度不受影响；然而，Jurkat 细胞中 IL-2 和 Ca^{2+} 受到抑制。暴露于 0.5 T 磁场的正常 PBMC 可观察到 CD69 表达降低及 IFN-γ 和 IL-4 释放增加。1 T 磁场暴露 72 h 能使人类早幼粒细胞 HL-60 的代谢活性降低。这些研究结果提示正常细胞和转化细胞可能对静态磁场具有不同的敏感性。

4. 细胞膜生理

细胞膜是细胞内成分与细胞外环境之间的界面，它在维持细胞内外电位、调节分子的流动和感知外环境刺激及传递信号等方面都起到关键作用。Rosen 等发现，120 mT 的磁场暴露 50 s，不会影响小鼠膈神经细胞突触后膜静息电位，但在环境温度低于 35℃时动作电位的发射频率略有增加，而在温度高于 35℃时出现显著下降。由于这种效应在钙离子缺乏时不出现，因此认为静磁场可能通过刺激钙内流影响神经递质的释放。深入研究发现，123 mT 强度的磁场暴露 50～150 s，可增强对神经肌肉接头微型终板电位的抑制；当中止磁场暴露时可全面恢复。进一步证实了磁场对外周神经纤维的作用。然而，有研究将培养的神经母细胞瘤细胞暴露于强度为 0.1～7.5 mT 的磁场中 5 s，却未能观察到对静息电位的影响。1～5 mT 磁场暴露 1 h 不影响原代鸡胚胎成肌细胞的膜电导率。HL-60 细胞暴露于 150 mT 磁场23 min，对胞质游离 Ca^{2+} 没有影响。有趣的是，Rosen 在随后的研究中发现，120 mT 磁场暴露 150 s 后，GH3 细胞的钙离子通道呈现出轻微的可逆性激活，认为这可能是由于膜变形引起质膜的构象变化所致。然而，Sonnier 等发现人神经母细胞瘤细胞暴露于 7.5 mT 的静磁场中并没有引起动作电位参数发生变化。由于 Rosen 观察到的效应仅在温度高于 35℃时出现，而 Sonnier 等的研究使用的温度仅高于 25℃，提示可能与温度有关。

Trabulsi 等将小鼠海马切片暴露于 2～3 mT 或 8～10 mT 磁场 20 min 并测量兴奋性突触后电位(EPSP)，结果发现 2～3 mT 范围内的磁场暴露呈双相效应(一个小的抑制，然后是一个更长的放大)，而 8～10 mT范围内的磁场暴露可使 EPSP 下降。将蜗牛神经元细胞暴露于 116 mT 或 260 mT 的静磁场 1 min，可观察到 Ca^{2+} 依赖性的细胞动作电位激发。Ayrapetyan 等发现，2.3～350 mT 磁场暴露 3～5 min也能增加 Ca^{2+}-依赖性动作电位的激发，认为细胞内 Ca^{2+} 浓度参与静磁场的效应。有研究将生理溶液直接暴露于静磁场，发现可以改变含 Ca^{2+} 溶液的电导。当神经元在事先经磁场暴露过的含 Ca^{2+} 的生理溶液中孵育时，暴露神经元的活性进一步降低，推测静磁场暴露可能会改变 Ca^{2+} 离子的水合状态，从而影响它们的功能。

5. 基因表达

基因表达改变是细胞响应外界刺激因子的重要机制。有研究发现 100 mT 磁场暴露 15 min 可促进海马神经元 Fra-2、c-Jun 和 Jun-D 蛋白的表达，并增加 AP1 与 DNA 的结合，诱导特定靶蛋白的从头合成，进而导致 N-甲基-D-天冬氨酸(NMDA)受体通道的脱敏作用。HL-60 细胞暴露于 10 T 均一静磁场或 6 T(41.7 T/m)梯度静磁场 72 h，结果显示，梯度磁场分别暴露 24 h、36 h、48 h 和 72 h 后均可增加 c-Jun 蛋白质表达和磷酸化水平，但均一磁场暴露后没有响应。表明梯度静磁场比均一场具有更显著的生物学效应，应引起关注。然而，有学者将人 L-132 细胞暴露于 1.5 T 磁场 240 min，对热休克蛋白 hsp70、hsp27 和相应的 mRNA 的表达，以及 cAMP 和 Ca^{2+} 离子水平都没有显著的影响。

6. 细胞生长、增殖和凋亡

调控细胞的增殖和凋亡过程是众多刺激因子诱导生物效应的主要机制之一。目前，有不少实验针对静磁场暴露对体外细胞生长和增殖影响进行研究。研究发现，将 EMT6 小鼠乳腺肿瘤细胞暴露于 0.148 T磁场 48 h 不会影响细胞的增殖；0.75 T 磁场暴露数小时不影响中国仓鼠 V79 细胞的生长；1.5 T 的磁场暴露 1 h、7.05 T 磁场暴露 4 h 或者 24 h 不会影响 HL-60 和 EA2 肿瘤细胞的细胞周期；1.5 T 磁场暴露 48 h 和 96 h 不影响人类 HeLa 和 Gin-1(牙龈成纤维细胞)细胞的生长速度；低强度的磁场(0.2 T)持续暴露 6～8 个月也不影响 Gin-1 细胞的生长；将 P388 小鼠白血病细胞和 V79 中国仓鼠成纤维细胞暴露于高达 7 T 的磁场达 8 d 没有观察到增殖效应；中国仓鼠 CHO-K1 细胞暴露于 10 T 磁场 4 d 也没有影响。在酵母细胞中，1.5 T 磁场暴露 15 h 也不会导致其生长变化。

也有不少研究表明，静磁场暴露可以影响细胞的增殖。Buemi 等发现，0.2 T 的磁场暴露 6 d 可影响 VERO 细胞和大鼠皮质星形胶质细胞增殖与死亡的平衡；人类牙周成纤维细胞在暴露于 0.1～0.2 T 磁场 5 W 后，其附着和生长能力受损；暴露于 0.2 T 磁场 3 h 后导致人 MCF-7 乳腺癌细胞和 FNC-B4 神经元细胞系中的 ^{3}H 胸苷掺入降低。在免疫细胞研究中发现，10 T 的静磁场对分裂过程中的免疫细胞会产生急性影响，而对非分裂相的免疫细胞基本没有影响；人淋巴瘤(Raji)细胞暴露于 7 T 的磁场 18 h，观察到活细胞数量减少，而且生长速度降低；暴露于 7 T 磁场 64 h 可降低人黑素瘤(HTB 63)细胞、人卵巢癌细胞和人淋巴瘤细胞中的活细胞数；将人类 T 淋巴细胞暴露于 2～6.3 T 的磁场 3 d，可观察受植物凝集

素刺激的细胞在4～6.3 T的强度下呈生长抑制，但未受刺激的细胞不受影响；同时，暴露于6.3 T磁场后，细胞的放射敏感性增加并且修复能力降低。

静磁场暴露对细胞功能活性的影响也有不少的研究。有实验显示，暴露于静磁场可降低小鼠巨噬细胞的吞噬功能，增强胸腺细胞的凋亡，并且抑制淋巴细胞对有丝分裂原concavalin A的响应及增强Ca^{2+}的内流。Fanelli等发现0.6～6 mT磁场暴露4 h能以强度依赖性方式抑制药物诱导的人U937和CEM细胞凋亡，提高细胞存活，对细胞凋亡的保护作用归因于增加的Ca^{2+}内流，然而，在Ca^{2+}内流诱导细胞凋亡的大鼠细胞中未见这种效应。6 mT静磁场(18 h)单独暴露或与细胞凋亡诱导剂喜树碱(5 h)联合暴露可影响HL-60细胞早期与晚期凋亡细胞群的分布，细胞由早期凋亡转移至晚期凋亡。目前还不清楚这是否会导致炎症事件。

此外，也有研究探索了MRI暴露对体外细胞生长的影响。结果显示细胞暴露于静磁场(1.5 T或7.05 T)与时变梯度场或脉冲式射频电磁场联合场中1 h、2h或24 h，不影响细胞周期分布。两细胞胚胎暴露于MRI也未发现对囊胚形成率的影响。

7. 遗传毒性效应

遗传毒性是指环境中的理化因素作用于机体，使其遗传物质在染色体水平、分子水平和碱基水平上受到各种损伤，从而造成的毒性作用。遗传毒性通常表现为三大影响，即致癌作用、致突变作用及致畸作用。研究发现，0.5 T和1 T静磁场暴露1 h，人类淋巴细胞的染色体畸变数量和病变细胞比例(50%～80%)都有增加的趋势。系列研究表明，特定的“强度窗口”(0～110 T强度范围内)的静磁场暴露人类细胞和细菌后，能观察到染色质的瞬时缩合或解聚。认为这些瞬时变化可能是细胞对静态磁场变化的适应性反应，这些染色质构象变化与基因毒性效应可能存在相互联系。4.7 T磁场暴露6 h，对中国仓鼠CHL/IU细胞的微核水平无影响，然而，磁场与丝裂霉素C联合暴露可致细胞的微核形成减少，提示静磁场暴露可能对丝裂霉素C产生的DNA损伤具有保护作用。彗星试验发现，当$FeCl_2$孵育的细胞同时暴露于7 mT静磁场时，可使大鼠淋巴细胞DNA损伤显著增加，然而，单独的静磁场暴露既不会增加DNA损伤细胞的数量，也不能改变H_2O_2诱导的细胞DNA损伤。由于低浓度的$FeCl_2$不会对淋巴细胞产生任何有害作用，推测静磁场可能对自由基对产生影响，导致细胞内铁离子产生的自由基数量增加，但还有待证实。Nakahara等发现，中国仓鼠卵巢CHO-K1细胞单独暴露于10 T磁场4 d不会影响微核形成，然而，磁场和4 Gy的X射线联合暴露时，能使X射线诱导的微核形成增加10%。在细菌的Ames试验研究中也发现了类似的结果，2～5 T静磁场暴露可显著增强多种化学诱变剂诱导的突变率。表明静磁场本身通常不具有遗传毒性效应，而与其他理化因素存在联合效应。但也有研究将人淋巴细胞和中国仓鼠卵巢细胞联合暴露于2.35 T静态磁场与射频电磁场12.5 h，没有发现其对姐妹染色单体交换和染色体畸变存在影响。

8. 小结

体外研究的结果虽不能作为独立的依据，但有助于阐明相互作用机制并指明可能的效应类型。

针对静磁场不同的生物学效应，学者们进行了许多的体外研究。通过各种不同强度水平的磁场暴露，多种静磁场效应被发现。尽管一些研究结果并不完全一致，总体上，在非细胞体系上的研究显示，从mT级到T级强度范围的静磁场都可能影响生物体内的某些生化反应。针对磁力效应的相关研究结果表明，静磁场可以影响细胞的方向。该效应在超过1 T的磁场强度下暴露几分钟到几小时后都可被观察到。一些研究提示代谢变化也可能被静磁场干扰，这一效应取决于细胞的类型或是细胞是否被转化。从非细胞体系研究中获得的数据表明，自由基和钙代谢可能是静磁场效应的初始靶点。值得注意的是，大部分体外研究中使用的电磁体可能会产生交变磁场，而这一磁场通常未被纳入考量。

有关膜效应的研究显示，在孤立系统和细胞实验中，mT级的静磁场可以改变膜的性能，这一过程可

能是通过改变(钙)离子通道的结构和/或活性而实现的。该效应可能影响神经元的功能，如动作电位的产生及随后的神经递质的释放。但是，这些效应大部分是可逆转的。针对基因表达而进行的研究相对较少，有限的数据显示静磁场可以影响人或哺乳动物细胞中特定基因的表达，这些效应依赖于暴露时长及磁场梯度。学者们针对细胞生长也进行了大量的研究，但差异较大。哺乳动物细胞似乎高度依赖于细胞的类型，以致 10 T 磁场暴露都不能改变某些细胞系的生长速率。大部分研究显示静磁场暴露不利于细胞生长，影响的程度一般取决于暴露时长及磁场强度。少数研究探索了对磁场强度的依赖性，并且观测到了非线性反应。静磁场暴露对哺乳动物细胞凋亡和细菌生长的影响尚不明确，各项研究结果间存在较大差异，静磁场对细菌的影响似乎更加依赖于菌株。针对基因毒性而进行的研究数量较少，其中大多数研究皆提示，即使强度高达 9 T，静磁场都不会产生基因毒性。诱变剂和静磁场联合暴露的研究发现，磁场能影响诱变剂的效应，这些效应倾向于依赖菌株/细胞类型，而不是剂量。

体外研究效应中既有阳性结果，也存在阴性结果。现有证据表明强度在 mT 范围内的静磁场仍能产生一些效应。然而，大部分研究结果，包括阳性和阴性的，都很少被重复过。生物学变量如细胞类型、细胞活性及其他生理条件对结果都有重要影响。一些研究报道了某些效应的阈值，但也有研究结果却提示该效应为非线性，并没有确切的阈值，甚至存在“强度窗效应”，机制目前还不清楚，可能与自由基和某些离子相关。迄今为止，剂量测定的问题还不明确，依然不清楚用“暴露时间”乘以“强度”的值代表“剂量”，是否适用于对暴露进行定量及健康风险评估。此外，体外研究显示延长或中断磁场暴露是否会影响生物系统，也未达成统一认知。除了一些可能的物理参数，如暴露的强度、持续时间、循环次数和梯度等，生物学变量对于静磁场的效应似乎也有重要意义。所有这些问题，都还有待于深入阐明。

二、极低频电磁场生物学效应及机制

极低频电磁场(ELF-EMF)的生物效应，实质上是生物体对外界 ELF-EMF 信号的接受、加工、传导和产生反应的过程，即信号传导过程，因此，研究该过程是阐明 ELF-EMF 生物效应作用机制的重要手段。现有的机制研究涵盖了人体、动物和细胞分子水平。

(一)极低频电磁场生物效应的特点及机制

1. 极低频电磁场生物效应的特点

ELF-EMF 的生物效应主要表现为非热效应。非热效应的主要特点：①在电磁场作用下生物体不产生明显的升温，但可以使生物体内产生各种生理、生化和功能的改变，最终出现一定的生物学效应；②生物体对电磁场的响应通常呈非线性，表现出“频率窗”“功率窗”和“时间窗”的特性。现有研究认为，ELF 可能通过生物膜上的细胞转导路径，将物理信号转换为生物信号，再通过生物转导和信号放大而引发非热效应。

2. 非热效应机制

极低频电磁场产生的非热效应可呈现非线性特性。关于非热效应机制，学者们先后提出了相干电振荡理论、回旋谐振理论及自由基假说等，这些学说都能解释一些实验现象，但是单一的理论假说往往难以阐述所有的效应，适用范围相对有限。

(1)生物系统的相干电振荡理论。Frohlich 首先提出了相干振荡理论，该理论认为接近于生物体系相干振荡频率的外来电磁场作用于生物体系时，产生破坏性相干和建设性相干两种“频率窗”效应，从而导致生物学效应。这一理论在生物大分子水平上可较好地解释极低频电磁场的“频率窗”效应。

(2)跨膜离子的回旋谐振理论。细胞膜上存在蛋白质通道，外部电磁场对穿过通道的钠、钙等离子施以电场力和洛仑兹力的作用，从而改变了离子的通透行为。此理论适用于极低频和低频电磁波的生物学

效应，但它仅局限于细胞膜的研究上。

(3)自由基假说。该理论认为电磁波对生物体的非热效应体现在对生物体内生物化学反应的作用上，只有自旋状态不同的电子才能配对，而电磁场可以改变电子的自旋状态，从而改变了生物体内的生化反应，产生各种生物效应。此理论深入到分子水平，并得到许多实验的验证，应用十分广泛。

(4)粒子对膜的穿透理论。该理论认为正常情况下，细胞内外维持约 70 mV 的静息膜电位，从而形成势垒。膜两侧的离子浓度与势垒高度有一定的关系，离子出入膜必须穿过这层势垒。当连续电磁场照射时，会在膜上产生一附加电位，使势垒发生变化，从而改变了膜的通透性。此理论很好地解释了电磁场可以改变粒子对膜的通透性。

(5)生物代谢动态过程中的电磁干扰理论。该理论认为非热电磁生物效应是外界电磁场对离子、生物大分子和化学键等作用通过新陈代谢得以放大的宏观结果。外界电磁场改变了生化反应中反应物的活化能，从而改变了反应的进程，加快或抑制了生物体的新陈代谢过程，从而产生各种生物效应。

(6)其他机制。电磁场刺激细胞时，胞内已处于电势平衡状态的带电生物分子会出现反向流动，使其构象发生变化而改变基因的转录和翻译水平。

(二)极低频电磁场的生物效应机制

1. 在体生物学效应

环境电磁场所诱导的各种急性或慢性疾病涉及细胞毒性或基因毒性(基因或染色体变异)及“后遗传”毒性(即基因信息表达在转录、翻译、翻译后水平的改变)。James 等认为由低频电磁场诱导的“后遗传”毒性机制是疾病诱变机制的潜在因素。“后遗传”毒性不像前二者那样是不可逆的，它具有阈值效应。“后遗传”毒性最终可影响细胞增殖、分化和凋亡，对人类疾病的发生具有复杂的影响。

(1)极低频电磁场与癌症的关系。动物实验结果受到极低频电磁场作用剂量、电磁场频率及强度、辐照时间和方式、动物种属及品系，以及检测指标等因素的影响，导致研究结果难以相互验证，使动物实验资料的有效性受到很大限制。在极低频电磁场与癌症发生关系的研究中，以乳腺癌研究最多。有研究者回顾了极低频磁场与啮齿动物乳腺癌发生关系的文献，发现已有数据并不支持极低频电磁场暴露与乳腺癌发生的相关性，但该文献没有考虑动物遗传背景对实验结果的可能影响。

大多数动物实验表明，单纯的极低频电磁场对动物的肿瘤发生无明显影响，而与一些致癌剂联合作用则可使肿瘤发生率增高，因此有人提出极低频电磁场很可能是一种促癌因素。目前，极低频电磁场作为“可疑人类致癌物”已得到认同，有可能需要与致癌因素长期互作。尽管多数研究提示极低频电磁场与白血病、淋巴瘤、乳腺癌及神经系统癌症之间有相关性，但在动物和细胞模型上还没有发现极低频电磁场暴露和癌症发生的直接证据。

(2)对生物节律的影响。稳态极低频电磁场可影响松果体分泌褪黑激素的昼夜节奏。50 Hz、1.7～6.8 kV/m的电磁场可使心脏起搏器受到干扰。

(3)对生殖系统的影响。在极低频电磁场对生殖影响的动物实验研究中，结果并不一致。研究发现昆明种小鼠于孕期 0～21 d 暴露于 1.2 mT 磁场，暴露组孕鼠妊娠后期平均体重增长率、分娩率、平均每窝胎数均明显低于对照组，并见暴露组有流产、早产、死胎和畸胎情况，提示 ELF-EMF 可对雌鼠妊娠产生不良影响。成年雄鼠连续 18 W 暴露于 25 μT、50 Hz 磁场后，体重和睾丸没有明显变化，但是精囊重量显著减轻，精子计数显著减少，血清中黄体激素水平升高，研究提示 50 Hz 磁场照射可影响成年雄鼠的生育能力。较多研究认为 ELF-EMF 孕期暴露与异常妊娠、胚胎发育异常、流产、死胎、早产、出生缺陷和胎儿畸形的发生有关。

(4)对骨折和骨质疏松的作用。研究发现一定强度的脉冲电磁场能够促进骨折的愈合，缩短骨折愈合时间，并可促进人体钙、磷代谢。脉冲电磁场还能增加骨密度，改善骨生物力学性能和骨结构，是颇具潜力的预防骨质疏松的方法。研究揭示极低频电磁场只影响未分化或未完全分化的成骨细胞。因此，电磁场对骨的修复作用主要在于影响骨原细胞或前成骨细胞的增殖和分化。

(5)对神经系统和神经组织的影响。神经组织具有高度的电兴奋性，因此对于极低频电磁场的作用相对灵敏。研究表明极低频电磁场能改变神经的可激发性，使激素分泌和对极低频电磁场响应行为发生改变。脉冲电磁场可促进周围神经的再生。有研究发现，50 Hz 电磁场可加剧脑组织的脂质过氧化，表明极低频磁场可破坏组织的氧化和抗氧化平衡。工频电磁场暴露还能降低脑血管弹性，使脑血管供血不足或扩张；也能强烈影响大脑内的 NO 系统，调节多种神经元的功能状态。

(6)对免疫系统的影响。ELF-MF 暴露对生物机体内部免疫有一定影响。研究发现暴露于 100 μT、50 Hz 的磁场，暴露频次 2 h/d 会使成年大鼠的白细胞介素(IL)含量显著降低，导致 T 细胞稳态失衡引发免疫反应。

2. 离体细胞水平的生物学效应

(1)极低频电磁场对细胞膜和细胞信号系统的影响。为维持细胞正常的生理功能，细胞维持大约 70 mV的静息膜电位，这对应于 100 kV/m 的场强。外部场强若为 100 kV/m 时，就会产生约 100 mV 的跨膜电位，在膜内的电场约为 1 000 kV/m，比外部场强多两个数量级，这对生物体具有强烈的破坏作用。镶嵌在细胞膜上的大分子或基团一般都带有电荷，它们会受到膜电位的影响，因此对电场十分敏感。这些分子或基团在跨膜电位的作用下，即使发生少量的构型变化，也会影响细胞功能的改变。镶嵌于细胞膜上的蛋白质具有离子通道、酶及受体等多种功能。已有研究表明 50 Hz 脉冲磁场对细胞膜蛋白的分布有很大影响，极低频电磁场可能涉及在生理状态下诱导细胞表面受体的重新分配，并且这种分配高度依赖于细胞表面的几何形状。低强度瞬态电磁场能引起电穿孔，即改变细胞膜的通透性，膜上出现孔洞，形成可以让离子通过的穿膜通道。

在生物体的信息传导过程中，部分外界信号可以直接跨膜转导引起生理反应，而多数外界信号须通过膜上受体的识别、信号转换转变为细胞内信号，才能参与调节细胞代谢活动和生理功能。一般认为细胞膜是电磁场与细胞作用的重要初始位点之一，可触发电磁场信号的细胞膜转导。因此，细胞膜在介导电磁场的生物效应中扮演着重要角色。

间隙连接是相邻细胞间的膜通道结构，允许分子量小于 1 000 Da 的小分子通过。细胞可通过由它介导的细胞间隙连接通讯(GJIC)进行细胞间信息和能量的传递，调节细胞生长、分化和内环境的稳定，对维持细胞功能发挥重要作用，其功能异常与多种肿瘤的发生有关。有研究表明 50 Hz 磁场能直接或协同促癌剂 TPA 抑制体外培养细胞 GJIC 功能，而且极低频磁场对细胞间隙连接通讯功能的抑制可能与连接蛋白的过磷酸化有关，显示了极低频磁场作用对细胞内信息转导的影响过程。蛋白质磷酸化是细胞内一种极其重要并广泛使用的信息调节方式，许多酶、蛋白激酶等生物大分子都通过磷酸化方式来执行功能。有研究发现 50 Hz 工频磁场能诱导细胞内应激，活化蛋白激酶(SAPK)磷酸化，并增强 SAPK 的活性。研究还发现 50 Hz 工频磁场可以使细胞内一些胞浆蛋白质酪氨酸磷酸化产生时间相关性的变化。

钙离子是细胞内的第二信使，其浓度变化与细胞生物学行为关系密切。胞内钙离子振荡对于电磁场刺激基因表达、蛋白质合成、细胞导电性、胶原分泌及对大脑的高级功能(认知速度、条件反射、判断能力等)均起着重要的调控作用，提示钙离子在介导电磁场生物学效应过程中的重要地位。

细胞内重要的第二信使物质环腺苷酸(cAMP)的水平高低与细胞 DNA 合成及蛋白质代谢密切相关。研究发现电磁场可以影响细胞 cAMP 含量。成骨细胞暴露于 13 V/cm 电场中，细胞 DNA 和 cAMP 合成

呈同步升高。脉冲电场暴露可影响鸡胚脑细胞 cAMP 含量和 Ca^{2+} 通道的活性。

(2)极低频电磁场对细胞增殖的影响。研究表明，极低频电磁场既可促进细胞增殖，也能抑制细胞增殖，这可能与电磁场参数、暴露条件及细胞类型相关。研究发现磁场对动脉平滑肌细胞增殖有显著的抑制作用，这种抑制效应呈强度敏感和环境、时间依赖性。也有研究发现低频电磁场具有促进细胞增殖的作用，且脉冲电场作用时长不同，对细胞产生的效应也不同：较短时间(小于 10 min)的脉冲电场作用能促进人表皮细胞增殖，而较长时间(大于 10 min)的脉冲电场作用则抑制细胞增殖。当脉冲电场作用条件相同(场强、频率、脉宽、作用时长等均相同)，而样品细胞密度数不同时，其实验结果也不同。

3. 分子水平的生物学效应

(1)影响生物分子合成。研究表明极低频电磁场对多种生物分子如 DNA、RNA、蛋白质、酶等合成具有促进或抑制作用。

(2)影响酶反应。研究发现，极低频电磁场能使蛋白激酶 C 和鸟氨酸脱羧酶活性增高，使胰岛素受体酪氨酸蛋白激酶的活性发生变化，极低频电磁场能增加或降低细胞膜上 Na^{+}-K^{+}-ATP 的活性。

(3)对自由基作用。生物体中自由基反应普遍存在，磁场通过影响电子自旋态，造成不同电子自旋态的非热平衡分布，从而影响自由基反应。

(4)对基因转录影响。研究表明极低频电磁场能影响 DNA 链的合成和损伤，也可增强 DNA 的转录活性，导致染色体畸变，甚至促肿瘤的发生。极低频电磁场可以增加总 RNA 和 mRNA 的合成量，促进处于活化状态的染色体区域的转录，且存在频率窗效应。

总之，极低频电磁场生物学效应的研究面临两个问题：一是不同学者提供的实验结果往往难以一致或比较，有些实验得不到重复；二是没有可以被广泛接受的理论来解释较弱的极低频电磁场可能产生生物学效应的机制，以致在对健康危险度的评价上往往难以得出明确的结论。此外，现实生活中同时存在多种环境因素，极低频电磁场与其他环境因子的联合生物学效应研究开展较少。因此，对其生物学效应的评估应关注极低频电磁场与其他环境因子的联合生物学效应。

三、射频电磁场生物学效应及机制

(一)热效应

射频电磁场的生物学效应主要机制是能量吸收及其后对组织的致热作用。当机体暴露于射频电磁场时，机体会吸收部分能量，其直接作用是使组织温度升高。当细胞温度增高超过 6℃时可出现热休克、细胞凋亡和细胞死亡等细胞毒效应。低水平的射频电磁场可能只会引起细胞温度升高 1℃左右，但人的体温调控非常精细，平均日间变化仅为－0.4℃～＋0.1℃。温度的改变可导致细胞膜流动性的变化，使膜蛋白的物理化学环境发生变化，从而产生直接的热敏作用。哺乳动物的钾、钠等离子通道和钙离子流动对温度非常敏感。细胞对温度的响应与细胞种类有关，但均受热环境的精细调控，即使是低于 1℃的局部温度改变也会影响上述生物过程。目前将射频电磁场导致细胞或组织温度升高 1℃以上的生物学效应称为“热效应”(thermal effects)，并将细胞或组织温度升高低于 1℃的生物学效应称为“非热效应”(non-thermal effects)。射频天线可积聚高电压，除非接地，否则射频高压会瞬时涌向人体接触部位，导致电休克和/或灼伤。机体吸收的辐射能量可引起分子振动，并因此使组织温度升高。射频电磁场使组织温度升高的程度通常用比吸收率(specific absorption rate，SAR)来评估，单位是 W/kg。SAR 可由电场强度(瞬时)的平方推导，SAR 的计算见公式(6-12)。

$$SAP=\frac{1}{2}\frac{\sigma}{\rho}E^{2} \tag{6-12}$$

式中，σ 和 ρ 分别是相应组织的电导率(S/m)和密度(kg/m^3)。

(二)自由基、氧化应激和DNA损伤

研究显示射频电磁场可使体内自由基增多，而自由基可通过氧化应激导致癌症和其他不良健康影响。射频电磁场的致自由基作用与电离辐射或某些化学物质不同，并非通过电离作用导致自由基的绝对增多，而是通过干扰抗氧化系统对自由基的中和作用，间接导致自由基增多。正常情况下机体在代谢过程中产生的自由基处于动态平衡。如果抗氧化系统受损，自由基的损害就会体现。大量研究显示低强度射频电磁场的氧化应激效应可能与下列过程相关：①激活活性氧形成的关键通路；②活化过氧化；③导致DNA的氧化损伤；④改变抗氧化酶的活性等。

(三)细胞生理学机制

1. 电活动

由于射频电磁场尤其是脉冲电磁场与生物体内电传导的特征相似，因而虽然研究结果不一致，但射频电磁场对脑电和心电的影响也是公众关注的射频电磁场生物学效应之一。射频电磁场对心电的干扰仍存在争议，而且目前研究发现的射频电磁场对心电的影响仅限于窦性心律失常。射频电磁场对脑电的影响较为复杂，早期研究显示射频电磁场可能干扰睡眠时的脑电活动，近年研究发现脉冲电磁场主要影响非快速眼动睡眠(NREM)阶段脑电活动，射频电磁场除了干扰丘脑的 β 波，还可能影响与诱发癫痫相关的纺锤波。射频电磁场对NREM的影响除与射频电磁场的类型相关外，还与大脑的 θ 波和 δ 波的变化相关，此外射频电磁场还对事件相关电位和脑慢波存在一定的影响，但研究结果不一致。

2. 血脑屏障

最具争议的研究是射频电磁场对血脑屏障的影响。一些研究表明，啮齿类动物暴露于极低水平的射频电磁场，可能会改变血脑屏障的渗透性，并导致血液中的分子进入脑脊液。但也有研究未见低水平射频电磁场暴露对血脑屏障存在显著影响。Finnie等研究了GSM射频电磁场每日暴露对胎儿和新生小鼠血脑屏障完整性的影响，未观察到有白蛋白外渗的现象。与上述研究结果不同，Sirav和Seyhan发现900 MHz或1 800 MHz的连续波射频电磁场急性暴露可显著增加雄性大鼠血脑屏障对白蛋白的通透性，但由于对暴露系统和剂量测定描述不清，其研究结果可能存在一定的不确定性。Salford及其同事的研究结果显示，低水平射频电磁场暴露可能影响血脑屏障的完整性，但后期三个独立研究小组未能重复该结果。

3. 其他

除了上述细胞生物学机制外，射频电磁场暴露还可能影响一系列参与氧化应激和损伤修复的酶及蛋白的表达，导致大鼠精细胞和脑细胞凋亡增多，影响神经递质活性，下调钙离子通道。近年研究显示射频电磁场的长期反复暴露还可能诱导异常的海马等大脑神经元的自噬(autophage)，但大脑不同区域的自噬程度存在一定差异。由于相关研究还比较新也比较少，射频电磁场对神经系统自噬的激活是否是大脑神经元抵御电磁压力的关键机制尚待进一步研究。

(四)激素调节

动物研究表明，射频电磁场作用于松果体，可能导致褪黑素分泌减少，通过下丘脑影响FSH、TSH/LH，并进而影响性激素分泌，射频电磁场暴露导致机体核心温度升高的机制可能与下丘脑-垂体-肾上腺轴激素的调控作用相关，但有待进一步验证。

第四节　电磁场暴露监测与风险评估

一、电磁场暴露现状

（一）静场

1. 静电场

静电场在生活环境中普遍存在。雷雨天气时，电场强度可能高达 3 kV/m；晴朗时，强度通常为 100 V/m。摩擦可导致电荷分离而产生静电场，人类最常接触到的静电场便是由此产生的。例如，当行走在不导电的地毯上时，可能会累积数千伏的电势，产生高达 500 kV/m 的局部电场。直流电传输过程中能产生强度高达 20 kV/m 的静电场；使用直流电的铁路系统中，火车内部的静电场强度可能达到 300 V/m；在距离视频显示器 30 cm 时，其产生的静电场强度可达 10～20 kV/m。

2. 静磁场

地球表面地磁场的强度在 35～70 μT，某些动物能感知到地磁场并利用它进行定位和迁移。在一些人类生产活动中，如电力驱动的运输系统、铝生产和电弧焊接等工业过程中会使用到直流电，周围环境中会产生静磁场。有报道，在电气列车和磁悬浮列车中，检测到通量密度高达 2 mT 的静磁场。工业生产中静磁场的暴露强度更大，工人在进行焊接工作时可能经受 5 mT 的磁场暴露；而在铝厂电解车间中，磁场强度更是高达 60 mT。

20 世纪七八十年代超导材料的发明促进了磁共振成像（MRI）和光谱学的发展，进而导致强度更大的磁场被应用到医学诊断过程中。MRI 扫描仪工作时的磁场强度高达 1～3 T，其产生的磁场成分中包含脉冲磁场和射频电磁场。通常情况下，在 MRI 操作控制台附近的静磁场强度为 0.5 mT，甚至更高。在设备制造、测试和维护过程，以及在 MRI 仪中进行某些医学检查时，磁场暴露强度常会超过 1 T。目前已经有 7～8 T 的 MRI 仪用于医学诊断，而第一台磁场强度达到 9.4 T 的 MRI 仪也已在 2003 年投入应用，这些仪器产生的磁场强度会更高。超导体技术的研究及应用（超导磁铁磁感应强度甚至可高达 19 T）会使身处该环境中的员工反复地暴露于 2 T 以上的磁场中，每天暴露时长甚至达数小时。

（二）极低频电磁场

在诸多人工电场源中，110 kV 及以上的高压架空电力线路产生的电场受到广泛关注。高压架空线周边产生的工频电场强度主要取决于线路电压等级的高低，而在线路结构设计中，导线对地电压及导线离地高度是影响地面电场强度的最主要因素。同一电压等级的输电线路，因线路结构与设计参数不同，周边地面最大电场强度可能有成倍的差异。针对 750 kV、500 kV、220 kV 及 35 kV 等各等级变电站的工频电磁场调查研究发现，变电站存在高强度的电场强度，特别是在 500 kV 的超高压变电站，作业点电场强度最高值为 18.07 kV。室外架空线路产生的电场在室内会被房屋建筑结构所屏蔽，通常室内电场强度仅为室外电场强度的百分之一甚至更低，仅为几到几十 V/m。

在对极低频电场健康风险科学评估的基础上，国际非电离辐射防护委员会规定针对公众暴露的安全限值为 5 kV/m，职业暴露的安全限值为 10 kV/m。

（三）射频电磁场

无论是在家，还是在工作场所，人们都会暴露于各种射频电磁场。射频电磁场按来源可分为天然和人工射频电磁场，人工射频电磁场的强度是自然射频电磁场强度的几千倍。

1. 天然的射频电磁场

天然射电磁场频率范围为100 kHz～300 GHz。30 MHz以下的天然射频电磁场主要为雷暴期间的闪电放电，其特征是随机的高峰瞬态。强烈的电流脉冲(100 kA)生成一个持续10～50 μs的电磁脉冲。这些强脉冲可以在大气中传播几百千米。据报道，在30 km内，峰值电场强度范围可达5～20 V/m，近距离甚至超过10 kV/m。

频率大于30 MHz的天然射频电磁场主要来自地球和地球外的低剂量、宽频率黑体辐射。由于大气的传输特性，来自太阳和全天空的微波天然地外辐射频率在30 MHz～30 GHz，其强度为几个$\mu W/m^2$。温暖地表所产生的天然辐射为几个mW/m^2，是自然暴露的主要来源。

2. 广播

中、短波广播的频率为0.3～30 MHz，在几百米范围内场强相对较强，通常需要设置控制区，以避免公众进入高强度的暴露区域。与在天线附近作业的建筑和维修工人相比，公众对广播的射频电磁场的暴露量较小。

3. 调频广播和电视

调频广播(FM)和电视的频率范围为80～800 MHz，一般广播电视天线输出功率为10～50 kW。调频广播和电视的天线是用来发射一种类似于圆盘的波束，这种波束的发射角度略低于水平方向。因此，沿着塔的垂直方向的辐射量小于主波束。在信号发射大厅或在天线馈线下工作的人员可能会受到高暴露。

4. 无线通信

无线通信以其不使用物理导体(电线)，信息传输便利的优点已经成为现代日常生活的一部分。它包括移动电话、双向无线电、无线网络、卫星连接和无绳电话等，其他方面如无线婴儿监视器和无线电控制玩具等也越来越多地使用无线通信技术。

(1)移动电话。手机是最流行的，也是最主要的无线设备。20世纪80年代初，以450 MHz或800/900 MHz频率为特征的第一代(1G)模拟信号移动电话进入市场。从2000年左右开始，由于大多数用户已经迁移到第二代网络，第一代通信系统基本淘汰。2G系统的设计主要是针对语音应用，3G系统能为用户提供多样化的应用，包括互联网浏览、电子邮件访问、音乐和视频下载。第三代(3G)系统，在欧洲也被称为通用移动通信系统(universal mobile telecommunications system，UMTS)，美国的码分多址CDMA—2000，频率为1 900～2 200 MHz。第四代(4G)移动电话系统被称为LTE(long term evolution)，其设计目的是提供高达100 mbps下载和50 mbps上传(峰值)的数据速度，这比大多数家庭宽带服务要快。第一个商业LTE网络于2009年12月在挪威的奥斯陆和瑞典的斯德哥尔摩启动。4G系统是我国目前主流系统。GSM移动电话的峰值功率为1 W或2 W；TDMA最大平均输出功率为125 mW或250 mW。5G网络支持的设备包括智能手机、智能手表、健身腕带、智能家庭设备及工业物联网、无人驾驶汽车、商用无人机等新技术。

(2)手机基站。为了给用户提供信号全覆盖，手机网络被划分为蜂窝状，每个区域都有自己的基站来收发无线电信号。每个蜂窝的信号由输出功率为几十瓦的宏蜂窝基站提供，覆盖范围为1～10 km。为了给周围区域提供良好的信号，宏蜂窝基站天线通常安装在地面的线杆上或屋顶上。由于宏蜂窝基站的输出功率高，通常在天线周围划定隔离区，以防止公众进入。宏蜂窝基站盲区的信号覆盖由安装在街道或建筑物墙壁的微蜂窝基站中继。微蜂窝的输出功率通常为几瓦，可以覆盖几百米区域。因为微蜂窝功率较小，所以微蜂窝一般不需要设置隔离区。在机场候机楼、火车站和购物中心等手机使用密集区，一般使用覆盖范围更小的室内微蜂窝(picocell)解决信号覆盖问题，室内微蜂窝输出功率约为100 mW，覆盖范围约为几十米。

(3)陆地与卫星微波通信。固定站点电信服务的频率范围涉及 VLF 和微波,大多数是点对点微波通信链接,包括公共和私人通信网络、卫星地面站和远程站点的控制/遥测站等。固定点的微波链接系统通常使用圆形的抛物面反射镜,直径从 1 m 或 2 m 到几十米不等,以直径在 5～15 m 居多。由于这些反射镜直径远大于 2 cm 的波长,天线增益非常大,从 30 dB 到 80 dB。功率输出通常在 1～10W,但卫星传输功率可能超过 1 000W。虽然在这些高功率天线附近,射频电磁场强度可能达几百 W/m^2,但天线是对准卫星的,并且会避开附近的建筑物,因此公众不太可能直接暴露于主瓣辐射,只有经过反射镜附近或进入反射镜低仰角范围的人,才可能有较高的暴露,暴露强度约为几十 W/m^2。一般普通公众距离反射镜约 100 m时的暴露强度仅为 10^{-4} W/m^2(0.2 V/m)。

(4)无绳电话。无论是模拟无绳电话,还是数字无绳电话,其平均输出功率一般都小于 10 mW。但当模拟话机产生连续信号以及数字话机产生分时和脉冲调制信号时,它们的峰值功率可以高于 10 mW。数字增强无绳电话(digital enhanced cordless telecommunication,DECT)频率为 1 880～1 900 MHz,其语音通信峰值功率为 250 mW。DECT 没有类似移动电话的功率调节,通话期间,每隔 10 ms 发生一次 400 μs 的脉冲,平均功率为 10 mW,因此,DECT 平均功率比手机要小 10 倍或更多。大多数 DECT 基站处于待机状态时(未接打电话)每 10 ms 传输 80 μs 脉冲,待机时电源的平均功率为 2 mW。距离 DECT 设备 1 m 处的最大电场强度约为 ICNIRP 参考水平的 1%。

(5)陆地集群无线通信。陆地集群无线通信(terrestrial trunked radio,TETRA)是一种专门为应急服务设计的移动通信系统,与其他老式模拟技术相比,它具有更高的可靠性和更高的安全性。TETRA 系统可在同一技术平台上提供指挥调度、数据传输和电话服务。近年来,车辆定位、图像传输、移动互联网、数据库查询等都已在 TETRA 中得到实现。TETRA 频率为 380～470 MHz。Dimbylow 等开发了一种具有螺旋和单极天线的商用 TETRA 手机的数字式模型,并在一个分辨率为 2 mm 的头部数学模型中计算了 TETRA 的 SAR 值,平均功率 0.25 W、脸部垂直持握手机时,单极天线和螺旋天线 10 g 平均 SAR 值分别为 0.42 W/kg 和 0.59 W/kg。手机在头部侧面时 SAR 值最大,单极天线和螺旋天线的最大 SAR 值分别为 0.59 W/kg 和 0.98 W/kg。

(6)蓝牙。蓝牙用于提供移动通信设备之间的短程无线连接,运行频率一般为 2.45 GHz。尽管也有使用 2.5 mW 和 100 mW 的蓝牙设备,如手机无线免提套件,但多数蓝牙设备的峰值功率通常为 1 mW,可为大约 1 m 范围内的蓝牙设备提供服务。距功率 1 mW 蓝牙设备 1 m 范围内,其暴露值约为 ICNIRP 推荐的电场最大强度参考值的 0.5%。一个功率为 100 mW 的设备 10 g 的最大 SAR 值为 0.5 W/kg。Martinez-Burdalo 等评估蓝牙设备电磁场对人体暴露的情况,结果显示即使在最坏的情况下,蓝牙暴露值也远低于使用手机的暴露。

(7)免提组件。使用无线免提组件的目的是使手机产生射频辐射的天线远离头部,这些组件由有线或无线蓝牙耳机和麦克风组成。由于增大了天线和头部之间的距离,同时连接导线不会成为射频导体,所以使用免提组件将会减少暴露。与使用手机相比,使用免提组件可以减少整个头部的暴露量,但在耳朵局部的暴露可能会增强。

(8)遥控玩具。遥控玩具的控制器通常有一个发射机,接收器安装在玩具上,接收和处理来自发射机的信号。通常情况下,发射机将所有通道都转换成一个脉冲位置调制的无线电信号。接收端解调信号,并将其转换为标准伺服系统所使用的脉宽调制。最近,高端玩具使用脉冲编码调制(PCM)向接收设备提供计算机化的数字比特流信号,而不是模拟脉冲调制。市场上有大量的遥控玩具,其操作频率和输出功率范围很宽。在暴露评估方面,每个设备都需要根据自己的输出功率和运行频率来考虑。

(9)婴儿监视器。婴儿监视器是用于远程监控婴儿声音的无线电系统。该发射机配备有麦克风,接收器配备有扬声器,由照顾婴儿的人携带。婴儿监视器在 40 MHz、466 MHz、864 MHz 和 2 450 MHz 的范围内运行,最高传输功率可达 500 mW。

(10)无线局域网。在 2.4 GHz、5 GHz 左右特定频段运行的 WLAN 为"许可豁免"技术,其带宽可由多个用户之间共享。在 WLANs 中,用于无线部分的最流行的技术称为 Wi-Fi。这种技术能使设备和计算机通过无线方式连接到局域网(LAN)。近年来出现了另一种 WLAN 技术被称为"全球微波访问互操作"(world wide interoperability for microwave access,Wi-Max)。Wi-Max 是一种无线宽带接入技术,Wi-Max 技术在 2～5 GHz 的频段运行,其性能类似于 802.11/Wi-Fi 网络,但覆盖范围比 Wi-Fi 要大得多,固定站点间距离可达 50 km,移动站点可达 2～15 km。

(11)智能仪表。智能仪表是一种可以远程读取数据的仪器设备,如智能电表。监测的参数包括位置、消耗量、时间和使用频率。用于监测计量仪表的技术通常被称为"家庭区域网络"(home area network,HAN)。智能仪表还可以在仪表和中央服务器之间无线传输和接收数据。这种连接可以通过现有的多种无线技术来实现,这些技术包括 GSM、GPRS、CDMA、3G、LTE 和 Wi-Fi。美国电力研究所(Electric Power Research Institute,EPRI)检测结果显示即使仪表出现故障并不断地传输,工作负载率达到 100%,暴露水平仍会符合 FCC 标准。EPRI 研究了累积暴露的影响,结果表明,即使是在最坏情况下,暴露水平仅为 FCC 的 0.6%。

(12)全身扫描仪(毫米波扫描仪)。在机场、地铁等公共场所,除使用电离辐射进行扫描成像外,非电离辐射也在用于人体扫描成像,非电离辐射人体成像仪主要是毫米波,频率范围为(30～300 GHz,略低于太赫兹)。在此频段,机体对射频电磁场能量的吸收一般在浅表部位,仅限于皮肤,目前还缺少这类扫描仪的暴露监测信息,但生产厂家声称这种扫描仪的辐射能量非常低,手机等射频辐射设备的能量相当于这种扫描仪的几千倍。

(13)超宽带技术。超宽带技术(ultra-wide band,UWB)的频率为 0.96～29 GHz,信息在一个宽带(超过 500 MHz)上传输。UWB 的主要应用包括医学成像、穿墙传感、穿地雷达(ground penetrating radar,GPR)、精确定位和跟踪、传感器网络和无线个人区域网络(wireless personal area networks,WPAN)。虽然 UWB 传统上被认为是一个脉冲无线电系统,如果分带宽大于 0.2,或者它占用了500 MHz的频谱,FCC 就定义其为 UWB 设备。

5. 微波炉

微波炉的制造标准要求其泄漏水平低于规定的限制。EN60335－2－25(IEC 60601－2－33)(BSI,1997)标准要求在微波炉外表面 5 cm 处微波泄漏不应超过 50 W/m^2(140 V/m)。即使发生微波泄漏,通常会出现在微波炉门附近的一个很小区域,会随着距离的增加而迅速减少,因此在微波炉附近正常操作的人暴露量一般不会超过 ICNIRP 参考水平。

6. 电子识别

射频识别(RF identification,RFID)技术是利用无线电波进行识别和跟踪。RFID 设备通常由两个主要组件构成:阅读器和标签。这些标签由一个存储处理信息的集成电路、接收和发射信号的天线组成。根据操作的频率,标签可以从几米以外的地方读取,也可以在阅读器的视线范围之外读取。

7. 电子防盗系统

电子防盗系统(EAS)是用于防止商店和图书馆等场所的物品被盗。EAS 系统包括一个检测设备和一个待检测的标签,有时是一个标签解码器。如果标签没有被消磁或没有从其所绑定的物品上取下,当其进入检测区域时,则可检测到特征扰动电磁场。与射频识别系统一样,不同类型的 EAS 设备使用的频率范围很广,从低于千赫兹到微波频率。

8. 雷达

雷达应用广泛,从低功率多普勒系统到大型航空和空间监视系统都需要雷达。雷达频率多为 UHF

和 SHF，并且大部分采用脉冲传输，脉冲的周期因子（duty factors）在 0.000 1～0.01 范围内，脉冲长度为微秒级，多数雷达采用高度定向的高增益天线系统。

用于交通测速的雷达频率通常 10.5GHz 或 24 GHz 附近的频率，也有些测速雷达频率为 35 GHz 左右，功率为 10～100 mW。美国国家职业安全与卫生研究院（National Institute for Occupational Safety and Health，NIOSH）曾对固定和手持测速雷达进行检测，结果表明在雷达孔径 5 cm 处的电磁场强度为 1.4～64 W/m^2，平均为 10 W/m^2，在天线孔 30°圆锥外的电磁场强度小于 0.1 W/m^2。

空中交通管制（ATC）雷达工作频率约为 2.8 GHz，峰值输出功率约为 650 kW。距天线 100～250 m 和在距地面 9 m 高、距天线 60 m 的设备舱内，电场强度小于 14 V/m（0.5 W/m^2）。距离天线约 19 m，地面高度 9 m 处的功率密度为 87 V/m（20 W/m^2）。在正常工作条件下，天线旋转时，平均功率密度会大大降低。气象雷达系统频率通常为 5.6～5.65 GHz。气象雷达的典型峰值和平均输出功率分别约为 250 kW和 150 W。一些测定剖面风速雷达的工作频率为 1.29 GHz，最大峰值和平均功率分别为 600 W 和 72 W。

二、电磁场暴露限值与测量

（一）电磁场暴露限值

1. 静场

虽然静电场和磁场可能的危害及其机制目前尚未阐明，然而，基于现有的研究结果，制定相关的暴露限值，以尽可能保护被暴露者的安全还是有必要的。由于受制于对静电场和磁场效应的了解水平，世界各国制定的暴露限值不尽相同，有些国家甚至根本就没有。目前具有广泛影响及参考价值的暴露限值主要有国际非电离辐射防护委员会和美国电气和电子工程师协会制定的限值。

（1）国际非电离辐射防护委员会（International Commission on Non-Ionizing Radiation Protection，ICNIRP）。ICNIRP 于 2009 年制定了静磁场暴露限值导则，其中公众暴露限值为 400 mT，适用于公众的全身暴露。静磁场职业暴露限值分为肢体暴露和头部及躯干暴露，前者为 8 T，后者为 2 T。同时，考虑到可能存在间接健康影响，ICNIRP 认为对于体内植入了铁磁体或电子医疗设备的人群，应将限值水平降低至 0.5 mT。然而，ICNIRP 未专门针对静电场制定暴露限值。只是在其 1998 年出版的《限制时变电场、磁场和电磁场暴露导则（300 GHz 以下）》中提及，对于多数人而言，低于 25 kV/m 的静电场通常不会引起人们不悦的感觉。同时，应避免让人紧张或烦恼的火花放电。

（2）美国电气和电子工程师协会（Institute for Electrical and Electronic Engineers，IEEE）。IEEE 于 2002 年制定了关于人体暴露于 0～3kHz 电磁场的安全水平。基于其急性效应，规定了静电场和静磁场的公众接触限值。其中静磁场限值为 353 mT，静电场的限值为 5kV/m，受控环境的电场限值为 20 kV/m。

此外，世界上一些主要的组织或国家，如欧盟、美国工业卫生师协会（ACGIH）、日本等基本上参考了 ICNIRP 的限值标准。而我国目前尚未制定静电场和静磁场的相关暴露限值。

2. 极低频电磁场

全球化趋势和电磁场应用的迅速扩大，使公众暴露于环境电磁场的状况更为复杂。鉴于环境电磁场的健康效应机制仍不十分明确，影响因素多，研究结果也不完全一致，世界各国家或地区电磁场暴露防护标准并未统一，甚至差异较大。“以证据为基础”是 WHO 及国际标准机构制订环境健康准则的基本原则。WHO 致力于全球电磁场标准统一协调，推荐以 ICNIRP 导则作为制定全球标准的基础，导则中暴露限值的制定建立在已知的、确定的健康损害效应基础上，针对长期潜在的健康影响不能提供令人信服的证据，不作为制定限值的基础。

(1)国际组织和其他国家极低频电磁场限值。ICNIRP是被WHO、国际劳工组织(ILO)和欧盟联盟(EU)正式认可的非电离辐射防护的非政府独立科学机构，于1998年出版了包括50/60 Hz工频在内的《限制时变电场、磁场和电磁场暴露的导则(300 GHz以下)》。ICNIRP推荐工频磁场公众暴露限值100 μT，工频电场暴露限值为5kV/m，成为许多国家制定电磁场职业接触限值标准的蓝本。2010年ICNIRP又修订了《1 Hz～100 kHz时变电场和磁场暴露限值导则》，将工频电磁场职业接触限值电场强度确定为10 kV/m，磁场强度为1 mT，公众暴露限值修改为200 μT。

除ICNIRP导则，另一个工频电磁场防护的国际性标准是IEEE在2002年制定的《关于人体暴露到0～3 kHz电磁场安全水平的IEEE标准》(IEEE C95.6－2002)。IEEE C95.6把暴露对象划分为"受控环境"与"公众"两类，类似于ICNIRP导则中"职业"与"公众"的分类。IEEEC95.6采用了基本限值(basic restrictions，BRs)和最大容许暴露(maximum permissible exposure，MPE)的概念。基本限值是在已明确的有害效应的基础上，考虑一定的安全系数而得到的，在IEEE C95.6中以人体组织内电场强度(E)、比吸收率(SAR)和功率密度(S)表示。在工频电磁场的频率下，IEEE C95.6使用E作为物理量。MPE则是由BRs计算导出的，等同于ICNIRP导则中的导出限值或参考水平。同BRs相比，MPE采用的安全系数较大。

在制定电场强度暴露限值(*E*)时，IEEE C95.6与ICNIRP导则具有相同的出发点，即主要着眼于避免产生令人痛苦的火花放电感觉，都是基于短期即时效应；而磁场强度暴露限值(*B*)的制定则是根据细胞膜极化理论，即体内感应电场导致的细胞膜自然休止电位的变化需要小于一定数值。经计算，工频电磁场控制区暴露限值分别为20 kV/m，2710 μT；公众区暴露限值分别为5 kV/m，904 μT。IEEE C95.6与ICNIRP导则相比，区别在于它们的BRs采用的物理量不同，ICNIRP导则中采用的BRs是体内感应电流密度J，C95.6中的BRs是体内电场强度*E*，因为IEEE认为采用体内*E*比采用体内*J*可获得对电磁场效应更精确的限值。

美国工业卫生专家协会(ACGIH)针对1～300 Hz的极低频范围，规定磁场最大职业暴露限值为1 mT(60 Hz)，电场职业暴露不允许超过25 kV/m。

英国国家辐射防护委员会(NRPB)在1993年制定了电磁暴露标准，职业接触电场和磁场标准分别为12 kV/m和1 600 μT。在2004修订标准中电场和磁场职业接触限值与ICNIRP 1998年的导则一致。澳大利亚国家卫生和医学研究理事会(NHMRC)职业暴露限值要求接触时间不超过每天8 h。

日本职业卫生协会(JSOH)推荐的预防工作场所非电离辐射引起劳动者健康损害的使用指南中，规定频率在0.25 Hz～100 kHz的电磁场为时变低频电磁场。认为时变电磁场对机体的作用是诱导电流所致。根据体内外实验，在低频范围，100～1 000 mA/m^2的电流密度能够刺激末梢及中枢神经系统。因此，容许值是在人体内产生100 mA/m^2的1/10的电流密度(基本限值)，即10 mA/m^2电磁场水平以下的电、磁场强度。

由于工频电磁场对人体的健康影响，包括致癌作用，尚没有确凿的证据，欧盟认为有必要采取措施保护电磁领域的工人，避免短期接触对工人的健康影响。目前，澳大利亚、英国等30多个国家以推荐标准或法令形式制定了等同于ICNIRP导则的电磁环境职业限值，而瑞士和意大利等10余个国家采用了比ICNIRP导则更为严格的标准。

(2)我国极低频电磁场限值。我国电磁环境控制限值(GB 8702－2014)规定50 Hz工频电场的公众暴露限值为4 kV/m，磁场为0.1 mT；《工作场所有害因素职业接触限值第2部分：物理因素》中规定工频电场职业接触限值为5 kV/m。目前尚无极低频磁场的职业暴露限值。

综上，从不同机构提出的工频电磁场暴露限值及制定依据不难看出，工频电场标准目前差别不大，但磁场标准差异较大。差异在于各组织或国家对磁场长期暴露是否引起人体健康效应的观点不同。

ICNIRP 导则虽然已得到很多国家认可，但是也存在一定的局限性。ICNIRP 导则是基于短时期即时电磁暴露产生的已知健康损害效应制定的，没有考虑低水平长期暴露引起的潜在影响；同时忽视了非热效应，没有以此作为限值制定的基础。ICNIRP 导则还认为极低频磁场只能由感应电流导致不良效应，而当前的研究显示磁场本身的作用是主要的，这些在导则并中没有反映。

3. 射频电磁场

ICNIRP 制定了《0～300GHz 电磁场暴露指南》，有些国家直接采用了 ICNIRP 暴露限值，如韩国、法国等。WHO 等也在致力于使各国电磁场暴露限值趋于一致。然而由于 EMF 剂量测定及生物学作用的复杂性和各地区对电磁场暴露可接受风险认识的差异，自 20 世纪 50 年代以来，世界各地研制的电磁场暴露标准各异，最大允许暴露限值差异可达一千倍。早期电磁场标准的研制主要是以美国和苏联主导，美国和苏联各自以其电磁场暴露生物学效应研究为基础建立了两个不同的电磁场暴露标准体系。苏联电磁场标准制定的依据是长期累积的慢性生物学效应，并在标准中引入了暴露量的概念，除了规定不同频率范围电磁场的暴露限值外，还同时规定了不同类型（脉冲波或连续波）及不同强度电磁场的允许暴露时间，一些东欧国家，如保加利亚和波兰等的电磁场暴露标准与苏联标准类似。美国电磁场暴露标准制定的依据是短期可识别的急性效应（6～20 min），美国标准主要以 IEEE（美国电气与电子工程师协会）为主体，此外美国的 ANSI（美国国家标准所）和 NCRP（国家辐射防护和测量委员会）参与相关标准的研制，并由美国 FCC（联邦通讯委员会）颁布相关法令。ANSI/IEEE C95.1 规定的靠近人体使用的终端设备的 SAR（比吸收率）、公众和职业人群暴露限值及由 NCRP 规定的 300kHz～100GHz 最大允许暴露限值（场强和功率密度）是美国电磁场暴露标准的基础，一些西欧国家的电磁场暴露标准体系与美国相似。近年瑞士、意大利等几个国家在电磁场暴露标准研制中根据预防性策略制定了以预防健康风险为基础的暴露限值，主要以尽量减少未知的风险为宗旨，这成为国际电磁场暴露标准的第三类标准体系。虽然 WHO 及国际非电离辐射防护委员会（ICNIRP）等多年致力于全球电磁场标准的同一化，但世界各国对电磁场暴露的可接受风险存在较大争议，各国电磁场标准的差异可能还会存在相当长一段时间。。我国现行的射频电磁场暴露限值为生态环境部（原环境保护部）2014 年颁布的《电磁环境控制限值（GB 8702－2014）》，该标准替代了原环境保护部颁布的《电磁辐射防护规定》（GB 8702－88）和原卫生部颁布的《环境电磁波卫生标准》（GB 9175－88），该标准射频部分的标准限值参考了 ICNIRP 暴露导则（1998），该标准射频电磁场的标准限值分为 5 个频段，0.1～3 MHz 频段的公众暴露限值为 40 V/m，3～30 MHz 频段的公众电场强度暴露限值为 $67/f^{1/2}$（f 为频率），30～3 000 MHz 频段射频电磁场的暴露限值为 12 V/m 或 0.4 W/m^2；3 000～15 000 MHz 频段射频电磁场的暴露限值为 f/7500（f 为频率）；15～300 GHz 频段射频电磁场的暴露限值为 2 W/m^2。原来《环境电磁波卫生标准》（GB 9175－88）关于射频电磁场的暴露限值根据暴露场景不同，将射频电磁场的暴露限值分为二级标准，规定新建、改建或扩建电台、电视台和雷达站等发射天线，在其居民覆盖区内，必须符合“一级标准”的要求，而二级标准是为了控制潜在的不良健康影响而设定的中间区标准，现行的 GB 8702－2014 取消了二级标准的划分，仅根据频率范围规定了统一的公众暴露限值。

俄罗斯和几个东欧国家的标准限值的依据不是防止射频电磁场的热效应，其暴露限值远低于可能产生热效应的暴露量，尤其是他们在标准限值中引入了暴露量的概念（功率密度乘以暴露时间）。俄罗斯官方解释是俄罗斯电磁场暴露限值的制定依据是动物试验研究结果，他们发现频率 950 MHz、强度为 250 μW/cm^2 的射频电磁场每天照射 3 h 可使试验动物出现不良生理反应，因而将此定义为出现生物学效应的暴露阈值。尽管俄罗斯的标准与欧盟的标准和美国的标准限值有所不同，但上述标准都属于以科学研究的结果为依据的标准。而近几年，瑞士、意大利和其他几个国家在制定射频电磁场的标准限值时则采取了完全不同的方法，其标准依据是“使得未知风险降至最低”。其中瑞士标准是综合经济和技术的最低限值，相当于ICNIRP标准的1/10或1/100，但上述限值主要适用于居民区、学校和医院等敏感区域，瑞士标准限值不适用于手机、医疗或工业射频电磁场的暴露。表6-5比对了5个不同国家/地区手机频段射频电磁场暴露限值(公众长期暴露限值)。

表6-5　手机频段射频电磁场公众暴露限值比较　(2 000 MHz，W/m²)

标准来源	暴露限值	制定依据
ICNIRP	10	科学研究
美国FCC	10	科学研究
欧洲C95.1	$f/200$	科学研究
中国	2	科学研究

(二)电磁场测量

1. 静场

(1)电场。常见的静电场强度检测传感仪包括电场风机(含定片和动片)、振动板和振动探头传感器。这些设备常用于测量相对于参考物体(通常是接地电器)的静态场。所有这些仪器都会中断或“切断”传感器检测到的静态电压，提供比静态电压更容易处理和校准的时变电压。由电场风机、振动平板和振动探头传感器测量的场强涉及通过检测感应电极和接地之间已知高阻抗的交流电流的定量。电场风机通过测量由金属电极感测到的、经调制的、电容感应的电荷来确定静态电场强度。时变电荷和电流与电场强度(E)成正比。电场风机的灵敏度约为几百V/m的量级，最大测量值可达100 kV/m或更高。振动平板传感器由一个带孔隙的面板和一个中心振动板或探针组成。面板平行放置并与地面接触。机械驱动器沿垂直于面板的方向上下移动振动板或探针。振动平板传感器的灵敏度大约为几百V/m的量级。

在测量过程中，其他物体和操作设备的人员必须从测量仪器所在区域移除，以免干扰测量区域的电场。与地平面接触的电场测量仪只需测量接近地面的矢量分量(垂直于地平面的分量)。电场风机和振动平板/探头传感器旨在放置在“地平面”上，但如果通过接地线与地面连接的电器物体则可将其放置在物理源之上。

(2)磁场。测量磁场大小和方向的仪器称为磁力计。两种类型的磁力计(磁通门和霍尔效应)都可用于测量静态磁场以及磁场的单个矢量分量。磁通门磁力计是基于铁磁材料磁饱和效应的敏感器件。它由两个平行紧密放置在一起的铁磁材料铁芯构成，用于测量缠绕在铁芯上的次级线圈中感应的交流电。次级线圈信号的大小与任何外部与铁芯以合适的方向对齐的磁场的强度成正比。电流通过单独缠绕在每个铁芯上的线圈流动。交流电压磁通门磁力计能够测量1.0 nT～0.01 T的磁场强度。它们可以通过减去地磁场的常量值以便检测其他更弱的静态磁场。霍尔效应器件由一个薄的方形或矩形的砷化镓和砷化铟板或膜组成，并通过四个电气触点制成。电流通过半导体的长度上流过，半导体宽度上的电压可被测量。霍尔电压、V_h与通过薄片的磁力线的数量、通过它的角度的余弦值(它们是极化依赖的)及通过该设备的电流值成正比。霍尔效应器件可以测量从100 μT到100 T范围内的磁通密度。

2. 极低频电磁场

(1)仪器类型。国外标准如国际电工技术委员会(IIEC 61786－1998)、欧盟(EN 50413－2008)和美国电气和电子工程师协会(IEEE Std C95.3.1 TM－2010)及我国电力行业标准(DL/T 799.7－2010)均指出应该优先选择三相的能准确响应均方根值的设备。配置三相式感应器的仪器使用较方便，可以直接读数。单相的仪器如满足现场测量的要求也可使用，但需读取三个轴向的值，并通过公式计算三个轴向的加权值。个体磁场计使用方便，已被广泛运用于对公众或职业人群的暴露测量和流行病研究调查中，

IEEE C95.3.1 TM－2010 建议佩戴个体磁场计测量。

(2)测量仪器量程。DL/T 799.7－2010 规定仪器的测量范围磁场为 10nT～10 mT,电场为 0.003～100.000 kV/m;GBZ/T 189.3－2007 规定高灵敏球形偶极子场强仪测量范围为 0.003～100.000 kV/m,其他类型场强仪的最低测量限应低于 0.050 kV/m。目前常见的工频电场/磁场测量仪器中只有 NBM550 和 PMM8053 能完全满足 DL/T 799.7－2010 规定的仪器量程范围。

(3)测量位置选择。测量位置包括现场测点的位置和测量时探头高度。在现场测点选取方面,GBZ/T 189.3－2007提出进行工频电场测量时,对于相同型号、相同防护的工频设备应选择有代表性的设备及其接触人员进行测量,对于不同型号或相同型号不同防护的工频设备及其接触人员应分别测量。电力行业和焊接作业的标准中提及一些相应行业范围或作业范围的具体现场测点,如电力行业的输电走廊、变电站和开关站等,焊接作业的焊炬附近、电缆周围和电极附近等,均有助于现场测量时位置的确认。

不同国家和组织机构对测量时探头的高度要求不同,可针对不同工作场所的电磁场源确定测量位置。如 IEEE 644－1994 规定探头应该布置在离地面 1 m 的高度;我国 GBZ/T 189.3－2007 和电力行业标准 DL/T 988－2005 均规定测量仪器探头高度应距离地面 1.5 m;焊接作业标准 GB/T 25312－2010 和 GB/T 25313－2010 则规定,分别取作业人员操作位置的头、胸和腹部位置进行测量,相应高度分别在 0.5 m、1 m 和1.7 m处进行测量。EN 50413－2008 在测量时探头的位置应包括身体中心的接触部位(如躯干或头),探头定位应与工作姿势(坐姿或站姿)和人接触的位置一致[头和(或)躯体]。

(4)测量取值。大多数标准如 EN 50413－2008、IEEE Std C95.3.1 TM－2010、GB/T 25312－2010、GB/T 25313－2010 和 EN 50505－2008 均规定测量时取均方根值。部分国家标准如 DL/T 799.7－2010、GB/T 25312－2010、GB/T 25313－2010 规定在电磁场稳定状态直接取值。GBZ/T 189.3－2007 则未规定测量数据取值方式。职业卫生标准《100 kHz 以下电磁场职业接触限值》中,关于短时间职业接触限值的要求取短时间均方根值。在测量电场时,建议测量者尽可能使用具有远程读数系统的检测设备,将探头支撑在绝缘柱体上,做到人体和探头的分隔,且测量者和其他人应远离测量探头 2 m 以外,以避免或减少电场的畸变。

3. 射频电磁场

射频电磁场的物理量电场、磁场及感应电流可直接在体外测量,而辐射剂量(感应电流密度或皮肤温度升高)则主要靠间接方法进行评估,本节主要阐述体外电场和磁场的测量方法。射频辐射源的电场和磁场的评估不能只用一种方法,一方面不同类型的辐射源特征各异;另一方面,电场和磁场的强度不断地随时空变化。其他影响电场和磁场测量的因素还包括:频率和功率、信号调制模式、信号传输和衰减、辐射模式及传播方向、电磁场的极化和物理环境等。此外,近场和远场的测量方法也不同。

电场和磁场的测量关键是应参照标准的测量程序,为了达成一致,国际标准组织如国际电工委员会(IEC)、欧洲电工技术标准化委员会(CENELEC)和电气和电子工程师协会(IEEE)等均制定了相关标准程序。

(1)测量仪器。射频电磁场的测量仪器分为 2 类:宽波段和窄波段测量仪。宽波段的测量仪在测量时通常不提供频率信息,窄波段的测量仪则在测量时同时给出辐射源的频率(某一波段)和场强信息,如频谱分析仪等。宽波段测量仪因简便和携带方便是应用最广的射频辐射测量仪,而当需要对频率和强度进行精准测量时一般使用窄波段测量仪,尤其是需要分辨多个限值不同频率射频辐射源、且辐射强度较弱时,需要使用窄波段测量仪。

(2)测量手段。偶极子、线圈及喇叭天线是比较常用的测量工具,这些测量手段均对极性敏感,主要用于评估总的场强。测量时天线在三个垂直方向旋转或仅测量最大信号强度,但天线不适用于在较小的空间测量快速变化的电磁场。宽波段测量仪一般包括感应探头和信号显示面板。一般在物理上小的偶极子用于做电场探头，而小的线圈则用于做磁场探头，测量时由探头感应射频电磁场的电压并将校正的电压传回到显示面板。探头一般可能设计为只测量一个场强或所有场强的总和。带有一个传感器的探头一般只对一个场强进行响应，需要进行调试以测定最大场强，多传感器的探头则可用于测量一定空间场强的总和，在测量时还可兼顾极化方向及入射方向。

人体感应电流的测量可利用平板或变流器测量流向地面的电流来评估，两种方法均能测量 100 MHz 以下的射频感应电流，有些个体电流计（变流器）可测量频率大于 200 MHz 的感应电流。近年出现了可穿戴的射频电磁场测量仪。这些个体暴露测量仪（PEMs）已被认可用于人群健康效应评估，这些仪器的检出限约为 ICNIRP 标准限值（1998 限值）的 1%。因为人体表面的场强是扰动的，与没有人体存在时其场强有较大差异，因此上述 PEMs 的结果需要谨慎解读。现在的 PEMs 可响应脉冲峰值功率（the peak power of pulse modulated，TDMA），因此 在评估 DECT、GSM 上行信号和 Wi-Fi 的按时间平均暴露水平时应注意防止过度估计。

（3）测量方法。人体射频电磁场的暴露量取决于体内感应电场和磁场的强度，一般不能直接测定内部场强。剂量测量是用于描述测定诸如电场强度、感应电流强度和能量吸收速率等与组织暴露有关的内暴露量的术语。通常射频电磁场用 SAR 评估人体内感应电场。

SAR 评估方法一般分为实验测量和数学模拟法。根据射频电磁场的照射部位和方式，SAR 可分为全身 SAR 或局部 SAR。SAR 通常是一个均值，要么是全身平均值，要么是某一小块样品平均值，或者是某一块组织平均值。SAR 主要取决于机体暴露部位的几何形状和射频辐射源的位置和几何结构。对于千兆赫（GHz）的射频电磁场，SAR 均值通常为 1 g 或 10 g 组织平均 SAR 值。影响 SAR 平均质量与组织温度升高的主要因素是生物组织透热深度，组织透热深度主要与血流速度和电磁场的穿透能力有关。按 10 g 组织平均的 SAR 值估计是基于眼晶体的温度升高的头部模型计算得出。选择平均组织的质量的主要依据是局部暴露程度，也可不考虑平均组织的质量使用均一的 SAR 分布估计暴露量。1 g 和 10 g 平均 SAR 值最大的差别在于近场（near-field）暴露。

SAR 的实验测量一般采用一个拟合系统（phantom，以下称拟合模型）被用来拟合人的头部或躯干。SAR 拟合模型具有与暴露的组织相似的电学性质，拟合模型有液体、凝胶和固体模型等。特定频率、特定组织模拟液需要使用不同的有机和无机化学物质配方。不同类型组织的介电特征随频率而异。为了协调一致，标准化组织的标准化测试（IEC，2005）推荐匹配每一频率的组织介电特性的特定配方。同时，也有人尝试开发宽频带的组织模拟液配方，以模拟各种频率的组织介电特性。

SAR 测量时一般需要使用特殊设计的暴露系统，暴露系统为研究样本提供了一个特定的电磁场以避免其他暴露源的干扰。有些暴露系统是专门为研究体外细胞和组织的射频电磁场生物学效应而设计的，如横向电磁波暴露箱（TEM）和波导等。

SAR 值的数字拟合技术主要是采用了基于人或动物真实解剖结构和不同模拟组织的介电性能建立计算机模型。利用不同的数学方法，如有限差分时域（FDTD）计算，可以从麦克斯韦方程组中估计出感应电场和 SAR 值的分布。

三、电磁场环境健康风险评估

本节主要根据现有流行病学和实验室研究资料，来评估电磁场暴露对人类健康的可能影响。

（一）静场

1. 静电场效应

静电场不能穿透人体，但会诱导体表形成电荷。当体表电荷密度足够大时，会对体毛产生影响，甚至

会产生火花放电现象。人对静电场的感知阈值取决于多种因素，一般在 10～45 kV/m。鉴于不同人群感觉上的差异，对静电场的厌恶阈值也可能是一个不定值，然而，这还没有被系统研究过。当与地面绝缘的人体接触接地物体，或接地的人接触到与地面绝缘的导电物体时，可能会产生具有痛觉的微震，该静电场的阈值取决于绝缘程度和其他多种因素。

有关静电场效应的动物研究数量很少。目前多数研究结果提示静电场暴露并不会产生不良的健康影响，也没有研究表明静电场暴露会产生慢性效应或延迟效应。国际肿瘤研究机构 IARC(2002)也指出，没有足够的证据能证明静电场有致癌性。

2. 静磁场效应

对静磁场暴露效应进行评估的主要难点在于缺乏充分的数据资料。目前只有少数研究关注静磁场暴露人群的长期健康效应，特别是场强在 1 T 或以上的研究，数量更少。对静磁场效应进行评估首先应从物理交互机制方面进行考虑。三种广义范畴的效应可被确认，即①离子传导电流的电动力学相互作用；②磁力学效应；③对某些代谢反应中间体自由基对电子自旋态的影响。第二种效应通常表现为弱相互作用，因为大多数的生物体磁化率都非常小，因此只有在通量密度大于 1 T 时该效应才会显著。

1)生理反应：从作用机制和一些短期暴露于 T 级静磁场和梯度场的急性效应的志愿者研究结果考虑，会有下列效应：在心脏及主要血管中会产生电势，增加血管中血液流动的阻力。在高强度梯度磁场中移动时会诱导机体产生电势和涡流，头部移动时会产生眩晕和恶心感。也有将后者现象应归因于磁场对内耳前庭器官的磁流体动力效应。

(1)流动势和减缓血流。洛伦兹力作用于血液中的移动电荷从而产生了流动势，对人体的影响通常与心室收缩以及血液被喷射至主动脉有关。洛伦兹力的作用还产生一种磁流体动力效应来阻遏血液流动。在 5 T、10 T、15 T 磁场暴露下，主动脉中的血流将分别减慢 1%、5%、10%。理论计算结果表明，冠状动脉血流所产生的流动势可能比主动脉中产生的有更大的生理意义。目前对于流动势的健康影响仍所知甚少，学界认为有三种可能的影响：流动势通过作用于窦房结起搏组织从而改变心脏的激动率；诱导内源性活性的异位起始；和改变动作电位通过心室肌的传播方式，这可能会导致潜在的心律失常。计算结果表明，前两种效应在健康心脏上的阈值超过 8 T，但要评估通过干扰心肌动作电位传播方式而启动潜在致死性心律失常的磁场阈值很困难。尽管有研究涉及一些相关信息，但这些计算结果都未能在实验中得到验证。

现有的一些以健康志愿者的研究发现，静磁场暴露会对血压和心率产生影响，虽然观察到的改变仍处于正常生理变化范围内。由于这些研究在方法学上都有一定的局限性，尚难以仅依据这些研究结果得出有关静磁场效应的确切结论。在哺乳动物研究中使用的磁场暴露强度高达 8 T，但这些研究也未能提供足够的证据来支持或否定磁场暴露对心血管系统的影响。

(2)移动诱导的电势及相关效应。相关研究指出，人体在梯度静磁场中移动时，会产生短时的眩晕感和恶心感，有时甚至会出现光幻视和口腔金属异味。志愿者、工作人员以及患者暴露于 2～4 T 的静磁场中时都有上述症状的报道。啮齿动物暴露于 4 T 及以上的磁场中也会产生厌恶及逃避行为。这种效应虽然持续时间短，但仍可能对人产生不利影响。现有的研究并未发现在静磁场中保持不动对神经电生理反应和认知功能有影响，但也不能排除这种效应存在的可能性。有研究表明，1.5 T 的 MRI 附近的磁场暴露会使志愿者的眼手协调能力和视觉对比敏感度降低。该效应会影响到人的工作状态，如外科医生等进行精细工作时受其影响较大。在磁场中缓慢移动是减轻这些影响的有效措施。然而，关于磁场诱导产生的电场和电流对工作人员的影响，目前仍缺乏这类研究。

(3)其他生理反应。有关静磁场暴露对循环系统的影响，许多动物实验研究表明，暴露在强度为几 T 的磁场中，会对动物的皮肤血液流动、动脉血压和其他心血管功能产生多种影响。然而，这些效应都不太

稳定。同时，由于药物作用（如麻醉措施）和对动物的固定，一些实验结果会受到影响。几项大鼠研究的结果提示，短时的临床 MRI 暴露，大鼠血脑屏障可能会受到微弱影响。该效应是否会对人体健康产生影响，目前仍缺少足够的证据来对风险进行评估。

静磁场暴露对激素水平的影响，主要涉及松果体中褪黑激素的生成和释放。来自同一实验室的多项研究结果提示，地磁场水平分量的倒转能影响松果体褪黑激素的合成。然而，以上这些研究暂时还未有独立的重复结果，因此目前依然难以得出明确的结论。

2）生殖和发育：现有的流行病学等研究证据还不足以得出静磁场职业暴露会对生殖和发育存在潜在影响的结论，而且，一些研究在方法学上还存在严重的局限性。研究磁场暴露对哺乳动物生殖和发育的可能效应对人类具有重要的参考价值。除了少数强度超过 1 T 的磁场外，目前这类研究大多没有发现静磁场暴露有任何不良影响。总体上，MRI 相关研究也未得出明确的结论。而且已有的动物研究还存在诸多不足，如动物数量少，数据变异大等。即使存在效应也难以排除一些可能的混杂因素，如脉冲梯度磁场、射频电磁场或其他潜在应激源。

3）癌症和基因毒性：目前少数流行病学研究表明，静磁场暴露可能会增加癌症的发病风险，但仍存在许多有待解决的共性问题，如暴露评估不足，研究规模较小等，而且，大多数研究局限在铝厂或其他冶炼厂。由于这些工厂的作业环境中存在其他明确的致癌因子，而研究通常没有对这些混杂因素进行有效控制，因此也就难以从研究结果中得到明确的信息。动物研究数量不多，并且这些研究的结果并不完全一致。根据目前有限的动物研究结果，尚不能证明强度小于 1 T 的静磁场有基因毒性。尽管有研究报道暴露于 3 T 或 4.7 T 的磁场会导致微核率升高，但这项工作还没有被验证。体外研究结果提示，强度高达 7 T的静磁场未发现有基因毒性效应。静磁场和诱变剂联合暴露的研究结果也不一致。在缺乏哺乳动物研究证据时，还不能对静磁场基因毒性的协同效应得出明确的结论。

（二）极低频电磁场

人类不可避免地暴露于各种不同频率的电磁场之中，如何客观认识和评估极低频电磁场对人类健康的潜在影响，是国际组织和世界各国政府和公众关注的焦点。1996 年 WHO 建立的“国际电磁场计划”国际协同研究，开展了针对电磁场暴露对健康与环境影响的全面风险评估。WHO 全面复核了极低频电场与神经行为、神经内分泌系统、心血管疾病、免疫及血液病、生育和生长及癌症等疾病间关联的研究文献。运用证据强度与证据权重的评估准则，对人类流行病学研究、实验动物研究、细胞研究及病理学研究等结果进行了全面评估。历时 10 年，至 2007 年，WHO《极低频场环境健康准则(EHC No. 238)》的正式发布，标志着 WHO 对极低频（0～100 kHz）电场与磁场健康影响的总体风险评估正式完成。针对极低频电场，WHO 最终得出了“对于公众通常遇到的极低频电场水平，不存在实际健康问题”的评估结论；对于高强度的磁场暴露（超过 100 μT）产生的生物效应的短期影响，当场强非常高时会导致神经和肌肉的刺激，并引起中枢神经系统中神经细胞兴奋性的变化。应当指出的是，“不存在实际健康问题”只是卫生评估机构从健康风险角度的评估结论，不等于电场不存在任何人体感受或安全风险问题。如人体直立在超高压输电线路下方同时触摸到接地的金属物体时，电场强度如果超过公众允许限值（国际标准公众暴露限值为 5 kV/m，我国规定居民区工频电场允许标准为 4 kV/m），少部分人可能会感受到某些变化。

关于电磁辐射是否诱发癌症的问题一直受到广泛关注，研究结果也颇有争议。国际癌症研究机构（IARC）将极低频磁场分类为“人类可疑致癌物（2B 类）”，尽管已开展了很多极低频电磁场与儿童白血病关系的流行病学调查研究，但结论并不一致。最近流行病学的调查分析对 IARC 判定 ELF 为可疑致癌物提供了重要依据，调查显示暴露于平均强度为 0.3 ～0.4 μT 磁场的儿童白血病发病率要高于低暴露人群；当暴露强度＞0.4 μT 时可能要高出 2 倍。日本在 2002 年流行病学调查研究也证实了儿童白血病与

磁场间的可能关系。有研究报道，居住在距高压和特高压输电线路的距离为 200 m 和 200～600 m 范围内的儿童患白血病的概率比普通儿童分别高 70%和 23%；另一研究发现在高压输电线路附近居住的儿童罹患白血病的风险，与对照组相比增加 2 倍。然而，也有研究通过极低频电磁场与儿童白血病关系的流行病学调查分析，并未发现有统计学意义的结果。总体认为，极低频磁场暴露与儿童期白血病有关的证据不足以认定为存在因果关系。因而，白血病与输电线电磁场关联的未知风险因素有待更多研究。

基于极低频电磁场是弱物理性因素的特点，最终确定极低频磁场暴露与儿童白血病之间存在因果关系尚存困难，主要有两方面原因：第一，低强度的极低频电磁场暴露所引起的生物学效应机制尚未明确；第二，实验室研究结果不能为流行病学研究提供明确的支持，尤其是独立可重复的研究结果。

(三)射频电磁场

公众射频电磁场的暴露途径很多，但靠近人体的射频设备是公众射频电磁场暴露的最主要来源。决定暴露的关键因素是距离、发射功率和周期因子。在耳边使用的手机是头部射频电磁场暴露的最主要辐射源，此外，无绳电话、Wi-Fi、便捷性无线设备如笔记本电脑等也是公众身边常见的射频电磁场，因此射频电磁场的健康风险评估还需要考虑多重暴露问题。

目前关于高强度射频电磁场暴露的健康影响认识相对一致，但低强度长期射频电磁场暴露的健康风险仍有待进一步评估。射频电磁场健康风险的研究热点主要是癌症风险。流行病学研究显示手机等射频电磁场可能增加听神经瘤和脑胶质瘤风险，2011 年 5 月 IARC 评估了 30 kHz～300 GHz 射频电磁场的癌症风险，并将其划分为人类可疑致癌物(2B 类)。美国卫生研究院(NIH)通过国家毒理学计划(NTP)开展了手机射频电磁场癌症影响的动物试验研究，发现手机射频电磁场可导致大鼠听神经瘤及心脏神经鞘瘤，这一研究证实了手机射频电磁场对人的致癌性。在 IARC 公布射频电磁场的致癌风险评估报告后 1 个月(2011 年 6 月)，WHO 发布了关于射频电磁场致癌风险的实况公告，指出“没有证据表明手机使用存在有害健康影响”。但 WHO 的这一声明并不与 IARC 报告完全矛盾，因为 2B 类致癌物的特征是其致癌的评估可能存在一定的偏倚和混杂影响，即不是完全意义上的致癌。

ICNIRP 基于短期即时的热效应机制建议射频电磁场的暴露限值为 2～10 W/m^2，而 BioInitiative 报告(2007 年及 2012 年)不仅考虑射频电磁场的热效应还同时考虑了非热效应影响，建议射频电磁场的暴露基准应为 30～60 $\mu W/m^2$。因此，如果执行 ICNIRP 指南的推荐限值，那么无线数字通信等射频电磁场的管理均可得到豁免。而与射频电磁场非热效应相关的癌症、神经递质影响、血脑屏障影响、认知影响、心理成瘾及睡眠影响等健康风险可能都会被低估。

2014 年 WHO 公布了射频电磁场环境健康基准草案(EHC)，但由于对一些健康影响的认识存在较大的分歧，时至今日该基准仍在讨论中。

第五节　电磁场暴露防护

对于电磁场的防护，国家首先应制定颁布科学的卫生标准与暴露限值，建立与完善相关的政策法规并加强宣传教育，以保护职业人员和公众免受电磁场暴露的影响。同时，对用于工农业和科学研究的磁场防护可通过合理的工程设计控制、使用间隔距离控制及管理控制等措施予以实现。

一、静场暴露防护

电场易于屏蔽，因此，静电场的防护相对容易。静磁场，尤其是高强度的静磁场暴露的防护主要通过以下三种措施。

(一)距离和时间

对于那些场强可能引起显著风险的区域,有必要限制人们进入和/或职业停留的时间。由于外界磁通量密度随着距离的增大而减小,因此远离磁源是一项基本保护措施。例如,在远离静磁场偶极子源时(距离远大于磁源直径),磁场强度下降至约为原强度的间隔距离立方的倒数倍,即磁场强度与间隔距离的立方成反比。

(二)磁屏蔽

使用铁磁芯材能限制磁源设备外部磁通线的空间幅度。用铁磁材料对磁源进行外围封闭也能"捕捉"磁通线,减少外部磁通量密度。然而,对科学仪器而言,磁屏蔽通常是一种昂贵的控制措施,而且也会影响其使用。因此,和增加与大型磁源设备的隔离距离措施相比,磁屏蔽的成本效益较低。

(三)管理措施

许多管理措施也能显著减少磁场的暴露危害:

(1)员工入职前进行上岗前医疗检查,具有职业禁忌证的员工尽量避免强磁场暴露;确保员工身体中没有植入性的医疗设备或金属植入物,植入物可能会受到磁场的影响并导致一些不良的健康效应。

(2)对需要在磁场暴露的员工进行岗前培训与教育,使他们能充分了解暴露的可能危害,并尽可能减少暴露量。

(3)在强磁场设施附近设置警示标志和特殊的区域标识,以提醒员工自觉避免不必要的暴露。

(4)在强梯度磁场下,松动的铁磁性和顺磁性材料会受到强大的机械力作用。应将磁场附近及员工身上的金属物品移除,以避免这类材料可能造成的危害。

(5)在一些特殊情况中,如 MRI 仪工作时,应做好屏蔽、限制人员进入、使用金属探测器等多项措施联合使用,可有效避免磁场暴露的有害影响。

(6)关于 MRI 暴露,世界卫生组织(WHO)认为核磁共振检查有利于患者,然而,其可能接受的静磁场暴露强度远超过一般公众或工人可能经受的暴露水平。因此,WHO 建议患者(或志愿者)在接受 MRI 扫描前,应被告知检查的相关益处和风险。被告知的风险中既包括磁场暴露对身体的直接效应,也包括磁场对植入式医疗设备的电磁干扰及对金属物体施加的机械力等间接效应。

(7)工人在静磁场中的操作规范。身体或头部在梯度静磁场中移动时,诱导的电势和相关效应可能会导致眩晕和恶心,光幻视和口腔异味,以及可能的对眼手协调能力和视觉对比敏感度的影响。因此,对于那些在磁场中进行精细操作的工人而言,其工作状态可能会受到负面影响。磁场暴露可能会带来潜在的安全风险。为了降低磁场对工人的干扰,可以采取一些措施来减缓可能产生的效应,如降低在磁场中的移动速度,限制头部的突然运动,加强防护意识以及适当的训练。

二、极低频电磁场暴露防护

极低频电磁场在生产、生活中无处不在,特别是工频电磁场广泛存在于各种工作环境中。对于工作场所存在较强电磁场暴露的行业,如电网企业等,在生产运行中需要坚持预防性原则,全面遵守导则规定,必要时穿防护服并限制进入、给予可视警告等一系列措施,以保障此类行业的职工人身安全。

(一)科学制定极低频电磁场的接触限值

我国尚未颁布对极低频磁场的具体职业接触限值。然而,目前国际上主流的组织,包括国际非电离辐射防护委员会、美国电气和电子工程师协会、美国工业卫生师协会和欧盟等在制定 100 kHz 以下频段

的电磁职业卫生接触限值时，均以急性效应作为职业卫生接触限值制定依据，限值常包括电场强度、磁场强度和电流密度，部分限值涉及特殊人群（如心脏起搏器佩戴者）。虽然，ICNIRP 制定的电磁辐射防护导则被 WHO 所推荐，但争议很大，甚至被许多业内人士所抵制。目前全球依然有许多发达国家，如瑞士、意大利等都制订了远严于 ICNIRP 限值的防护标准在本国使用。总之，科学制定全球统一的极低频电磁场的暴露限值任重而道远。

（二）低频电磁场的暴露防护

1. 电磁辐射的防护原则

电磁辐射基本防护原则，就是针对不同类型的辐射源，分别采取有效的防治措施，减小暴露强度，缩短暴露时间，以尽可削弱或消除人体所在位置的电磁场强度。具体防护措施主要包括辐射源的屏蔽、远距离操作、缩短工作时间、改善工作条件和个体防护几个方面。

2. 职业场所防护的基本措施

（1）辐射源的屏蔽。屏蔽就是利用一切可能的办法，将 ELF-EMF 限制在规定的空间内，阻止其传播与扩散。电磁屏蔽分为磁场屏蔽和电场屏蔽两种。电场屏蔽的原理是利用金属板或金属网良导体组成屏蔽体并良好接地，使辐射的电磁能量在屏蔽体上感应出电流，通过地线流入大地，常用屏蔽材料是金属良导体。而低频磁场屏蔽效果取决于屏蔽平板厚度、屏蔽材料相对电导率和相对磁导率及干扰源距离屏蔽体的距离等因素。研究发现高磁导率、高电导率的屏蔽材料可有效提高机箱对低频干扰的屏蔽效能。金属材料作为首选。多选铜、铝等金属材料，当电磁波到达屏蔽体表面时，由于空气与金属的交界面阻抗的不连续而使入射波被反射，未被反射的能量又被屏蔽材料所减弱，从而使电磁能量大大削弱。砖、木、水泥、塑料、有机玻璃等不能屏蔽电磁辐射。

在屏蔽机制的研究中，提出了趋肤效应（skin effect）的概念，是指电磁辐射在通过被照射导体截面时，电磁辐射分布的频率随着频率的升高而趋于导体表面，电磁辐射的频率越高，趋于物体表面或者皮肤表面的现象越明显，辐射信号衰减就越大，电磁波的穿透能力就越弱。电磁屏蔽物体设计就是根据屏蔽物的趋肤效应原理将电磁能量限制在所规定的空间，阻止其向被保护的区域扩散的技术。

（2）远距离操作。在屏蔽电磁场源存在困难时，可考虑远距离操作措施，并应在其周围设有明显的标记，如木栅围栏，禁止人员靠近。

（3）缩短工作时间。提高工作的熟练程度，提高效率，缩短工作时间，可以减少辐射对人体的照射量。

（4）改善工作条件。为避免形成二次辐射，在工作场所内不应布满金属物件和天线，通风管道也应该接地。此外，现场应该加强通风，降低温度，排出有害气体，以减少热作用和毒物联合作用。

（5）个体防护。加强职工健康管理，加大员工电磁场风险相关培训，加强工作场所现场管理，设置警示标识，督促员工的个人防护，提高员工的个人防护意识，加强个人防护措施的落实与监督。个人防护主要可以采取防护服、防护头盔、防护眼镜、防护面罩等。

3. 医疗卫生措施

（1）就业前健康体检。就业前健康体检的目的是使一些不适合从事电磁辐射行业人员免受电磁辐射的危害，例如，有中枢神经系统器质性疾患或严重神经衰弱者；有明显的精神病或癫痫病史者；有严重的心理障碍者；有严重的心脏或者血管器质性病变者等。

（2）定期健康体检。定期健康体检的目的在于“早发现、早诊断和早治疗”。这对保障职工的健康是十分有效的措施。一般情况下 1～2 年检查一次，情况特殊者，可在半年或者 3 个月完成一次健康检查。

（3）防护知识的宣传。首先，贯彻“预防为主”的思想，电磁辐射污染同粉尘、噪声等因素一样，是可以预防的，只要采取科学的对策、技术和方法，是完全可以减少、避免和消除其带来的危害。其次，普及基本知识，在各个领域，乃至家庭电磁辐射设备，都可能成为辐射的污染源，使大家了解"源"、"功率"和"频率"等概念，以及电磁辐射的特点、影响和对人体健康的危害，基本有效的防护措施、技术和方法，都会收获更好的预防暴露、保护健康的效果。

4. 日常生活中的暴露防护

为了减少家用电器电磁辐射的污染，建议采取以下措施：

(1)电视机、电冰箱等家用电器的摆放应该适当分散，不宜过分集中，减少开机时磁场强度。

(2)使用家电过程中人体应与辐射源保持一定距离，应尽量避免卧室摆放有辐射源的电器。

三、射频电磁场暴露防护

(一)移动设备射频电磁场暴露防护

据 WHO 统计，约 2/3 成员国在管理移动设备射频电磁场方面采纳了 ICNIRP 指南的暴露限值，约 63 个国家规定生产商在手机说明书、包装盒或在手机机身上标注手机的 SAR 值(我国要求在说明书上标注 SAR 值)。欧盟成员国采用广播和电视通讯终端设备管理指令(R&TTE 指令)管理移动设备的个体暴露，博洛尼亚、智利、洪都拉斯、印度、韩国等国家对移动设备的管理则采用美国联邦通讯委员会(FCC)限值，FCC 限值依据 IEEE 和国际电磁安全委员会(ICES)推荐的暴露限值，而加拿大和俄罗斯则根据其各自的依据制定了暴露限值，另外约有 22 个国家声称没有制定移动设备个体暴露的暴露限值。

除了规定移动设备的射频电磁场暴露限值外，据 WHO 统计有 45 个国家在暴露限值中增加了公众防护建议条款，还有一些国家专门增加了儿童、孕妇和/或穿戴生物医学设备人员防护建议条款，主要建议包括使用免提设备、减少通话时间、使用文字短讯、避免在信号弱的地方使用手机或使用 SAR 值小的手机。

儿童是射频电磁场暴露的脆弱人群，目前尚没有国家出台绝对禁止儿童使用手机的规定，但一些国家对儿童使用手机做了额外规定，其中大多建议家长要适当限制儿童使用手机，俄罗斯和利比亚对手机使用做了年龄限制，法国则通过立法禁止向 14 岁以下儿童广告促销手机。

(二)固定设备射频电磁场暴露防护

据 WHO 统计，全球约 78 个国家对固定安装的射频设备制定了暴露限值，其中大多数国家直接采纳了 ICNIRP 指南限值；阿曼尼、加拿大、中国、美国和俄罗斯制定了不同的暴露限值，中国第 88 版的公众暴露限值与 ICNIRP 指南不同，但第 14 版暴露限值与 ICNIRP 指南相似；特立尼达和多巴哥借用了美国 FCC 限值，并有 16 个国家根据 ALARA 原则或预防策略制定了低于 ICNIRP 指南的暴露限值。

大多数国家在制定固定设备射频电磁场暴露限值的同时在规定中增加了限制公众接近的条款，具体包括设置警示标识、设置隔离障碍或设置安全区等。大多数国家在管理规定中增加了定期监测射频电磁场的规定，美国没有全国统一的条款，各州规定有所不同。

据 WHO 统计，全球约 66 个国家对固定射频电磁场辐射设备的安装要求预先评估审批，大多数类似的评估是将所有的射频电磁设备纳入评估，但有些国家只对移动电话基站或广播发射站进行评估(评估指标包括发射杆的高度和传输功率)。有些国家要求对所有地点的射频电磁场影响进行预评估，但有些国家只对一些敏感建筑(如学校、幼儿园或医院等)周围的设备安装要求进行预评估。

(三)公众暴露健康风险提示

电磁场随距离增加快速衰减，这是电磁场的特性，因此，首先射频电磁场的防护可通过保持安全距离

进行有效的防护，此外射频电磁场易被金属屏蔽或被建筑物等物体阻挡，因此必要时可利用金属等物体的屏蔽作用对射频电磁场暴露进行防护。

根据射频电磁场的用途、安装地点、公众可及性及使用频率将公众射频电磁场的暴露分为三类：①断续、间变的部分身体暴露；②断续、间变的低水平全身暴露；③连续低水平全身暴露。

"断续、间变的部分身体暴露"是公众暴露量最高的类型，其射频电磁场的暴露主要来源于手机、无绳电话等贴近身体使用的可携带设备，主要在局部发生强度高度变化的断续射频电磁场暴露，一般暴露水平低于该频段暴露限值（2 W/kg），但在局部其暴露水平可能接近暴露限值。我国目前也已要求手机生产商在说明书中标注手机的 SAR 值。由于这些设备在使用时贴近身体（头部等，几乎零距离），建议尽量减少手机通话时间，如必须使用手机建议尽量使用免提方式，儿童在非紧急情况不建议使用手机。

"断续、间变的低水平全身暴露"是公众暴露量居中的暴露类型，其主要暴露来源于室内无线或固定设备，包括 Wi-Fi、WLAN、DECT 母机、无线/蓝牙 USB 加密狗和其他室内无线监视设备。这种类型的公众暴露水平是变化的、不同质的全身或部分身体暴露。暴露是断续的，平均暴露水平和最高暴露水平一般均低于暴露限值。这类暴露对一般人健康风险较小，但应注意儿童 Wi-Fi 和射频监视暴露的健康风险。

"连续低水平全身暴露"是公众暴露量较低的暴露类型，其主要暴露来源于室外固定的广播和电视发射塔、移动电话基站和 WiMAX 基站，暴露水平随时间和地点而异。此类暴露是连续不间断的，全身的平均暴露水平和最大暴露水平一般均低于暴露限值。由于此类型射频电磁场的公众暴露为无意识、24 h 连续不断暴露，应注意某些公众与上述设备距离较近且发射天线的高度接近公众活动区域的高暴露风险，同时应调整天线的主瓣方向减少公众暴露。相关机构和国际组织曾组织对这类型射频电磁场长期暴露健康风险进行评估，虽然缺乏一致的风险认识，但应适当关注电磁场超敏综合征对敏感人群的影响。

参考文献

[1] International Commission on Non-Ionizing Radiation Protection. Guidelines on limits of exposure to static magnetic fields[J]. Health Physics, 2009, 96(4): 504-514.

[2] International Commission on Non-Ionizing Radiation Protection. Guidelines for limiting exposure to time-varying electric, magnetic and electromagnetic fields(up to 300 GHz)[J]. Health Physics, 1998, 74: 494-522.

[3] GRELLIER J, RAVAZZANI P, CARDIS E. Potential health impacts of residential exposures to extremely low frequency magnetic fields in Europe[J]. Environment International, 2014, 62: 55-63.

[4] KHEIFETS L, AFIFI A, MONROE J, et al. Exploring exposure—response for magnetic fields and childhood leukemia [J]. J Expo Sci Environ Epidemiol, 2011, 21(6): 625-633.

[5] MATTSSON M, SIMKó M. Is there a relation between extremely low frequency magnetic field exposure, inflammation and neurodegenerative diseases? A review of in vivo and in vitro experimental evidence[J]. Toxicology, 2012, 301(1-3): 1-12.

[6] HUSS A, KOEMAN T, KROMHOUT H, et al. Extremely Low Frequency Magnetic Field Exposure and Parkinson's Disease-A Systematic Review and Meta-Analysis of the Data[J]. International Journal of Environmental Research and Public Health, 2015, 12(7): 7348-7356.

[7] MARKOVá E, MALMGREN LO, BELYAEV IY, Microwaves from mobile phones inhibit 53BP1 focus formation in human stem cells more strongly than in differentiated cells: Possible mechanistic link to cancer risk[J]. Environ Health Perspect, 2010, 118: 394-399.

[8] MEGHA K, DESHMUKH PS, BANERJEE BD, et al. Low intensity microwave radiation induced oxidative stress, inflammatory response and DNA damage in rat brain[J]. Neurotoxicology, 2015, 51: 158-165.

[9] DASDAG S,AKAAG MZ,ERDAL ME,et al.Effects of 2.4 GHz radiofrequency radiation emitted from Wi-Fi equipment on microRNA expression in brain tissue[J].Int J Radiat Biol,2015,91:555-561.

[10] YAKYMENKO I,TSYBULIN O,SIDORIK E,Henshel D,Kyrylenko O and Kyrylenko S:Oxidative mechanisms of biological activity of low-intensity radiofrequency radiation[J].Electromagn Biol Med,2016,35:186-202.

[11] AKDAY MZ,DASDAG S,CANTURK F,et al.Does prolonged radiofrequency radiation emitted from Wi-Fi devices induce DNA damage in various tissues of rats? [J]J Chem Neuroanat,2016,75:116-122.

[12] 陈青松,李涛.低频电磁场与职业健康[M],广州:中山大学出版社,2015.

（孙文均　王　强　邬春华）